高职高专国家示范性院校"十三五"课改规划教材

电工技能训练项目化教程

主　编　孙青淼

副主编　卢文澈　苏鹏飞

主　审　张永清

西安电子科技大学出版社

内 容 简 介

本书依据《国家职业标准》和职业技能鉴定规范编写，作为高职高专教材，突出了实用性和操作性。全书共 11 个项目，分别为电工基本技能、照明电路的安装与维修、电子线路的安装与调试、继电-接触器基本控制电路的安装与维修、典型机床电气线路的安装与检修、常用电子仪器仪表的使用、电气线路测绘、设备大修工艺的编制与检修、自动控制技能训练、可编程序控制器的应用以及职业培训指导。每个项目重点介绍相关知识内容、实训操作步骤、接线方法和技能考核评价，以培养学员实操技能和专业适应能力。

本书适用于高级电工技能培训，同时还可作为技工学校、职业技术院校电工、电子、自动化、机电一体化及机电工程专业的实训教材，亦可作为电气工程技术人员和电气工人的参考书。

图书在版编目(CIP)数据

电工技能训练项目化教程/孙青淼主编. —西安：西安电子科技大学出版社，2016.8
高职高专国家示范性院校"十三五"课改规划教材
ISBN 978-7-5606-4116-4

Ⅰ. ① 电⋯　 Ⅱ. ① 孙⋯　 Ⅲ. ① 电工技术—高等职业教育—教材　 Ⅳ. ① TM

中国版本图书馆 CIP 数据核字(2016)第 207486 号

策　　划	李惠萍　毛红兵
责任编辑	毛红兵　杨　璠
出版发行	西安电子科技大学出版社(西安市太白南路 2 号)
电　　话	(029)88242885　88201467　　　　邮　编　710071
网　　址	www.xduph.com　　　　　　电子邮箱　xdupfxb001@163.com
经　　销	新华书店
印刷单位	陕西华沐印刷科技有限责任公司
版　　次	2016 年 8 月第 1 版　　2016 年 8 月第 1 次印刷
开　　本	787 毫米×1092 毫米　1/16　印 张　18.75
字　　数	446 千字
印　　数	1～3000 册
定　　价	33.00 元

ISBN　978 - 7 - 5606 - 4116 - 4/TM

XDUP　4408001-1

如有印装问题可调换

前　言

　　本书按照国家高职高专教育关于突出对学生应用能力和实践能力培养的要求，以及在高职院校中推行国家职业资格证书的制度，本着"工学结合、项目引导、任务驱动、学做一体"的原则编写而成。在本书的在编写中，我们将职业技能要求融入到专业实训项目教学中，使学生在完成专业学习的同时也能获取职业资格证书，不再为取证而专门参加系统的职业技能培训，实现职业资格标准与专业教学的"双证融通"。

　　经过对机械加工电气技术岗位群上岗人员能力要求的广泛调研，以及专业建设委员会和厂矿工程技术人员、技术骨干、能工巧匠的共同参与和指导，我们以培养技术技能型人才为出发点，以达到维修电工职业资格考核标准为目标，结合本专业多年的实践教学经验，在充分研讨与论证后，精心编写了本书。本书内容通俗易懂、图文并茂、实用性强，以培养学生能力为重点，理论联系实际，体现学以致用的原则，采用基于项目导向、任务驱动的教学体系结构，针对维修电工（中、高级工）职业活动的"技能要求"，把知识点贯穿于项目中，将技能要求转化为实训课程，达到"做中学"和"学中做"工学交替的效果，使学生的学习过程更具连贯性、针对性和选择性。

　　本书共 11 个项目，每个项目分别由任务引入、目的与要求、知识链接、技能训练、技能考核评价五个部分组成。本书的编写工作主要由西安职业技术学院承担，全书由孙青淼担任主编，卢文澈、苏鹏飞任副主编，张娟(咸阳市供电局工程师)编写了项目一；崔璇、范巧艳编写了项目二；孟磊编写了项目三；王津红编写了项目四；刘亮编写了项目五；苏鹏飞编写了项目六；张涟编写了项目七；孙青淼编写了项目八；赵庆文编写了项目九；黄太龙编写了项目十；李福国编写了项目十一。

　　本书由中国航天科技集团航天九院第十六研究所工程师张永清担任主审，在编写过程中，主审人员提出了很多宝贵的意见和建议，在此表示衷心的感谢。

　　由于编者水平有限，书中难免存在不足之处，恳请读者批评指正。

编　者

2016 年 7 月

目 录

项目一

电工基本技能

　　电工是一种特殊的技术工种，在工业生产、设计、开发、服务等行业具有重要的作用和价值。电工的基本技能训练是电气维修人员必须掌握的基本技能，是保证电气设备正确安装、稳定运行及日常维护、维修所必需的前提。这些基本技能训练主要包括：安全用电、维修电工工具的使用、维修电工测量仪器的使用、导线的处理、常用电工材料的识别与选择等。

任务1　安全用电与触电急救

【任务引入】

　　自从人类发明并使用电以来，电不仅能给人带来很多方便，也能给人带来灭顶之灾。在日常生活中，它可能烧坏电器、使人触电、引发火灾。因此，如何安全用电是关系到国计民生的一件大事。

【目的与要求】

　　1. 知识目标

　　① 了解触电、触电伤害及触电原因。

　　② 了解触电后的急救知识。

　　③ 掌握用电安全技术及防范措施。

　　2. 技能目标

　　能对触电事故中的人员进行正确施救。

【知识链接】

　　1. 触电与触电伤害

　　人体是导体，当人体与带电部位接触构成回路时，就会有电流通过人体，电流对人体的伤害作用就是触电。

在 50 Hz 交流电中，人体能承受的电流强度是很小的。表 1.1 所列的是 50 Hz 交流电不同电流强度对人体的危害程度。

表 1.1　50 Hz 交流电不同电流强度对人体的危害程度

电流/mA	通电时间	对人体的危害程度
0～0.5	连续通电	无感觉
0.5～5	连续通电	有麻刺感、疼痛，无痉挛
5～10	数分钟内	痉挛、剧痛，但可摆脱电源
10～30	数分钟内	迅速麻痹、呼吸困难、血压升高，不能摆脱电源
30～50	数秒钟到数分钟	心跳不规则、昏迷、强烈痉挛、心脏开始颤动
50～数百	低于心脏搏动周期	受强烈冲击，但未发生心室颤动
	超过心脏搏动周期	昏迷、心室颤动、呼吸麻痹、心跳麻痹或停跳

触电伤害的主要形式可分为电击和电伤两大类。

(1) 电击是指电流通过人体内部器官，会破坏人的心、肺及神经系统，使人出现痉挛、呼吸窒息、心室纤维性颤动、心跳骤停等。

(2) 电伤是指电流通过体表时，会对人体外部造成局部伤害，即电流的热效应、化学效应、机械效应对人体外部组织或器官造成伤害，如电灼伤、金属溅伤、电烙印等。

2. 触电形式

按照人体触及带电体的方式和电流流过人体的途径，可将触电分为单相触电、两相触电和跨步电压触电，如图 1.1 所示。

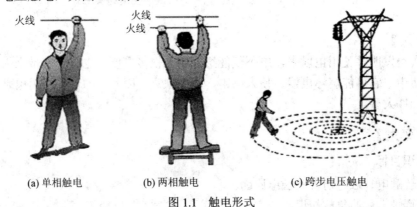

(a) 单相触电　　　　(b) 两相触电　　　　(c) 跨步电压触电

图 1.1　触电形式

(1) 单相触电。当人体直接碰触带电设备中的某一根相线时，电流会通过人体流入大地，这种触电形式称为单相触电，如图 1.1 (a)所示。

(2) 两相触电。人体同时接触带电设备或线路中的两相导体，电流从一相导体通过人体流入另一相导体，构成一个闭合电路，这种触电形式称为两相触电，如图 1.1(b)所示。发生两相触电时，作用于人体上的电压等于线电压，这种触电是最危险的。

(3) 跨步电压触电。当电气设备发生接地故障时，接地电流通过接地体向大地流散，在地面上形成电位分布，若人在接地短路点周围行走，则其两脚之间的电位差就是跨步电压。由跨步电压引起的人体触电如图 1.1(c)所示。跨步电压的大小受接地电流大小、鞋和地面特征、两脚之间的跨距、两脚的方位及离接地点的远近等很多因素的影响。

3. 触电事故的应急处置

电流对人体的损伤主要是电热所致的灼伤和强烈的肌肉痉挛，这会影响到呼吸中枢及心脏，引起呼吸抑制或心跳骤停，严重电击伤可致残，甚至直接危及生命。因此，触电事故的应急处置应遵循"迅速、就地、持续"六字原则。

(1)"迅速"，即立即处置电源。一旦发生触电事故，监护人员应立即拉下电源开关或拔掉电源插头，使触电者迅速脱离电源，如图 1.2 所示。若无法及时找到或断开电源，则可用干燥的竹竿、木棒等绝缘物挑开电线，如图 1.3 所示。

(a) 正确做法　　　　　　　　　　(b) 错误做法

图 1.2　触电后的应急处置

图 1.3　脱离电源的方法

(2)"就地"，即就近救护伤员。对神志清醒的伤员，松解其上衣和裤带，并迅速将伤员移至通风干燥处使其仰卧，安静休息，如图 1.4 所示。对轻度昏迷而心跳、呼吸均正常的伤员，应注意看护，并拨打 120 急救电话。

(3)"持续"，即持续施救。对无心跳或无呼吸的伤员，应立即就地抢救，如图 1.5 所示，同时拨打 120 急救电话。由于此种情况的伤员被电击较重，心肺复苏往往较慢，所以要耐心、持续地进行抢救，一般现场抢救时间为 0.5～6 h，直到伤员恢复知觉。

图 1.4　对神志清醒伤员的救护　　　　图 1.5　对重伤员的救护

4. 触电现场的抢救

伤员脱离电源后，如果意识丧失，应在 10 s 内用"看、听、试"的方法判定伤员呼吸、心跳情况：看一看伤员的胸部、腹部有无起伏动作；听一听伤员口鼻处有无呼吸声音；试一试伤员口鼻处有无呼吸的气流和颈动脉有无搏动。若伤员呼吸或心跳停止，则应立即就地进行抢救。

心肺复苏抢救有口对口人工呼吸和人工胸外按压两种方法，前者适用于抢救呼吸停止但还有心跳的伤员，后者适用于抢救心跳停止但还有呼吸的伤员。如果伤员的呼吸和心跳都停止了，则应同时采用上述两种方法交替进行抢救。

5．安全用电技术措施

遵循"安全第一，预防为主"的原则，必须采取技术措施确保用电安全。

(1) 工作接地(N 线接地)。工作接地是指把电力系统的中性点接地，以便电气设备可靠运行。它的作用是降低人体的接触电压，因为此时当一相导线接地后，可形成单相短路电流，有关保护装置就能及时动作，从而切断电源，如图 1.6 所示。

(2) 保护接地(PN 线接地)。保护接地是指把电气设备的金属外壳及与外壳相连的金属构架接地，如电动机的外壳接地、敷线的金属管接地等，如图 1.7 所示。采取保护接地后，一旦电气设备的金属外壳因带电部分的绝缘损坏而带电，此时人体触及金属外壳，由于接地线的电阻远小于人体电阻，大部分电流经过接地线流入大地，从而保证了人体的安全。

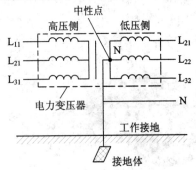

图 1.6　工作接地示意图

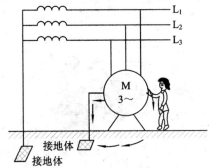

图 1.7　保护接地示意图

(3) 保护接零(PEN 线接地)。保护接零是指在中性点接地的三相四线制系统中，将电气设备的金属外壳、构架等与中线连接，如图 1.8 所示。采取保护接零的电气设备，若绝缘损坏而使外壳带电，则因中线接地电阻很小，所以短路电流很大，导致电路中保护开关动作或熔丝熔断，从而避免触电危险。

(4) 重复接地(PENN 线重复接地)。在三相四线制保护接零电网中，在零干线的一处或多处用金属导线连接接地装置，如图 1.9 所示。重复接地可以降低漏电设备外壳的对地电压，减小触电的危险。

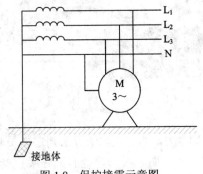

图 1.8　保护接零示意图

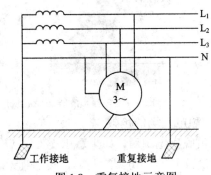

图 1.9　重复接地示意图

6．关于安全电压的相关规定

根据生产和作业场所的特点，采用相应等级的安全电压，是防止发生触电伤害事故的根本性措施。国家标准《安全电压》(GB 3805—2008)规定我国安全电压额定值的等级为 42 V、36 V、24 V、12 V 和 6 V，应根据作业场所、操作员条件、使用方式、供电方式、线路状况等因素选用。

我国规定局部照明安全电压为 36 V，在潮湿与导电的地沟或金属容器内工作时安全电压为 12 V，在水下工作时为 6 V。

7．安全用电标志

明确统一的标志是保证用电安全的一项重要措施。统计表明，不少电气事故完全是由于标志不统一而造成的。例如，由于导线颜色不统一，误将相线接设备的机壳，而导致机壳带电，酿成触电事故。安全用电标志分为颜色标志和图形标志。颜色标志常用来区分各种不同性质、不同用途的导线，或者用来表示某处安全程度。图形标志常用来告诫人们不要去接近或进入危险场所。为保证安全用电，必须严格按照有关标准使用颜色标志和图形标志。我国安全色标采用的标准基本上与国际标准草案(ISD)相同。

安全色标有红色、黄色、绿色、蓝色及黑色。

- 红色：用来标志禁止、停止和消防，如信号灯、信号旗、机器上的紧急停止按钮等。
- 黄色：用来标志注意危险，如"当心触电""注意安全"等。
- 绿色：用来标志安全无事，如"在此工作""已接地"等。
- 蓝色：用来标志强制执行，如"必须戴安全帽"等。
- 黑色：用来标志图像、文字符号和警告标志的几何图形。

按照规定，为便于识别，防止误操作，确保运行及检修人员的安全，采用不同颜色来区别设备特征。例如，对于电气母线，U 相为黄色，V 相为绿色，W 相为红色；明敷的接地线为黑色；在二次系统中，交流电压回路为黄色，交流电流回路为绿色，信号和警告回路为白色。

安全用电标志图案如图 1.10 所示。

图 1.10　安全用电标志图案

【技能训练】

1. 技能训练器材

① 人体呼吸模型，一个。

② 体操垫，一个。

③ 个人卫生用品，一个/人。

2. 技能训练步骤

1) 触电现场伤员伤情判断

训练提示：分别按照"看、听、试"三种方法，初步判定伤员受伤情况。

训练内容与要求：根据判定结果，给出抢救意见。

2) 口对口人工呼吸抢救

训练提示：用手捏紧伤员的鼻子，要紧对口吹气，不能漏气；深吸气，用力吹直到被救伤员胸部隆起；每次呼吸要保持吹气 2 s，停 3 s，频率为 12～16 次/分。

训练方法：具体技能训练方法如图 1.11 所示。

第 1 步：如图 1.11(a)所示，将被救伤员移到空气清新之处，解开其衣领，清除伤员口、鼻内污物，并给伤员颈下垫物，使其头后仰，掰开伤员嘴巴。

第 2 步：如图 1.11(b)所示，救护人员用手捏紧伤员的鼻子，并深吸一口气，对准被救伤员的口吹气。

第 3 步：如图 1.11(c)所示，吹气停止后，松开捏着伤员鼻子和嘴巴的手，嘴也离开伤者，使伤者利用胸廓的弹性自主呼出气体，然后救护人再次重复上述步骤，直至伤员能够自主呼吸。

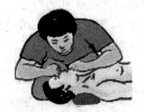  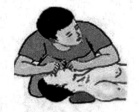

(a) 清除口腔杂物　　　　　(b) 深呼吸吹气　　　　　(c) 放松嘴和鼻换气

图 1.11　口对口人工呼吸抢救示意图

3) 人工胸外按压抢救

训练提示：下压动作不要过猛，救护人利用上身重力自然垂直下压即可，胸骨压陷深度为 4～5 cm。

训练方法：具体技能训练方法如图 1.12 所示。

第 1 步：清除触电伤员口、鼻内污物，松开伤员衣襟、腰带，两腿跪在伤员腰侧。

第 2 步：救护人的右手掌根部放在伤员的心窝上方，左手掌叠放在右手掌上面，适当用力向下做压胸动作。

第 3 步：救护人压下后再立刻松开两手，释放伤者胸廓。再压胸，重复上述步骤。

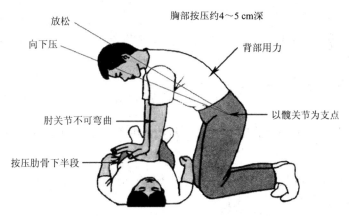

放松

向下压

胸部按压约4～5 cm深

背部用力

肘关节不可弯曲

以髋关节为支点

按压肋骨下半段

图 1.12　人工胸外按压抢救示意图

【技能考核评价】

触电现场抢救技能考核评价见表 1.2。

表 1.2　触电现场抢救的考核

考核内容	配　分	评分标准	扣分	得分
触电现场伤员伤情判断	10	① "看"技能训练(2 分)； ② "听"技能训练(4 分)； ③ "试"技能训练(4 分)		
口对口人工呼吸抢救	40	① 清除触电伤员口、鼻内污物，使其头部后仰，操作者双腿跪下(10 分)； ② 口对口人工呼吸进行抢救操作(30 分)		
人工胸外按压抢救	40	① 清除触电伤员口、鼻内污物，松开衣襟、腰带，操作者双腿弯曲跪在地上(10 分)； ② 人工胸外按压抢救操作(30 分)		
安全文明操作	10	违反 1 次，扣 5 分		
定额时间	45 min	每超过 5 min，扣 5 分		
开始时间		结束时间	总评分	

任务2　常用电工工具使用

【任务引入】

电工工具广泛应用在生产、生活等各个方面。电工工具的正确使用是保证电力拖动系统和照明系统正常运行的前提。本任务通过对常用维修电工工具的认识和使用，使学生掌握常用维修电工工具的用途和使用方法。

【目的与要求】

1. 知识目标

① 认识维修电工工具，了解维修电工工具的用途。

② 了解维修电工工具的结构。

③ 掌握维修电工工具的使用方法及使用注意事项。

2．技能目标

能熟练使用维修电工工具。

【知识链接】

常用维修电工工具主要有验电器、螺钉旋具、电工用钳、电工刀、活扳手、钢锯等。

1．验电器

验电器是验明设备或装置是否带电的一种器具，分高压和低压两种。

1) 高压验电器

高压验电器是变电站必备的工具，主要用来检验电力输送网络中的高电压，如图 1.13 所示。

图 1.13　高压验电器

图 1.14　低压验电器

2) 低压验电器

低压验电器又称为验电笔，它是用来检验对地电压为 250 V 以下的低压电源及电气设备是否带电的工具。验电笔分为氖管式和数字式两种类型，如图 1.14 所示。氖管式验电笔根据其外形可分为螺钉旋具式和钢笔式。目前，市场上出售的验电笔以旋具式较为常见。

(1) 氖管式验电笔的结构及工作原理。

氖管式验电笔通常由笔尖(工作触头)、电阻、氖管、弹簧和笔身组成，如图 1.15(a)所示。它是利用电流通过验电笔、人体、大地形成回路，其漏电电流使氖泡启辉发光而工作的。只要带电体与大地之间电位差超过一定数值(36 V 以上)，验电笔就会发出辉光，低于这个数值，就不发光，从而来判断低压电气设备是否带有电压。验电笔的正确握法如图 1.15(b)所示。

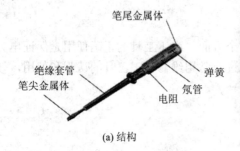

笔尾金属体

绝缘套管

笔尖金属体

弹簧

氖管

电阻

(a) 结构

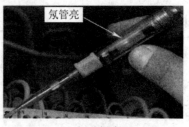

氖管亮

(b) 正确握法

图 1.15　氖管式验电笔

注意：① 使用前应在确认有电的设备上进行试验，确认验电笔良好后方可进行验电；② 在强光下验电时，应采取遮挡措施，以防误判断。

(2) 氖管式验电笔的功能。

· 区分相线和零线。用验电笔触及导线，使氖管发光的是相线，氖管不亮的线为零线或地线。

· 区分交流电和直流电。用验电笔触及导线，使氖管两极都发光的是交流电，只有一极发光的是直流电；如果笔尖端明亮，则为负极，反之为正极。

· 判断电压的高低。如果氖管发黄红色光，则电压较高；如果氖管发暗微亮至暗红色光，则电压较低。

2．螺钉旋具

图 1.16　螺钉旋具

螺钉旋具俗称螺丝刀，它是用来旋紧或起松螺钉的。维修电工使用的螺钉旋具一般是木柄或塑料柄的；按螺钉旋具的头部形状，可分为一字槽和十字槽两种；常用规格按长度有 50 mm、100 mm、150 mm 和 200 mm 四种，如图 1.16 所示。

使用注意事项： 不可使用金属杆直通柄顶的螺钉旋具，应在金属杆上加绝缘护套；螺钉旋具的规格应与螺钉规格尽量一致；两种槽型的旋具也不要混用。

3．电工用钳

(1) 钢丝钳。钢丝钳是用来钳夹和剪切的工具。电工用钢丝钳的钳柄带有绝缘套，耐压为 500 V 以上。钢丝钳由钳头(钳口、齿口、刀口、铡口)和钳柄两部分组成，如图 1.17(a) 所示。钳口用来弯绞或钳夹导线线头，齿口用来紧固或起松螺母，刀口用来剪切导线或剖削导线绝缘层，铡口用来铡切导线线芯、钢丝或铁丝等。钢丝钳常用的规格有 150 mm、175 mm 和 200 mm 三种。

(2) 尖嘴钳。尖嘴钳的头部呈细长圆锥形，在接近端部的钳口上有一段菱形齿纹，如图 1.17(b)所示。由于尖嘴钳的头部尖而细，所以适用于在较狭小的工作空间内使用。尖嘴钳的常用规格有 130 mm、160 mm、180 mm 和 200 mm 四种。目前常见的是带刃口的尖嘴钳，它既可夹持零件，又可剪切细金属丝。

(3) 斜口钳。斜口钳如图 1.17(c)所示。斜口钳是用来剪切细金属丝的工具，尤其适用于剪切工作空间比较狭窄和有斜度的工件，常用规格有 130 mm、160 mm、180 mm 和 200 mm 四种。

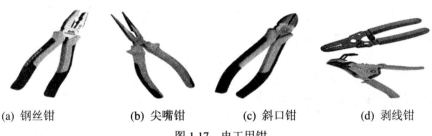

(a) 钢丝钳　　　　(b) 尖嘴钳　　　　(c) 斜口钳　　　　(d) 剥线钳

图 1.17　电工用钳

(4) 剥线钳。剥线钳是用来剥离小直径导线线头绝缘层的工具，如图 1.17(d)所示。剥线钳由钳头和钳柄两个部分组成。钳头部分由压线口和刀口构成，分有直径为 0.5～3 mm 的多个刀口，以适合于不同规格的线芯。使用时，将要剥离的绝缘层放入相应的刀口中(比导线直径稍大)，用手将钳柄一握，导线的绝缘层即被割破自动弹出。

4．电工刀

电工刀是用来剖削的专用工具，如图 1.18 所示。使用时，刀口应朝外进行操作，用完随时把刀片折入刀柄内，防止伤人。电工刀的刀柄是没有绝缘的，不能在带电体上使用电工刀进行操作，以免触电。电工刀的刀口应在单面上磨出呈圆弧状，在剖削导线的绝缘层时，必须使圆弧状刀面贴在导线上进行削割，这样刀口就不易损伤线芯。

5．活扳手

活扳手又称为活络扳手，它是供装、拆、维修时旋转六角或方头螺栓、螺钉、螺母用的一种常用工具，其外形如图 1.19 所示。它的特点是开口尺寸可在规定范围内任意调节，所以特别适合在螺栓规格多的场合使用。

6．钢锯

钢锯是用来切割电线管的工具，如图 1.20 所示。锯弓是用来张紧锯条的，分固定式和可调式两种，常用的是可调式。锯条根据锯齿的牙锯大小，分为粗齿、中齿和细齿三种，常用的规格为 300 mm。

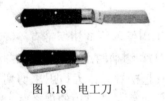　　

图 1.18　电工刀　　　　　图 1.19　活扳手　　　　　图 1.20　钢据

【技能训练】

1．技能训练器材

① 氖管式验电笔，一支/人。

② 数字式验电笔，一支/人。

③ 螺钉旋具，一套/组。

④ 钢丝钳、尖嘴钳、斜口钳、剥线钳，一套/组。

⑤ 电工刀、活扳手，一套/组。

2．技能训练步骤

1) 氖管式验电笔的技能训练

训练提示：先验电笔，后验电；注意握笔姿势。

训练题目 1：测试交流电源插孔、导线、开关是否带电。

训练内容与要求：观察氖管发光情况，给出验电结论。

训练题目 2：测试交流电源线，区分相线与零线。

训练内容与要求：观察氖管发光情况，指出导线属性。

2) 螺钉旋具的技能训练

训练提示：旋进用力要适度；注意安全，防止触电。

训练题目：用螺钉旋具拆解接线端子。

训练内容与要求：螺钉要保持垂直旋进，不能用旋具锤打螺钉。

3) 电工用钳的技能训练

训练提示：注意握钳姿势，握力要适度。

训练题目1：钢丝钳的握法如图1.21所示，用钳刀口剪断2.5 mm^{2}的BLV导线；用钳口弯直角线形。

训练内容与要求：导线是剪断的而不是折断的，断口与绝缘层要平齐；线形的弯角要呈90°。

训练题目2：尖嘴钳的握法如图1.22所示，用钳嘴紧固、起松电源箱内的接地螺母。

图1.21　钢丝钳的握法　　　　　　图1.22　尖嘴钳的握法

训练内容与要求：紧固不仅要牢靠，而且钳头不要磨圆螺母的六角。

训练题目3：斜口钳的握法如图1.23所示，用斜口钳整理电路板上的元器件引脚。

训练内容与要求：元器件引脚要平整，高低一致。

训练题目4：剥线钳的握法如图1.24所示，选取多种线径导线，用剥线钳剥离其端部的绝缘层。

图1.23　斜口钳的握法　　　　　　图1.24　剥线钳的握法

训练内容与要求：根据线径选择剥线钳刀口，不要割伤线芯，线芯裸露的长短要适度。

4) 电工刀的技能训练

训练提示：刀口应朝外，以免伤人；刀口应稍微放平，以免割伤线芯。

训练题目：电工刀的握法如图1.25所示，用电工刀剖削导线的绝缘层。

训练内容与要求：绝缘层剖削要规整，长短适度，不要割伤线芯；电工刀使用后应将刀片及时折入刀柄内。

5) 活扳手的技能训练

训练提示：活扳手的开口调节以既能夹住螺栓，又能方便移动扳手、转换角度为宜。

训练题目：活扳手的技能训练如图1.26所示，用活扳手拆卸交流电动机底脚螺栓。

训练内容与要求：根据底脚螺栓大小选择相应规格的活扳手，正确调节扳手开口。

图 1.25　电工刀的握法　　　图 1.26　活扳手的技能训练

【技能考核评价】

维修电工工具技能考核评价见表 1-3。

表 1.3　维修电工工具技能训练的考核

考核内容	配分	评 分 标 准	扣分	得分
验电笔的操作	25	① 正确握法(5 分)； ② 相线与零线的判断(10 分)； ③ 其他用途(10 分)		
螺钉旋具的操作	15	① 正确选用(5 分)； ② 正确握法(5 分)； ③ 旋进、旋出技能训练(5 分)		
电工用钳的操作	25	① 正确握法(5 分)； ② 剪、弯、剥、紧固、起松技能训练(20 分)		
电工刀的操作	10	① 正确握法(5 分)； ② 剖削技能训练(5 分)		
活扳手的操作	15	① 正确选用(5 分)； ② 正确握法(5 分)； ③ 紧固、起松技能训练(5 分)		
安全、文明操作	10	违反 1 次，扣 5 分		
定额时间	25 min	每超过 5 min，扣 10 分		
开始时间		结束时间	总评分	

任务 3　常用电工仪表

【任务引入】

电工仪表是用来测量电流、电压、电阻、电容、电感等电学量的工具。在电气线路、用电设备的安装、使用与维修过程中，电工仪表对整个电气系统的检测和监视起着极为重要的作用。所以了解仪表的接线与使用是电工应掌握的基本知识。

【目的与要求】

1. 知识目标

① 认识维修电工测量仪器，了解维修电工测量仪器的用途。

② 了解维修电工测量仪器的结构及工作原理。

③ 掌握维修电工测量仪器的测量方法及测量注意事项。

2．技能目标

能熟练使用维修电工测量仪器。

【知识链接】

常用维修电工测量仪器主要有万用表、绝缘电阻表及钳形电流表等。

1．万用表

作为维修电工测量仪器，万用表的使用最为广泛。它可以测量直流电流、直流电压、交流电流、交流电压、电阻和晶体管直流参数等物理量。

根据测量原理及测量结果显示方式的不同，万用表可分为两大类：模拟(指针式)万用表和数字万用表。

1) MF-47 型万用表的主要功能

MF-47 型万用表是一款多量程、多用途、便携式测量仪表，读数采用指针指示方式。MF-47 型万用表具有 26 个基本量程，还有测量电平、电容、电感、晶体管直流参数等 7 个附加参考量程，是一种量程多、分挡细、灵敏度高、体形轻巧、性能稳定、过载保护可靠、读数清晰、使用方便的通用型万用表。

MF-47 型万用表的外形如图 1.27 所示，在表的面板上有带多条刻度尺的表盘、转换开关的旋钮、在测量电阻时实现调零的电位器旋钮、供接线用的插孔等。

图 1.27　MF-47 型万用表

2) MF-47 型万用表的技术指标

MF-47 型万用表的各种技术指标如下：

直流电压测量范围：0～0.25 V～1 V～10 V～50 V～250 V～500 V～1000 V。

交流电压测量范围：0～10 V～50 V～250 V～500 V～1000 V～2500 V。

直流电流测量范围：0～50 μA～0.5 mA～5 mA～50 mA～500 mA～5 A。

电阻测量范围：0～2 kΩ～20 kΩ～200 kΩ～2 MΩ～40 MΩ。

音频电平测量范围：−10～+22 dB。

晶体管放大倍数 h_{FE} 测量范围：0～300。

电感测量范围：20～1000 H。

电容测量范围：0.001～0.3 μF。

3) 测量方法

测量过程：插孔选择→机械调零→物理量选择→量程选择→物理量的测量→读数。

① 插孔选择。红表笔插入标有"＋"符号的插孔，黑表笔插入标有"－"符号的插孔。

② 机械调零。将万用表水平放置，调节表盘上的机械调零旋钮，使表针指准零。

③ 物理量选择。物理量选择就是根据不同的被测物理量将转换开关旋至相应的位置。

④ 量程选择。预估被测量参数的大小，选择合适的量程。量程的选择标准：测量电流

和电压时，应使表针偏转至满刻度的 1/2 或 2/3 以上；测量电阻时，应使表针偏转至表盘中心刻度 2/3 区域。

⑤ 各种物理量的测量。

• 电压测量：将万用表与被测电路并联测量。测量直流电压时，应将红表笔接高电位，黑表笔接低电位；若无法区分高、低电位，则应先将一支表笔接稳一端，将另一支表笔碰触另一端，若表针反偏，则说明表笔接反；测量高电压(500～2500 V)时，应戴绝缘手套，站在绝缘垫上进行，并使用高压测量表笔。

• 电流测量：将万用表串联在被测回路中；测量直流电流时，应使电流由红表笔流入万用表，再由黑表笔流出万用表；在测量中不允许带电换挡；测量较大电流时，应先断开电源再撤表笔。

• 电阻测量：首先进行电气调零，即将两表笔短接，同时调节面板上的欧姆调零旋钮，使表针指在电阻刻度的零点上；若调不到零点，则说明万用表内电池不足，需要更换电池。断开被测电阻的电源及连接导线进行测量；测量过程中每转换一次量程挡位，都应重新进行欧姆调零；测量过程中表笔应与被测电阻接触良好，测量者的手不得触及表笔的金属部分，以减小不必要的测量误差；被测电阻不能有并联支路。

⑥ 读数。读数时，应根据不同的测量物理量及量程，在相应的刻度尺上读出表针指示的数值。另外，读数时应使视线、指针、刻度线呈一垂直线。

4) 使用万用表的注意事项

① 先检查表笔绝缘层和连线是否有损坏甚至裸露出金属，再检查表笔连线的通断性。若连线有损坏，应更换后再使用。平时要保持万用表干燥、清洁，严禁振动和机械冲击。

② 先用万用表测量一个已知的电压，以此来确定万用表是否能正常工作。若万用表工作异常，请勿使用，因为此时保护设施可能已遭到损坏。

③ 请勿在任何端子和地线间施加超出万用表上标明的额定电压(量程)的电压。

④ 测量各种物理量时，必须使用正确的端子，选择正确的功能和量程。

⑤ 使用测试探针时，手指应在保护装置的后面。每次使用完毕，应拔出表笔，将量程转换开关拨到交流电压最高挡，防止下次开始测量时不慎烧坏万用表。

⑥ 与其他仪器和电路进行连接时，先连接公共测试导线，再连接带电的测试导线；切断连接时，则先断开带电的测试导线，再断开公共测试导线。

⑦ 在测试电阻、导线和铜箔的通断性，或二极管、电容以前，必须先切断电源再进行测试。对于大容量的电容器，必须先进行放电。

⑧ 长期搁置不用时，应将万用表中的电池取出，以防止电池电解液渗漏而腐蚀万用表内部电路。

2. 绝缘电阻表

绝缘电阻表又称为兆欧表或摇表，其外形如图 1.28 所示。绝缘电阻表是一种测量高电阻的仪表，一般用于测量电气设备与电气线路的绝缘电阻。

1) 结构及工作原理

绝缘电阻表的主要组成部分是一个手摇直流发电机和一个磁

图 1-28　绝缘电阻表

电式流比计测量机构，以及一个电流回路与一个电压回路；当手摇动发电机时，两个回路中同时有电流流过，并产生两个方向相反的转矩，表针随着两个转矩所合成的力偏转某一角度，这个角度由两个电流的比值来决定(因绝缘电阻表内阻不变，故电流比值取决于待测电阻)。绝缘电阻表内没有游丝，不使用时，表针可以停留在任意位置，此时读数是没有意义的。因此，使用绝缘电阻表时必须在摇动发电机时读数。

绝缘电阻表有 3 个接线桩，分别标有"线"(L)、"地"(E)和"屏"(G)，在进行一般测量时，只要把被测对象接在"线"和"地"之间即可。

2) 测量方法

① 将绝缘电阻表水平放置，检查偏转情况：先使"线"与"地"开路，使手摇发电机达到额定转速，表针应指到"∞"；然后再将"线"与"地"短接，表针应指到"0"。

② 接线及测量：将被测对象接在"线"和"地"之间，摇动绝缘电阻表手柄，速度由慢到快，最终稳定在 120 r/min，约 1 min，待表针稳定后读数。

3) 使用注意事项

① 选用绝缘电阻表时，其额定电压一定要与被测电气设备或电气线路工作电压对应。

② 在被测设备表面不干净或环境比较潮湿的情况下，必须使用绝缘电阻表的"屏"(G)接线桩。被测设备表面也应擦拭干净，否则将引起漏电，影响测量数值的准确性。

③ 测量电气设备的绝缘时，必须先切断电源，然后再将设备放电，以保证人身安全和测量数值的准确。

④ 如果所测电气设备短路，表针指向"0"，应立即停止摇动，以防绝缘电阻表过热烧坏。在摇动绝缘电阻表时，接线桩间具有较高的电压，不能用手触及，以防触电。

⑤ 严禁带电测量。在有电容的电路中，要及时放电，以防发生触电事故。在有雷电时，或者在邻近带有高压的设备时，也不允许测量。

3. 钳形电流表

钳形电流表又称为卡表，它是一种电流测量仪表。钳形电流表的测量精度不高，通常为 2.5～5 级。

1) 结构及工作原理

如图 1.29 所示，钳形电流表是由电流互感器和电流表组合而成的。电流互感器的铁芯在捏紧扳手时可以张开；当被测电流所通过的导线两端被固定时，可以不必切断导线就能使其从铁芯张开的缺口穿过，放开扳手后铁芯闭合。穿过铁芯的被测电路导线就成为电流互感器的一次线圈，当电流通过时便在二次线圈中感应出电流，使与二次线圈相连接的电流表产生变化，从而测出被测电路的电流。

图 1-29 钳形电流表

2) 使用方法

① 选择合适的量程挡位：估计被测电流的大小，选择合适的量程挡位。心中无数时，可先用大量程测量，然后逐渐减小，直到合适为止。

② 测量及读数：张开钳口，将被测线放在钳口中央；闭合钳口，按下锁定按钮，读数。

3) 使用注意事项

① 与带电导线保持距离，一般 10 kV 为 0.7 m 以上，380 V 以下为 0.3 m 以上；要一人监护，一人操作。

② 钳形电流表可以通过拨动转换开关(拨挡)来转换不同的量程，但拨挡时必须把钳口打开。

③ 当被测电流小于 5 A 时，为获得较准确的读数，可以把导线多绕几圈放进钳口进行测量，但实际电流数值应为读数除以放进钳口内的导线圈数。

④ 钳口两面要保证很好的吻合，若有污秽之物，则应该用汽油擦净后再进行测量。

⑤ 钳形电流表每次只能测量一相导线的电流，被测导线应置于钳口中央，不可以将多相导线都夹入钳口测量。

⑥ 不允许在绝缘不良的(或裸露的)导线上测量，以免发生触电事故；也禁止在潮湿的地方(或雨天的户外)进行测量。

【技能训练】

1. 技能训练器材

① MF-47 型万用表。

② ZC-7 型绝缘电阻表。

③ 钳形电流表。

2. 技能训练步骤

1) MF-47型万用表的技能训练

训练提示：检查表笔绝缘，调零校准；严禁用欧姆挡测量电压；注意测量安全。

训练题目 1：测量电阻值。

训练方法：具体技能训练方法如下：

第 1 步：如图 1.30(a)所示，将万用表水平放置，进行机械调零。

第 2 步：如图 1.30(b)所示，将量程转换开关拨到适当挡位。

第 3 步：如图 1.30(c)所示，将红、黑表笔短接，进行欧姆调零。顺便指出，若欧姆调零旋钮已调到极限位置，但表针仍不指在电阻刻度的零点上，则说明万用表内部电池电压不足，应更换新电池后再进行测量。

第 4 步：如图 1.30(d)所示，将被测电阻和其他元器件或电源脱离，单手持表笔并跨接在电阻两端。

第 5 步：待表针偏转稳定，读取测量值。

  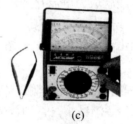 

(a)   (b)   (c)   (d)

图 1.30　用 MF-47 型万用表测量电阻

训练题目 2：测量直流电压。

训练方法：具体技能训练方法如下：

第 1 步：将量程转换开关拨到直流电压(V)2.5 V 挡位。

第 2 步：将万用表并联在被测电路两端，将红表笔接电池正极，将黑表笔接电池负极。

第 3 步：待表针偏转稳定，读取测量值。

2) ZC-7 型绝缘电阻表的技能训练

训练提示：电动机带电运行时，不允许测量绕组绝缘；技能训练者两手不允许触及表线探头；摇动手柄时，转速要保持为 120 r/min。

训练题目：测量交流电动机绕组绝缘。

训练方法：具体技能训练方法如下：

第 1 步：根据所测电动机的型号选择绝缘表的型号。

第 2 步：断开表线探头，摇动绝缘电阻表手柄，保持为 120 r/min，检验表的开路状态。

第 3 步：短接表线探头，摇动绝缘电阻表手柄，保持为 120 r/min，检验表的短路状态。

第 4 步：如图 1.31 所示，将 L 表线探头触及电动机绕组的出线端，E 表线探头触及电动机壳体，摇动绝缘电阻表的手柄，保持为 120 r/min，待表针稳定，读取测量值。

图 1.31　测量绕组相对地绝缘

第 5 步：如图 1.32 所示，将 L 表线探头触及电动机任意一相绕组的出线端，E 表线探头触及另一相绕组的出线端，摇动绝缘电阻表的手柄，保持为 120 r/min，待表针稳定，读取测量值。

图 1.32　测量绕组相间绝缘

3) 钳形电流表的技能训练

训练提示：不许测量裸露导线；检查钳口表面是否清洁，手柄绝缘是否良好；注意测量安全。

训练题目：测量交流电动机绕组电流。

训练方法：具体技能训练方法如下：

第 1 步：将量程开关拨至 10 A 挡。

第 2 步：如图 1.33(a)所示，张开钳口，将一根电源线放入钳口中心区。

第 3 步：如图 1.33(b)所示，闭合钳口，待表针偏转稳定，读取测量值。

(a) 张开钳口　　　　　　　(b) 测量

图 1.33　用钳形电流表测量交流电动机绕组电流

【技能考核评价】

维修电工测量仪器技能训练的考核见表 1.4。

表 1.4　维修电工测量仪器技能训练的考核

考 核 内 容	配分	评 分 标 准	扣分	得分
MF-47 型万用表的操作	30	① 万用表的调零校准(10 分)； ② 测量挡位的选择(10 分)； ③ 正确读数(10 分)		
ZC-7 型绝缘电阻表的操作	30	① 开路试验及短路试验(15 分)； ② 测量过程及读数(15 分)		
钳形电流表的操作	30	① 正确握法(5 分)； ② 测量挡位的选择(5 分)； ③ 测量过程及读数(20 分)		
安全、文明操作	10	违反 1 次，扣 5 分		
定额时间	20 min	每超过 5 min，扣 10 分		
开始时间		结束时间	总评分	

任务 4　导线连接与绝缘恢复

【任务引入】

在电气设备的安装与配线过程中，常常需要把一根导线和另一根导线连接或与电气设备的端子连接。这些连接处不论是机械强度还是电气性能，均是电路的薄弱环节，安装的电路能否安全可靠地运行，很大程度上取决于导线接头的质量。因此导线接头的制作是电气安装与布线中一道非常重要的工序，必须按标准和规程操作。

【目的与要求】

1. 知识目标

① 了解导线绝缘层剖削的方法。

② 了解导线连接的方法。

③ 了解导线包扎的方法。

2．技能目标

能熟练地完成导线绝缘层的剖削及导线的连接和包扎。

【知识链接】

导线的处理主要有导线绝缘层的剖削、导线的连接及导线绝缘强度的恢复(导线的包扎)等。

1) 导线绝缘层的剖削

导线绝缘层剖削的长度一般为 50～150 mm，剖削时应注意尽量不损伤线芯，若有较大损伤，则应重新剖削。导线绝缘层的剖削方法如表 1.5 所示。

表 1.5　导线绝缘层的剖削方法

绝缘层剖削	4 mm² 以上	硬塑料线	用电工刀剖削
		软塑料线	用钢丝钳剖削
	4 mm² 及以下	塑料护套线	用电工刀剖削
		橡胶软电缆	用电工刀剖削
		塑料软导线	用钢丝钳、尖嘴钳或剥线钳剖削

2) 导线的连接

在电气安装和线路维修中，经常需要进行导线的连接。导线连接的基本内容与要求是：导线接头处的电阻要小，不得大于导线本身电阻，且稳定性要好；接头处的机械强度应不小于原导线机械强度的 80%；保证接头处的绝缘强度不低于原导线的绝缘强度；导线连接处要防腐蚀。

实现导线连接的主要方法有铰接、焊接、压接和螺栓连接等，它们分别用于不同导线的连接。

3) 导线绝缘强度的恢复(导线的包扎)

导线连接完成后应恢复其绝缘强度，在连接处进行绝缘处理。导线绝缘强度恢复的基本内容与要求是：绝缘胶带包裹均匀、紧密，不能露出导线线芯。

【技能训练】

1．技能训练器材

① 各种导线，若干根/人。

② 钢丝钳、尖嘴钳、剥线钳、电工刀，一套/组。

③ 绝缘带，一套/组。

2．技能训练步骤

1) 绝缘层的剖削技能训练

训练提示：操作时电工刀的刀口应朝外。

训练题目 1：6 mm² 硬塑料单芯导线端头绝缘层的剖削。

训练方法：具体技能训练方法如下：

第 1 步：根据所需导线端头的长度，确定电工刀的起始位置。

第 2 步：如图 1.34(a)所示，将电工刀刀口以 45°角切入绝缘层；如图 1.34(b)所示，使电工刀刀面与线芯以 15° 角向前推进，削出一条缺口。

第 3 步：如图 1.34(c)所示，将被剖开的绝缘层向后翻起，用电工刀齐根切去。

(a) 第 1 步　　　　　(b) 第 2 步　　　　　(c) 第 3 步

图 1.34　硬塑料单芯导线端头绝缘层的剖削

训练题目 2：$2.5\ mm^2$ 软塑料单芯导线端头绝缘层的剖削。

训练方法：具体技能训练方法如下：

第 1 步：根据所需导线端头的长度，确定钢丝钳的起始位置。

第 2 步：用钢丝钳刀口轻轻切破绝缘层表皮。

第 3 步：如图 1.35 所示，左手拉紧导线，右手适当用力握住钢丝钳头部，迅速向外勒去绝缘层。

图 1.35　软塑料单芯导线端头绝缘层的剖削

训练题目 3：塑料护套线端头绝缘层的剖削。

训练方法：具体技能训练方法如下：

第 1 步：如图 1.36(a)所示，按所需长度，用电工刀刀尖对准芯线缝隙间，划开护套层。

第 2 步：如图 1.36(b)所示，向后将被划开的护套层翻起，用电工刀齐根切去。

第 3 步：将护套层内的两根线分开，采用技能训练题目 2 所示的方法或用剥线钳直接剥离层内导线端头的绝缘层。

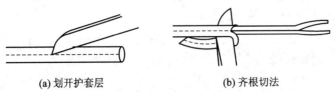

(a) 划开护套层　　　　　　(b) 齐根切法

图 1.36　塑料护套线端头绝缘层的剖削

2) 导线的连接技能训练

训练题目 1：单股硬导线的直接连接。

训练方法：具体技能训练方法如下：

第 1 步：如图 1.37(a)所示，将两根线头在离线芯根部 1/3 处呈 "X" 状交叉。

第 2 步：如图 1.37(b)所示，把两根线头如麻花状相互紧绞两圈。

第 3 步：如图 1.37(c)所示，把两根线头分别扳起，并保持垂直。

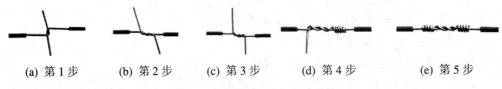

(a) 第 1 步　　(b) 第 2 步　　(c) 第 3 步　　(d) 第 4 步　　(e) 第 5 步

图 1.37　单股硬导线的直接连接

第4步：如图1.37(d)所示，把扳起的一根线头按顺时针方向在另一根导线上缠绕6～8圈，圈间不应有缝隙，且应垂直排绕；绕毕，切去线芯余端。

第5步：对另一根线头的加工，加工方法同第4步内容。

训练题目2：单股硬导线的分支连接。

训练方法：具体技能训练方法如下：

第1步：如图1.38(a)所示，将剖削好的分支线芯垂直搭接在已经剖削好的主干导线的线芯上。

第2步：如图1.38(b)所示，将分支线芯按顺时针方向在主干线芯上紧绕6～8圈，圈间不应有缝隙。

第3步：绕毕，切去分支线芯余端。

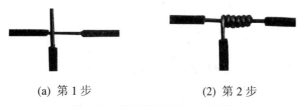

(a) 第1步　　　　　　(2) 第2步

图1.38　单股硬导线的分支连接

训练题目3：多股导线的直线连接。

第1步：两根导线直线连接，用插接缠绕法。把两根导线线头的绝缘层剥开并除去氧化层。将线头拉直，根部1/3拧紧，把剩余的2/3拧开拉直呈伞状，如图1.39(a)所示。

第2步：将两头线芯对插在一起，把对叉的线芯压平，如图1.39(b)所示。

第3步：使1～3根导线为一组，扳起第一组从中心处开始缠绕，缠完之后再扳起第二组继续缠绕，直到缠完为止，如图1-39(c)所示。

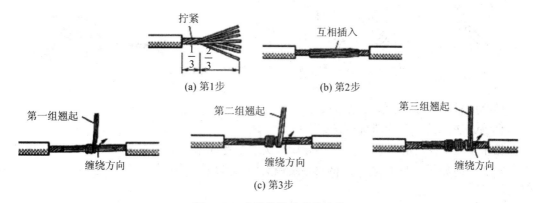

(a) 第1步　　　　　　(b) 第2步

(c) 第3步

图1-39　多股导线的直线连接

训练题目4：多股导线的分支连接。

第1步：如图1.40(a)所示，剥去导线绝缘层。

第2步：如图1.40(b)所示，将分支线分两组弯成90°形状，把支线紧靠在干线上。

第3步：如图1.40(c)所示，扳起一侧(一组)分支芯线与干线进行紧密缠绕。

第4步：如图1.40(d)所示，扳起另一侧(另一组)分支芯线与干线紧密缠绕，完成后将线端钳平。

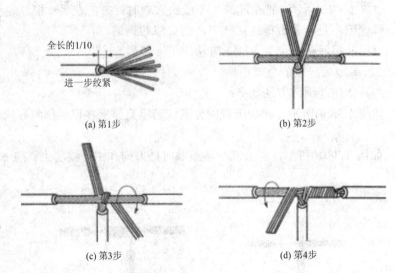

图 1.40　多股导线的分支连接

训练题目 5：螺钉式连接：

训练方法：具体技能训练方法如下：

第 1 步：如图 1.41 所示制作压接圈(羊眼圈)。

第 2 步：按顺时针方向压接羊眼圈，即压接导线。

训练题目 6：针孔式连接。

训练方法：如图 1.42 所示，将导线端头线芯插入承接孔，拧紧压紧螺钉。

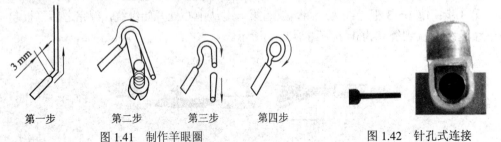

图 1.41　制作羊眼圈　　　　　　　　　图 1.42　针孔式连接

训练题目 7：瓦形接线桩式连接。

训练方法：具体技能训练方法如下：

第 1 步：如图 1.43(a)所示，将单导线端头线芯弯成 U 形，拧紧瓦形垫圈。

第 2 步：如图 1.43(b)所示，将双导线端头线芯弯成 U 形，拧紧瓦形垫圈。

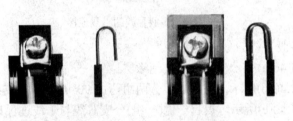

(a)　第 1 步　　　　　　　　(b)　第 2 步

图 1.43　瓦形接线桩式连接

3) 导线的包扎技能训练

训练方法：具体技能训练方法如下：

第 1 步：如图 1.44(a)所示，用黄腊带或涤纶薄膜带从导线左侧的完好绝缘层上开始顺时针包裹。

第 2 步：如图 1.44(b)所示，进行包裹时，绝缘带与导线应保持 45°的倾斜角并用力拉紧，使得绝缘带半幅相叠压紧。

第 3 步：如图 1.44(c)所示，包至另一端时也必须包入与始端同样长的绝缘层，然后接上黑胶带，黑胶带包出绝缘带至少半根带宽，即必须使黑胶带完全包裹绝缘带。

第 4 步：如图 1.44(d)所示，黑胶带的包缠不应过疏或过密，包到另一端也必须完全包裹绝缘带，收尾后应用双手的拇指和食指紧捏黑胶带两端口，按一正一反方向拧紧，利用黑胶带的黏性，将两端充分密封起来。

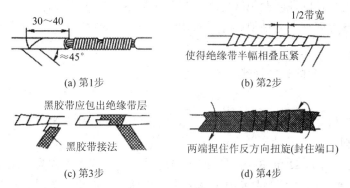

(a) 第1步　　　　　　　　　　　(b) 第2步

(c) 第3步　　　　　　　　　　　(d) 第4步

图 1.44　导线的包扎技能训练

【技能考核评价】

导线处理的考核评价见表 1.6。

表 1.6　导线处理的考核

考核内容	配分	评 分 标 准	扣分	得分
绝缘层的剖削	40	① 硬塑料单芯导线端头绝缘层的剖削(15 分)； ② 软塑料单芯导线端头绝缘层的剖削(15 分)； ③ 塑料护套线端头绝缘层的剖削(10 分)		
导线的连接	30	① 单股硬导线的直接连接(10 分)； ② 单股硬导线的分支连接(10 分)； ③ 螺钉式及针孔式连接(5 分)； ④ 瓦形接线桩式连接(5 分)		
导线的包扎	20	① 绝缘带的选用(5 分)； ② 绝缘带的包裹(15 分)		
安全、文明操作	10	违反 1 次，扣 5 分		
定额时间	20 min	每超过 5 min，扣 10 分		
开始时间		结束时间		总评分

任务5 常用电工材料的识别

【任务引入】

现代社会中，电力已成为工农业生产和人民生活不可缺少的能源。而电能的使用离不开电工材料。常用电工材料有绝缘材料、导电材料、磁性材料等，了解和掌握常用电工材料的识别和使用是一项基本技能，也是用电安全的基本要求。

【目的与要求】

1. 知识目标

① 了解绝缘材料的性质、分类及绝缘材料制品。

② 了解导电材料的性质及电线电缆的分类和用途。

③ 了解特殊导电材料的性质、分类及用途。

2. 技能目标

能识别绝缘材料，能识别导线及其线径。

【知识链接】

常用的电工材料主要有绝缘材料、导电材料及特殊导电材料等。

1. 绝缘材料

电阻率为 $10^9 \sim 10^{22}$ $\Omega \cdot m$ 的物质所构成的材料在电工技术上称为绝缘材料。简单来说，绝缘材料就是不导电的材料，主要用于隔离带电导体或不同电位导体。根据需要，绝缘材料往往还起着储能、散热、冷却、灭弧、防潮、防霉、防腐蚀、防辐照、机械支承和固定、保护导体等作用。

1) 绝缘材料的分类

绝缘材料种类很多，根据其形态可分气态、液态、固态三大类。相比之下，固态绝缘材料品种更为多样，也最为重要。

(1) 气态绝缘材料。

气态绝缘材料主要有空气、氮气、六氟化硫等。

(2) 液态绝缘材料。

液态绝缘材料主要有矿物绝缘油、合成绝缘油(硅油、十二烷基苯、聚异丁烯、异丙基联苯、二芳基乙烷等)两类。

(3) 固态绝缘材料。

固态绝缘材料可分有机、无机两类。有机固态绝缘材料主要有绝缘漆、绝缘胶、绝缘纸、绝缘纤维制品、塑料、橡胶、漆布漆管及绝缘浸渍纤维制品、电工用薄膜、复合制品和粘带、电工用层压制品等；无机固态绝缘材料主要有云母、玻璃、陶瓷及其制品。

2) 绝缘材料的耐热等级

绝缘材料的绝缘性能与温度有密切的关系。温度越高，绝缘材料的绝缘性能越差。为保证绝缘强度，每种绝缘材料都有一个适当的最高允许工作温度，在此温度以下，可以长期安全使用，超过这个温度就会迅速老化。

黑胶布又称为黑包布，是用途最广、用量最大的一种绝缘粘带。黑胶布是在棉布上刮胶、卷切而成的，其外形如图 1.45 所示。黑胶布用作包扎绝缘，在−10～+40℃环境范围内使用。使用时，不必借用工具即可撕断，操作方便。

图 1.45　黑胶布

2. 导电材料

在电工领域，导电材料通常是指电阻率为$(1.5～10)×10^{-8}\ \Omega\cdot m$的金属，其主要功能是传输电能和电信号。

1) 对导电材料的内容与要求

导电材料应具有高电导率和良好的机械性能、加工性能，耐大气腐蚀，化学稳定性高，同时还应该是资源丰富、价格低廉的。

一般导电材料选用铜和铝。由于铜的导电性、焊接性、机械性和抗氧化性均优于铝，所以在电气工程中大都采用铜导线。

2) 电线电缆的分类

电线电缆一般分为裸导线、电磁线、电气设备用电线电缆、电力电缆、通信电缆等。在产品型号中，铜的标志是 T，铝的标志是 L，有时铜的标志 T 可以省略，在产品型号中没有标明 T 或 L 的就是表示铜。

(1) 裸导线。

裸导线是指没有绝缘层的导线，一般用于室外架空线路。

(2) 电磁线。

电磁线是一种在金属线材上覆盖绝缘层的导线，按绝缘特点和用途分为漆包线、绕包线和特种电磁线等。电磁线广泛用来绕制电机、变压器等的绕组或线圈。

(3) 电气设备用电线电缆。

电气设备用电线电缆的品种多、用量大。常用的电线电缆有聚氯乙烯和橡皮绝缘线，其型号、名称及主要用途如表 1.7 所示。

表 1.7　常用聚氯乙烯和橡皮绝缘线的型号、名称及主要用途

型　号	名　称	主　要　用　途
BV	铜芯聚氯乙烯绝缘电缆	适用于各种交流、直流电气装置，电工仪器、仪表、电信设备，动力及照明线路的固定敷设
BLV	铝芯聚氯乙烯绝缘电缆	
BVR	铜芯聚氯乙烯绝缘软电缆	
BVV	铜芯聚氯乙烯绝缘护套圆形电线	
BLVV	铝芯聚氯乙烯绝缘护套圆形电线	
RV	铜芯聚氯乙烯绝缘软线	用于各种交流、直流电器，电工仪器，家用电器，小型电动工具，动力及照明装置的连接
RVB	铜芯聚氯乙烯绝缘平行软线	
RVV	铜芯聚氯乙烯绝缘护套圆形软线	
RVVB	铜芯聚氯乙烯绝缘护套平行软线	
BX	铜芯橡皮绝缘软线	用于交流 500 V 及以下或直流 1000 V 及以下的电气设备及照明装置
BLX	铝芯橡皮绝缘软线	
BXR	铜芯橡皮线	
BXF	铜芯氯丁橡皮线	
BLXF	铝芯氯丁橡皮线	

导线的安全载流量是指在不超过导线的最高温度的条件下允许长期通过的最大电流。不同截面、不同线芯的导线在不同使用条件下的安全载流量在各有关手册上均可查到。三相四线制中的零线截面，通常选为相线截面的 1/2 左右，当然也不得小于按机械强度要求所允许的最小截面。在单相线路中，由于零线和相线所通过的负荷电流相同，因此零线截面应与相线截面相同。

我国常用导线截面(mm^2)排列为：1、1.5、2.5、4、6、10、16、25、35、50、70、95、120、150、180。

导线规定颜色的目的，除安装施工时便于识别外，还为今后的维护提供方便，减少因误判断而引起的事故。有关国家标准已有如下明确规定：

① 相线为黄、绿、红三色，相序为从左至右；A 相为黄色，B 相为绿色，C 相为红色。

② 中性线为浅蓝色。

③ 保护线为绿、黄双色。工作线为黑色或白色。

注意： 在任何情况下不准使用双色线作为负荷线。

3. 特殊导电材料

特殊导电材料是指不以导电为主要功能，而在电热、电磁、电光、电化学效应方面具有良好性能的导体材料。它们广泛应用在电工仪表、热工仪表、电器、电子及自动化装置等技术领域。

电阻材料是用于制造各种电阻元件的合金材料，又称为电阻合金。电阻材料的基本特性是具有高的电阻率和很小的电阻温度系数。常用电阻材料有康铜丝、新康铜丝、锰铜丝和镍镉丝等。

电热材料主要用于制造电热器及电阻加热设备中的发热元件，作为电阻接入电路，将电能转换为热能。对电热材料的内容与要求是电阻率要高，电阻温度系数要小，耐高温，在高温下抗氧化性好，便于加工成形等。常用电热材料主要有镍镉合金、铁铬铝合金及高熔点纯金属等。

熔体材料是一种保护性导电材料，一般是电阻率较高而熔点较低的金属合金，常用的有铅锑、铅锡锑合金等。熔体材料作为熔断器的核心组成部分，具有过载保护和短路保护的功能。熔体材料一般都做成丝状或片状，称为保险丝或保险片，统称为熔丝，是维修电工经常使用的电工材料。

【技能训练】

1. 技能训练器材

① 绝缘材料：云母、陶瓷、绝缘板、漆管、变压器油，一套/组。

② 导电材料：触点、电磁线、BV 线、BLV 线、电缆头，一套/组。

③ 特殊导电材料：康铜丝、钼丝、保险丝、焊锡丝，一套/组。

④ 实训工具：钢丝钳、电工刀、剥线钳、千分尺，一套/组。

2. 技能训练步骤

1) 绝缘材料的识别

训练提示：材料样品要轻拿轻放，保持清洁，不要使其沾油污或产生破损。

训练题目：识别材料样品。

训练内容与要求：观察材料样品，说明其物理性质，包括颜色、气味、状态、硬度、导电性、导热性、延展性，以及是否易升华、挥发等，将结果填入表1.8中。

表 1.8　材料样品物理性质记录表

名称	颜色	气味	状态	硬度	导电性	导热性	延展性

2) 导线的识别

训练题目1：识别导线的属性。

训练内容与要求：观察导线，说出导线的类型、名称、颜色等，将结果填入表1.9中。

训练题目2：识别并测量导线线径。

训练内容与要求：使用千分尺测量导线线径，给出导线线径的结论，将结果填入表1.9中。

表 1.9　导线样品记录表

样品	类型	名称	颜色	线芯形式	绝缘形式	导线线径	安全载流量
1#线							
2#线							

3) 特殊导电材料的识别

训练题目：识别保险丝与焊锡丝。

训练内容与要求：观察线丝的物理性状，给出线丝属性的结论。

【技能考核评价】

常用电工材料识别的考核评价见表1.10。

表 1.10　常用电工材料识别的考核

考核内容	配分	评分标准	扣分	得分
绝缘材料的识别	20	① 选取操作(5分)； ② 物理性状识别(5分)； ③ 定性结论(10分)		
导线的识别	35	① 物理性状识别(10分)； ② 定性结论(25分)		
线径的测量	25	① 线径的处理操作(5分)； ② 测量线径(10分)； ③ 定性结论(10分)		
特殊导电材料的识别	10	① 物理性状识别(5分)； ② 定性结论(5分)		
安全、文明操作	10	违反1次，扣5分		
定额时间	10 min	每超过5 min，扣10分		
开始时间		结束时间		总评分

项目二

照明电路的安装与维修

照明电气线路安装与维修是低压电气工作人员的基本工作。这些工作主要包括：照明电气线路工程图的识读、照明线路配线训练、照明装置的安装与维修、量配电装置的安装等。

任务 1　照明电路图的识读训练

【任务引入】

在电路设计与安装过程中，电路图的识读是一项基本的技能，能按要求设计图纸及按照图纸施工是电工必须掌握的一项技能。本任务通过识读某住宅供电系统的电气原理图、安装图，使学生掌握图纸识读与设计技能。

【目的与要求】

1．知识目标

① 了解照明电气线路工程图常用符号及其意义。

② 了解照明配电线路及照明灯具的标注方法。

③ 掌握照明电气线路原理图和安装图的识读方法。

2．技能目标

能识读照明电气线路的原理图和安装图。

【知识链接】

1．常用符号及标注

在照明电气线路工程图中，常在电器、导线、管路旁标注一些文字符号，表示线路所用电工器材的规格、容量、数量，以及导线穿线管种类、线管管径、配线方式、配线部位等。

1) 常用的图形符号

在照明电气线路工程图中，常用图形符号来表示各种电气设备、开关、灯具、插座及线路。照明电气线路工程图的常用图形符号如表 2.1 所示。

表 2.1　照明电气线路工程图的常用图形符号

图形符号	名　称	图形符号	名　称	图形符号	名　称
	门铃		暗装三极开关		壁灯
	电话机的一般符号		暗装单相插座		荧光灯的一般符号
	单相插座		密封(防水)单相插座		三管荧光灯的一般符号
	单极开关		带接地插孔的三相插座		保护接地
	暗装单极开关		分线盒		接地
	双极开关		分线箱		电流表
	暗装双极开关		球形灯		辉光启动器
	三极开关				

2) 常用的文字符号

在照明电气线路工程图中，常用文字符号来表示线路的配线方式和配线部位，其含义分别如表 2.2 和表 2.3 所示。

表 2.2　配线方式文字符号的含义

文字符号	含　义	文字符号	含　义
CP	瓷瓶配线	DG	电线管配线(薄壁钢管)
CJ	瓷夹配线	VG	硬塑料管配线
VJ	塑料线夹配线	RVG	软塑料管配线
CB	槽板配线	PVC	PVC 管配线
XC	塑料模板配线	SPG	蛇铁皮管配线
G	普通钢管配线(厚壁)	QD	卡钉配线

表 2.3　配线部位文字符号的含义

文字符号	含　义	文字符号	含　义
M	明配线	DM	沿地板或地面明配线
A	暗配线	LA	在梁内暗配线或沿梁暗配线
LM	沿梁或屋架下明配线	ZA	在柱内暗配线或沿柱暗配线
ZM	沿柱明配线	QA	在墙体内暗配线
QM	沿墙明配线	PA	在顶棚内暗配线
PM	沿天棚明配线	DA	在地下或地板下暗配线

标注举例如下：

• BVR2 × 2.5PVC16-QA

这表示线路所用的是聚氯乙烯绝缘软电缆(BVR)；导线两根，每根截面积为 2.5 mm²；配线方式采用 ϕ16 mm 的 PVC 管穿管配线；在墙体内暗敷配线(QA)。

• BLX-500，2 × 2.5DG15-DA

这表示线路所用的是铝芯橡皮绝缘软线(BLX)，耐压为 500 V；共有两根导线，每根截面积为 25 mm²；配线方式采用 ϕ15 mm 的薄壁钢管穿管配线；在地面下暗敷配线(DA)。

3) 配电线路及照明灯具的标注

(1) 配电线路的标注。

配电线路一般按下式标注，即

$$ab\text{-}c \times def\text{-}g \tag{2-1}$$

式中：a 为网络标号；b 为导线型号或代号；c 为导线根数；d 为导线截面积，单位是 mm²；e 为配线方式；f 为配线所用材料尺寸；g 为配线部位。

标注举例如下：

$$\text{BV-3} \times 2.5\text{DG20-PA}$$

这表示线路所用的是 BV 型铜芯导线(BV)；导线 3 根，每根截面积为 2.5 mm²；配线方式采用 ϕ20 mm 的薄壁钢管穿管配线；在顶棚内暗敷配线。

(2) 照明灯具的标注。

照明灯具在照明电路中一般按下式标注，即

$$a\text{-}b\frac{c \times d}{e}f \tag{2-2}$$

式中，a 为照明灯具数，单位是盏(或组)；b 为型号或代号，一般用拼音字母代表照明灯具的种类，常用照明灯具的代号如表 2.4 所示；c 为每盏(或组)照明灯具的灯数；d 为灯的功率，单位是 W；e 为照明灯具底部至地面或楼面的安装高度，单位是 m；f 为安装方式的代号，代号的含义如表 2.5 所示。

表2.4 常用照明灯具代号的含义

文字符号	含　义	文字符号	含　义
P	普通吊灯	T	投光灯
B	壁灯	Y	荧光灯
H	花灯	G	隔爆灯
D	吸顶灯	J	水晶低罩灯
Z	柱灯	F	防水防尘灯
L	卤钨探照灯	S	搪瓷伞罩灯

表2.5 灯具安装方式代号的含义

文字符号	含　义	文字符号	含　义
X	线吊式	T	台上安装式
L	链吊式	R	嵌入式
G	管吊式	DR	吸顶嵌入式
B	壁装式	BR	墙壁嵌入式
D	吸顶式	J	支架安装式
W	弯式	Z	柱上安装式

标注举例如下：

$$4\text{-}G\frac{1\times150}{3.5}G$$

这表示 4 盏隔爆灯，每盏灯中装有 1 只 150 W 的白炽灯，采用管吊式安装，吊装高度为 3.5 m。

$$2\text{-}Y\frac{3\times40}{2.5}L$$

这表示 2 组荧光灯，每组由 3 根 40 W 的荧光灯组成，采用链吊式安装，吊装高度为 2.5 m。

2．照明电气线路工程图的识读

照明电气线路工程图有电气原理图(简称原理图)、安装接线图(简称安装图)、电气布置图、端子排图和展开图等。其中，电气原理图和安装接线图是最常见的两种形式。

1) 识读的基本要求

(1) 结合相关图形符号识读。

照明电气线路工程图的设计、绘制与识读离不开相关的图形符号，只有认识相关图形符号，才能理解工程图的含义。

(2) 结合电工基本原理识读。

照明电气线路工程图的设计离不开电工基本原理。要看懂工程图的结构和基本工作原理，必须懂得电工基本原理的有关知识，才能分析线路，理解工程图所含内容。

(3) 结合建筑结构识读。

在安装图中往往有各种相关的电气设备安装，如配电箱、开关、白炽灯、插座等。必须先懂得这些电气设备的基本结构、性能和用途，了解它们的安装位置，才能读懂并理解工程图。

(4) 结合设计说明、原理图和安装图识读。

将设计说明、原理图和安装图三者结合起来，就能理解整个设计意图，才能完成整个电气安装施工。

2) 原理图的识读

照明电气线路的原理图是用来表明线路的组成和连接的一种方式。通过原理图可分析线路的工作原理及各电器的作用、相互之间关系，但它不涉及电气设备的结构或安装情况。根据电工基本原理，在图样上分清照明线路及电气设备安装，这其中主要包括开关配电箱的安装，箱内总开关、各支路开关的安装，各支路导线的根数、横截面积、安装方式，各支路负载形式等。

图 2.1 所示为某住宅供电系统的电气原理图。读图可得信息：单元总导线为两根截面积为 16 mm² 加 1 根截面积为 6 mm² 的 BV 型铜芯导线，设计使用功率为 11.5 kW，总导线用穿直径为 32 mm 的管暗敷设，从外到照明开关配电箱，由总断路器(型号为 C45N/2P50A)控制；照明电气线路分 8 路控制(其中一路在配电箱内，备用)，并在线路上标出①～⑧字样，各路由断路器(型号为 C45N/1P16A)控制，每条支路(线路)由 3 根截面积为 25 mm² 的 BV 型铜芯导线穿直径为 20 mm 的管暗敷设；各支路设计使用功率分别为 2.5 kW、1.5 kW、1.1 kW、2 kW、1 kW、1.5 kW、3 kW。

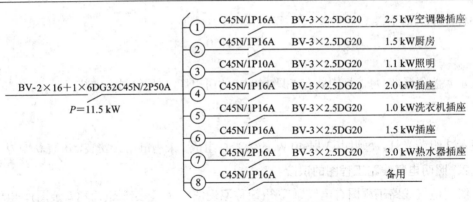

图 2.1　某住宅供电系统的电气原理图

3) 安装图的识读

照明电气线路的安装图是根据电气设备的实际结构和安装要求绘制的图样。在绘制时，只考虑线路的配线安装和电气设备的安装位置，而不反映该电气设备的工作原理。结合设计说明、原理图和建筑结构，理解各电气设备安装位置和高度，理解各支路导线在建筑房屋结构上的走向和所到位置，读图时还应注意施工中所有器件(元件)的型号、规格和数量。

图 2.2 所示为某住宅供电系统的安装图。读图可得信息：在门厅过道有配电箱 1 个，分 8 条支路(其中 1 条支路在配电箱内备用)引出，也在线路上标出①、②、③、④、⑤、⑥、⑦字样，这与原理图的各支路号字样一一对应，各支路导线沿墙或楼板到负载电器的安装位置；照明顶棚灯座有 10 处，墙壁插座有 23 处，所有的连接灯具(电器)的导线、插座及开关暗敷设；各电器的安装高度在说明或在"注"中标明，标出空调器插座、厨房电冰箱插座、洗衣机插座及开关等电器距地面的安装技术数据。

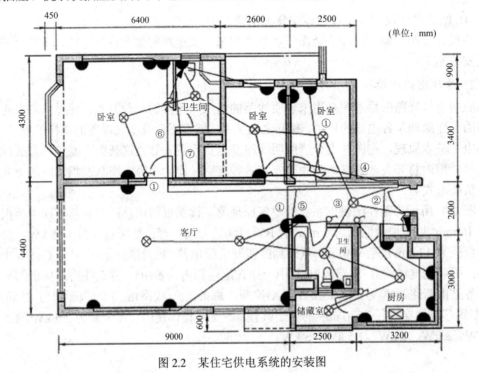

图 2.2　某住宅供电系统的安装图

【技能训练】

1．技能训练器材

① 某住宅供电系统的电气原理图，一张。

② 某住宅供电系统的安装图，一张。

2．技能训练步骤

1) 识读供电系统的电气原理图

训练提示：注意遵守"分清干路与支路，顺着电源找负载"的原则。

训练要求：说明主干路的分支情况；说明主干路使用导线的根数、截面积、类型及敷设方式等，说明主干路的设计功率及总断路器的型号；说明各支路使用导线的根数、截面积、类型及敷设方式等，说明各支路的设计功率及断路器的型号。

2) 识读供电系统的安装图

训练提示：注意安装图上各支路的标号与原理图上各支路的标号一一对应关系。

训练要求：说明建筑物平面结构与支路关系，说明各支路所接负载的安装位置、高度、数量及线路敷设方式等。

【技能考核评价】

照明电气线路识读的考核评价见表2.6。

表 2.6　照明电气线路识读的考核

考核内容	配分	评 分 标 准	扣分	得分
原理图的识读	60	① 主干路的分支情况(10 分)； ② 主干路使用导线的根数、截面积、类型及敷设方式等(15 分)； ③ 主干路的设计功率及总断路器的型号 (10 分)； ④ 各支路使用导线的根数、截面积、类型及敷设方式等(15 分)； ⑤ 各支路的设计功率及断路器的型号 (10 分)		
安装图的识读	30	① 建筑物平面结构与支路关系(10 分)； ② 各支路负载的安装位置、高度、数量及线路敷设方式等(20 分)		
安全文明操作	10	违反 1 次，扣 5 分		
定额时间	45 min	每超过 5 min，扣 5 分		
开始时间		结束时间	总评分	

任务 2　照明装置的安装、维修训练

【任务引入】

在生产中，照明是一项最基本的需求，而照明所需的光源，以电光源最为普遍。电光源的种类繁多,掌握各种电光源的安装与维修方法是电工的基本技能要求。本任务通过对照明装置安装规程及其安装和维修训练的学习,使学生掌握照明装置的安装工艺和故障的排除方法。

【目的与要求】

1. 知识目标

① 了解照明装置安装规程。

② 了解照明装置的结构及工作原理。

③ 掌握照明装置常见故障的排除方法。

2. 技能目标

能熟练安装照明装置,排除其常见故障。

【知识链接】

照明所需光源,以电光源最为普通。电光源所需的电气装置,统称照明装置。正确安装和维修照明装置是电工所必须熟练掌握的基本技术。

1. 照明装置的安装要求

照明装置的安装要求可概括成八个字,即正规、合理、牢固、整齐。

· 正规:各种灯具、开关、插座及所有附件必须按照有关规程和要求进行安装。

· 合理:选用的各种照明器具必须正确、适用、经济、可靠,安装的位置应符合实际需要,使用要方便。

· 牢固:各种照明器具要安装得牢固可靠,使用安全。

· 整齐:同一使用环境和同一要求的照明器具要安装得横平竖直,品种规格要整齐统一。

2. 照明装置安装规程

1) 技术要求

① 各种灯具、开关、插座及所有附件的品种规格、性能参数(如额定电流、耐压等),必须符合配用的需要。

② 灯具、开关、插座及所有附件应适合使用环境的需要。例如,应用在户内特别潮湿或具有腐蚀性气体和蒸汽的场所,以及应用在有易燃或易爆物品的场所,必须相应地采用具有防潮或防爆结构的灯具和开关。

③ 无安全措施的车间或工厂的照明灯、各种机床的局部照明灯及移动式工作手灯(也叫做行灯),都必须采用 36 V 及以下的低压安全灯。

2) 安装规定

各种灯具、开关、插座及所有附件的安装应符合下述规定:

① 相对湿度经常在 85% 以上的,或环境温度经常在 40 ℃ 以上的,或有导电尘埃的,或是导电地面的场所,统称为潮湿或危险场所,应用于这类场所及户外的灯具,其离地距离不得低于 2.5 m。

② 不属于上述潮湿或危险场所的车间、办公室、商店和住房等处所使用的灯具,其离

地距离不得低于 2 m。

③ 在户内一般环境中，当因生活、工作或生产需要而必须把灯具放低时，其离地距离不得低于 1 m，电源引线上要穿套绝缘管加以保护。同时，还必须安装安全灯座。

④ 对于灯座离地不足 1 m 时所使用的灯具，必须采用 36 V 及以下的低压安全灯。

3) 开关、插座的离地要求

① 普通灯具开关和普通插座的离地距离不应低于 1.3 m。

② 特殊需要时，插座允许低装，但离地距离不应低于 0.15 m，且应选用安全插座。

3. 照明装置的安装和维修

1) 白炽灯

(1) 结构。

白炽灯由灯泡和灯头组成，按连接方式可分为螺口式和卡口式两类。白炽灯的外形、灯头及电路如图 2.3 所示。

(a) 外形　　　　　　　　　　　　　　　(b) 各种灯头

图 2.3　白炽灯的外形、灯头及电路

(2) 工作原理。

白炽灯是利用灯丝电阻的电流热效应使灯丝发热发光的。

(3) 白炽灯的安装。

① 底座的安装。白炽灯的底座一般采用现成的塑料底座，通过膨胀螺栓直接固定在建筑物上。塑料底座的中部开有小孔，可将电源线通过小孔引出。

② 挂线盒的安装。先将塑料底座上的电源线头从挂线盒底座中穿出，用木螺钉将挂线盒固定在塑料底座上。然后将伸出挂线盒底座的线头剥去 20 mm 左右的绝缘层，弯成接线圈后，分别压接在挂线盒的两个接线桩上。为不使接线头承受灯具的重量，从接线螺钉引出的导线两端打好结扣，使结扣卡在挂线盒的出线孔处，如图 2.4 所示。

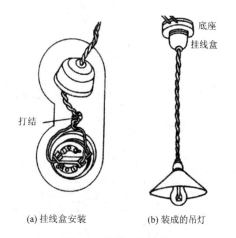

(a) 挂线盒安装　　　(b) 装成的吊灯

图 2.4　挂线盒的安装

③ 吊灯头的安装。将导线穿入灯头盖孔中，打一个结扣，然后把去除绝缘层的导线头分别按压在接线桩上，相线应接在与中心铜片连接的接线桩上，零线接在与螺口连接的接线桩上，如图2.5所示。

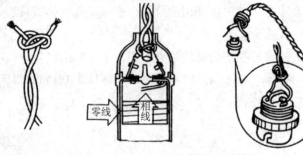

零线　相线

(a) 导线结扣做法　　　　　(b) 灯头接线及导线结扣

图 2.5　吊灯头的安装

④ 开关的安装。开关应串联在通往灯头的相线上，相线应先进开关然后进灯头。开关的安装步骤和方法与挂线盒大体相同。

(4) 故障及维修。

白炽灯的故障现象、原因和排除方法如表 2.7 所示。

表 2.7　白炽灯的故障现象、原因和排除方法

故障现象	产生故障的可能原因	排除方法
灯泡不发光	灯丝断裂	更换灯泡
	灯头或开关触点接触不良	把接触不良的触点修复，无法修复时，应更换完好的
	熔丝烧毁	修复熔丝
	线路开路	修复线路
	停电	开启其他用电器给以验明，或观察邻近不是同一个进户点用户的情况给以验明
发光强烈	灯丝局部短路(俗称搭丝)	更换灯泡
灯光忽亮忽暗，或时亮时熄	灯头或开关触点(或接线)松动，或因表面存在氧化层	修复松动的触点或接线，去除氧化层后重新接线，或去除触点的氧化层
	电源电压波动(通常由附近大容量负载经常启动引起)	更换配电变压器，增加容量
	熔丝接触不良	重新安装或加固压紧螺钉
	导线连接不妥，连接处松散	重新连接导线
不断烧断熔丝	灯头或挂线盒连接处两线头互碰	重新接好线头
	负载过大	减轻负载或扩大线路的导线容量
	熔丝太细	正确修配熔丝规格
	线路短路	修复线路
	胶木灯头两触点间胶木严重烧毁	更换灯头
灯光暗红	灯头、开关或导线对地严重漏电	更换完好的灯头、开关或导线
	灯头、开关接触不良，或导线连接处接触电阻增大	修复接触不良的触点，或重新连接接头
	线路导线太长太细，线压降太大	缩短导线长度，或更换较大截面积的导线

2) 荧光灯

(1) 结构。

荧光灯由灯管、辉光启动器(启辉器)、镇流器、灯架和灯座组成，如图 2.6 所示。

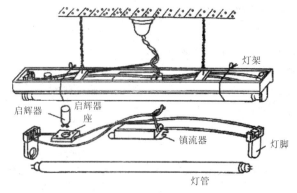

图 2.6　荧光灯

(2) 工作原理。

当开关接通时，电源电压立即通过镇流器和灯管灯丝加到启辉器的两极。220 V 的电压立即使启辉器的惰性气体电离，产生辉光放电。辉光放电的热量使双金属片受热膨胀，两极接触。电流通过镇流器、启辉器和两端灯丝构成通路，灯丝很快被电流加热，发射出大量电子。这时，由于启辉器两极闭合，两极间电压为零，辉光放电消失，管内温度降低，双金属片自动复位，两极断开。在两极断开的瞬间，电路电流突然切断，镇流器产生很大的自感电动势，与电源电压叠加后作用于灯管两端。灯丝受热时发射出来的大量电子，在灯管两端高电压作用下，以极大的速度由低电势端向高电势端运动。电子在加速运动的过程中，碰撞管内氩气分子，使之迅速电离。氩气电离生热，热量使水银产生蒸气，随之水银蒸气也被电离，并发出强烈的紫外线。在紫外线的激发下，管壁内的荧光粉发出近乎白色的可见光。

(3) 荧光灯的安装。

荧光灯的安装主要是按接线图连接电路，如图 2.7 所示。

① 安装灯架。将镇流器、启辉器座分别安装在灯架的中间位置和灯架的一端。将两个灯座分别固定在灯架两端，中间距离要按所用灯管的长度量好，使灯管两端灯脚既能插进灯座插孔，又能有较紧的配合。各配件位置固定后，按接线图进行接线，只有灯座是边接线边固定在灯架上的。接线完毕，要对照接线图详细检查，以免接错、接漏。

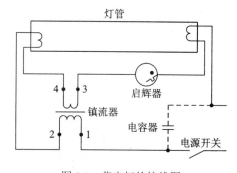

图 2.7　荧光灯的接线图

② 固定灯架。安装前先在设计的固定点打孔预埋合适的紧固件，然后将灯架固定在紧固件上。安装灯架时，应将灯架中部置于被照面的正上方，并使灯架与被照面横向保持平行，力求得到较高的照度。

③ 安装管件。把荧光灯管插入灯座插孔内，再把启辉器旋入启辉器座中。

④ 开关的安装。开关应串联在相线上，检查无误后，即可通电试用。

(4) 故障及维修。

荧光灯的常见故障比较多，荧光灯的故障现象、原因和排除方法如表2.8所示。

表 2.8　荧光灯的故障现象、原因和排除方法

故障现象	产生故障的可能原因	排 除 方 法
灯管不发光	无电源	验明是否停电或熔丝烧断
	灯座触点接触不良，或线头松散	重新安装灯管，或重新连接已松散线头
	启辉器损坏，或与启辉器座触点接触不良	先旋动启辉器，看是否发光，再检查线头是否脱落，若排除后仍不发光，应更换启辉器
	镇流器线圈或管内灯丝断裂或脱落	用万用表低电阻挡测量线圈和灯丝是否通路(若 20 W 及以下灯管一端断丝，把两脚短路后仍可使用)
灯管两端亮，中间不亮	启辉器接触不良，或内部小电容击穿，或启辉器座线头脱落，或启辉器已损坏	按"灯管不发光"时的第 3 个故障原因进行检查；对于小电容击穿，可将小电容剪去后复用或更换启辉器
灯光忽亮忽暗，或时亮时熄	灯头或开关触点(或接线)松动，或因表面存在氧化层	修复松动的触点或接线，去除氧化层后重新接线，或去除触点的氧化层
	电源电压波动(通常由附近大容量负载经常启动引起)	更换配电变压器，增加容量
	熔丝接触不良	用力压紧螺钉或重新安装
	导线连接不妥，连接处松散	重新连接导线
启辉困难(灯管两端不断闪烁，中间不亮)	启辉器配用不成套	换上配套的启辉器
	电源电压太低	调整电压或缩短电源线路，使电压保持在额定值
	环境气温太低	可用热毛巾在灯管上来回热敷(但应注意安全，灯架和灯座处不可触及和受潮)
	镇流器配用不成套，启辉电流过小	换上配套的镇流器
	灯管老化	更换灯管
灯光闪烁或管内有螺旋形滚动辉光	启辉器或镇流器连接不良	连好连接点
	镇流器不配套(工作电流过大)	换上配套的镇流器
	新灯管暂时现象	使用一段时间后此现象会自行消失
	灯管质量不佳	无法修理，更换灯管
镇流器过热	镇流器质量不佳	正常温度下以不超过 65 ℃为限，严重过热的应更换
	启辉情况不佳，连续不断地长时间产生触发，增加镇流器负担	排除启辉系统故障
	镇流器不配套	换上配套的镇流器
	电源电压过高	调整电压
镇流器异声	铁芯叠片松动	紧固铁芯
	铁芯硅钢片质量不佳	更换硅钢片(要校正工作电流，即调节铁芯间隙)
	线圈内部短路(伴随过热现象)	更换线圈或整个镇流器
	电源电压过高	调整电压
灯管两端发黑	灯管老化	更换灯管

3) 节能型荧光灯

(1) 结构。

节能型荧光灯由灯管、灯座、镇流器、底盘和玻璃罩组成，其外形如图 2.8 所示。与普通荧光灯相比较，在节能型荧光灯的灯管外电路中少了一个启辉器；此外，它只用一个灯座。

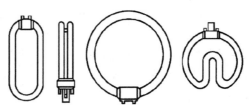

图 2.8　节能型荧光灯的外形

(2) 工作原理。

节能型荧光灯的工作原理与普通荧光灯类似。

(3) 荧光灯的安装。

节能型荧光灯的接线图如图 2.9 所示。

① 先把荧光灯管卡、镇流器固定在底盘上，把预留导线头穿过底盘，将底盘用螺钉固定在带预埋塑料膨胀螺栓的顶棚上。

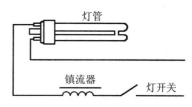

图 2.9　节能型荧光灯的接线图

② 按接线图接线，接线过程与普通荧光灯类似。

③ 如果荧光灯管和镇流器是一体化的产品，就按白炽灯的安装方法进行安装。

4) 碘钨灯

(1) 结构。

碘钨灯是卤素灯的一种，属热发射电光源，是在白炽灯的基础上发展而来的。碘钨灯的结构及接线图如图 2.10 所示。

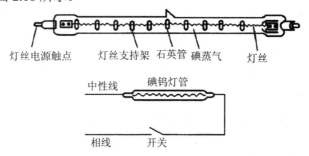

图 2.10　碘钨灯的结构及接线图

(2) 工作原理。

碘钨灯的发光原理和白炽灯一样，都以灯丝作为发光体，不同的是碘钨灯管内充有碘，当管内温度升高后，和灯丝蒸发出来的钨化合，成为挥发性的碘化钨。碘化钨在靠近灯丝的高温处又分解为碘和钨，钨留在灯丝上，而碘又回到温度较低的位置，如此循环，灯丝就不易变细，也就延长了灯丝的寿命。

（3）碘钨灯的安装。

① 灯管应安装在配套的灯架上，这种灯架是特定设计的，既具有灯光的反射功能，又是灯管的散热装置，有利于提高照度和延长灯管寿命。

② 灯架离可燃建筑物的净距离不得小于 1 m，以避免出现烤焦或引燃建筑物事故。

③ 灯架离地垂直高度不得低于 6 m，以免产生眩光。

④ 灯管在工作时必须处于水平状态，倾斜度不得超过 4°，否则会破坏碘钨循环，缩短灯管寿命。

⑤ 由于灯管温度较高，灯管两端管脚的连接导线应采用裸铜线穿套瓷珠的绝缘结构，然后通过资质接线桥与电源引线连接，而电源引线宜采用耐热性能较好的橡胶绝缘软线。

（4）故障及维修。

碘钨灯的故障较少，除出现与白炽灯类似的常见故障外，常见的还有以下故障：

① 因灯管安装倾斜，使灯丝寿命缩短。在这种情况下，应重新安装，使灯管保持水平。

② 因工作时灯管过热，经反复热胀冷缩后，灯脚密封处松动，造成接触不良。在这种情况下，一般应更换灯管。

4．照明开关、插座的安装规范

（1）照明开关的安装规范。

① 开关安装位置要便于训练，开关边缘距门框边缘的距离为 0.15～0.2 m，开关距地面高度一般为 1.3 m。

② 相同型号并列安装及同一照明开关安装高度一致，且控制有序不错位。

③ 暗装的开关面板应紧贴墙面，四周无缝隙，安装牢固，表面光滑整洁，无碎裂、划伤。

（2）插座的安装规范。

① 当不采用安全型插座时，幼儿园及小学等儿童活动场所安装高度不低于 1.8 m。

② 暗装的插座面板应紧贴墙面，四周无缝隙，安装牢固，表面光滑整洁，无碎裂、划伤。

③ 车间及试（实）验室的插座安装高度不低于 0.3 m，特殊场所暗装的插座高度不低于 0.15 m，同一照明插座安装高度一致。

④ 地插座面板应与地面齐平或紧贴地面，盖板要固定牢固，密封良好。

⑤ 插座的接线也有规范要求，如图 2.11 所示。

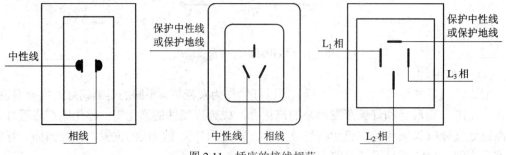

图 2.11　插座的接线规范

注意：插座有单相二孔、单相三孔和三相四孔之分，插座容量民用建筑有 10 A、16 A，选用插座要注意其额定电流值应与其连接的电器和线路中通过的电流值相匹配，如果过载，极易引发事故；同时，还要注意查看该插座是否有安全认证标志，我国电工产品安全认证标志为长城标志，如图 2.12 所示。

图 2.12　安全认证标志

【技能训练】

1．技能训练器材

① 白炽灯、开关及导线，一套/组。

② 荧光灯管、灯架、开关、启辉器、镇流器及导线，一套/组。

③ 钢丝钳、剥线钳、验电笔及万用表，一套/组。

2．技能训练步骤

1) 白炽灯的故障检查

训练提示：故障检查时，白炽灯的玻璃外壳有可能是炽热的状态，小心不要烫手；用验电笔检查灯头螺纹口是否带电，在确认没有电的情况下，才允许触碰。

训练步骤 1：检查白炽灯。

训练要求：观察白炽灯的铭牌，核对白炽灯的额定功率和额定电压；检查白炽灯的灯丝是否有断裂、搭丝现象；检查白炽灯的灯头是否松动，是否有漏气现象。

训练步骤 2：检查白炽灯的电源。

训练要求：检查白炽灯的电源熔断器是否熔断，检查熔体值是否合适；检查白炽灯的电源电压值是否与标称的额定电压一致，检查电源电压是否波动。

训练步骤 3：检查白炽灯灯头、开关及连线。

训练要求：检查白炽灯的灯芯与灯头的底芯接触是否良好；检查开关接触及导线连接是否良好；检查灯头连接处两线头是否互碰。

2) 荧光灯的安装训练

训练提示：荧光灯的灯管是玻璃制品，易碎，取用时应轻拿轻放，同时还要保持灯管的清洁。

训练步骤 1：组装灯架附件。

训练要求：用螺钉将镇流器固定在灯架的中部，用软线将镇流器 4 个端子的连接线引出至灯架的端部；用螺钉将启辉器座固定在灯架的端部；将灯座固定在灯架的端部，两个灯座间距离应适当，以灯管实际长度为基准，两边各加 2 mm 为宜，如图 2.13(a)所示。

训练步骤 2：荧光灯的接线。

训练要求：按照图 2.7 所示电路进行接线，把相线接入开关，开关引出线必须先与镇流器连接，然后再按镇流器接线图接线，如图 2.13(b)所示。

当 4 个线头镇流器的线头标记模糊不清时，用万用表电阻挡测量，电阻小的两个线头是副线圈，标记为 3、4，与启辉器构成回路；电阻大的两个线头是主线圈，标记为 1、2，与外接交流电源构成回路。

对照图 2.7，认真核对电路接线，重点检查接线是否有错误、是否漏接线、接线点是否松动等。

训练步骤 3：固定灯架。

训练要求：如图 2.13(c)所示，由于训练是在实训室的照明下进行的，没有预埋紧固件的条件，但可以用细木工板来模拟照明棚顶，这样就可以直接将灯架用木螺钉固定在工板上。

训练步骤 4：安装管件。

训练要求：如图 2.13(d)所示，把荧光灯管插入灯座插孔内，再把启辉器旋入启辉器座中。

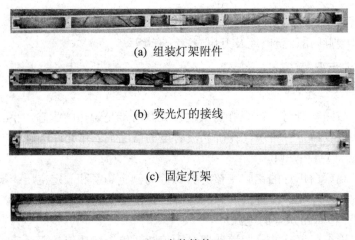

(a) 组装灯架附件

(b) 荧光灯的接线

(c) 固定灯架

(d) 安装管件

图 2.13　荧光灯的安装

训练步骤 5：通电试用。

训练要求：闭合开关，给荧光灯上电，观察荧光灯的启动过程。若发现故障，则应及时断电。在荧光灯正常工作时，拔出启辉器，再观察荧光灯的状态。给荧光灯断电，然后再次重新上电，用短线头轻触启辉器座的两接线端，观察荧光灯能否再次启动。

【技能考核评价】

照明装置安装维修的考核见表 2.9。

表2.9　照明装置安装、维修的考核

考核内容	配分	评 分 标 准	扣分	得分
白炽灯的故障检查	35	① 故障询问调查(5 分)； ② 检查电源电压是否正常(5 分)； ③ 检查熔断器的熔体是否熔断(5 分)； ④ 检查灯头或开关触点是否接触不良(5 分)； ⑤ 检查灯丝是否断裂(5 分)； ⑥ 检查灯泡是否漏气(5 分)； ⑦ 检查灯泡的额定电压是否与电源电压一致(5 分)		
荧光灯的安装训练	55	① 组装灯架附件(10 分)； ② 荧光灯的接线(20 分)； ③ 固定灯架(10 分)； ④ 安装管件(5 分)； ⑤ 通电试用(10 分)		
安全文明训练	10	违反 1 次，扣 5 分		
定额时间	45 min	每超过 5 min，扣 5 分		
开始时间		结束时间		总评分	

任务3　照明线路的敷设与安装

【任务引入】

在日常生产和工农业生产中，照明装置是如何安装的？楼梯和走廊上的开关控制原理是什么？照明线路敷设与安装的工艺有什么要求？本任务通过对照明线路配线技术要求和工艺的学习，使学生掌握常用配线的工艺和使用方法。

【目的与要求】

1. 知识目标

① 了解照明线路配线的技术要求。

② 了解照明线路配线工艺。

③ 掌握照明线路配线训练方法。

2. 技能目标

能熟练进行塑料护套线和塑料槽板的配线。

【知识链接】

照明线路配线的方法主要有明敷设配线和暗敷设配线。明敷设配线包括塑料护套线配线、塑料槽板配线和明管配线，暗敷设配线常是暗管配线。

1. 照明线路配线的技术要求

照明线路配线要在保证电能安全输送的前提下，尽可能使线路布局合理、安装牢固、整齐美观。

1) 照明线路配线的工艺要求

① 导线的额定电压应大于线路的工作电压，导线的绝缘应符合线路的安装方式和敷设的环境条件，导线的截面积应能满足供电和机械强度的要求。

② 配线时应尽量避免导线有接头，非用接头不可的，其接头必须采用压线或焊接，导线连接和分支处不应受机械力的作用；留在管内的导线，在任何情况下都不能有接头，必要时尽可能将接头放在接线盒内。

③ 配线在建筑物内安装要保持水平或垂直。水平敷设时，导线距离地面不小于 2.5 m；垂直敷设时，导线最下端对地距离不小于 2 m。配线应加套管保护(按照明配管的技术要求选配)，天花板走线可用金属软管，但要固定稳妥美观。

④ 信号线不能与大功率电力线平行，更不能穿在同一管内，若因环境所限，要平行走线，则要相距 50 cm 以上。导线间和导线与地之间的绝缘电阻不小于 0.5 MΩ。

⑤ 导线穿越楼板时，应加钢管保护，钢管上端距离楼板 2 m，下端到穿出楼板为止：导线穿墙时，应加套管保护，套管两端口伸出墙面不短于 10 mm。

⑥ 为了减小接触电阻和防止脱落，截面积在 10 mm^2 以下的导线可将线芯直接与电器端子压接；截面积在 16 mm^2 以上的导线，可将线芯先装入接线端子内压紧，然后再与电器端子连接，以保证有足够的接触面积。

⑦ 导线敷设的位置应便于检查和维护，尽可能避开热源。

⑧ 报警控制箱的交流电源线应单独走线，不能与信号线和低压直流电源线穿在同一管内，交流电源线的安装应符合电气安装标准；报警控制箱到天花板的走线要求加套管保护，以提高防盗系统的防破坏性能。

2) 照明线路配线的工序及要求

① 定位。定位应在土木建筑抹灰之前进行，在建筑物上明确照明灯具、插座、配线装置、开关等设备装置的实际位置，并注上标号。

② 画线。在导线沿建筑物敷设的路径上，画出线路走向，确定绝缘支持件固定点、穿墙孔、穿楼板孔的位置，并注上标号。

③ 凿孔与预埋。按标注位置凿孔并预埋紧固件。

④ 埋设紧固件及保护管。

⑤ 敷设导线。

2. 照明线路配线工艺

1) 塑料护套线配线工艺

(1) 画线定位。

在护套线沿建筑物敷设的路径上，画出线路走向，确定支持件固定点、穿墙孔的位置，并注上标号。在画线时应考虑布线的适用、整洁及美观，应尽可能沿房屋线角、横梁、墙角等处敷设，如图 2.14 所示。

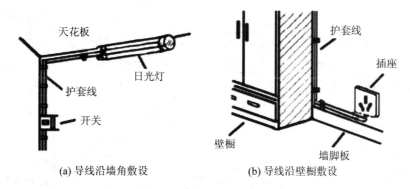

(a) 导线沿墙角敷设　　　　　　(b) 导线沿壁橱敷设

图 2.14　画线定位图例

(2) 放线下料。

放线是保证护套线敷设质量的重要一步。整盘护套线，不能搞乱，不可使线产生扭曲。因此，放线时，使用放线架放线，如图 2.15(a)所示，或者两人合作，一人把整盘线按图 2.15(b)所示套入双手中，另一人握住线头向前拉。放出的线不可在地上拖拉，以免擦破或弄脏导线的护套层。线放完后先放在地上，量好下料长度，并留出一定余量后剪断。

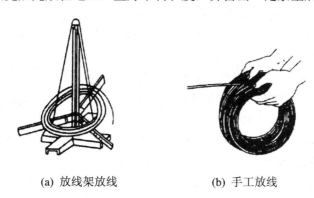

(a) 放线架放线　　　　　　(b) 手工放线

图 2.15　放线训练

(3) 敷设护套线。

为使线路整齐美观，必须将护套线敷设得横平竖直。几条护套线成排平行敷设时，应上下左右排列紧密，不能有明显空隙。敷线时，应将护套线勒直、勒平收紧置于塑料线卡内，如图 2.16 所示。

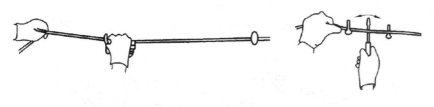

(a) 勒直护套线　　　　　　(b) 勒平护套线

图 2.16　塑料护套线的敷设

(4) 支持训练。

护套线支持点的定位要求如图 2.17 所示。

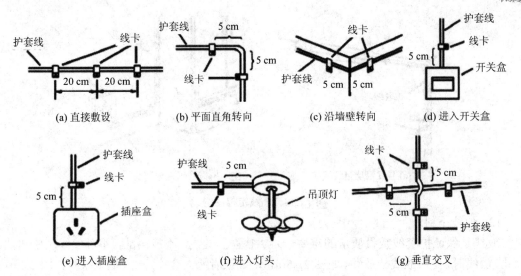

图 2.17 护套线支持点的定位要求

使用塑料线卡作为支持件，如图 2.18 所示。将护套线置于线卡的中间，然后可直接用水泥钢钉钉牢。每夹持 4～5 个线卡后，应目测进行一次检查，若有偏斜，则可用锤敲线卡纠正。短距离的直线部分先把护套线一端夹紧，然后再夹紧另一端，最后再把中间各点逐一固定。长距离的直线部分可在其两端的建筑构件表面上临时各装一副瓷夹板，把收紧的护套线先加入瓷夹中，然后逐一钉上线卡。

图 2.18 塑料线卡

注意：

① 塑料护套线不得直接埋入抹灰层内暗配敷设，也不得在室外露天场所敷设。

② 塑料护套线的连接头和分支接头应放在接线盒、开关、插座内连接。

③ 敷设塑料护套线的环境温度不得低于−15 ℃。

2) 塑料槽板配线工艺

GA 系列塑料槽板如图 2.19 所示。塑料槽板配线工艺如图 2.20 所示。

GA 系列塑料槽板常见的规格有：2400 mm × 15 mm × 10 mm、2400 mm × 24 mm × 14 mm、2400 mm × 39 mm × 18 mm、2400 mm × 60 mm × 22 mm、2400 mm × 100 mm ×

图 2.19 GA 系列塑料槽板

27 mm、2400 mm × 60 mm × 40 mm、2400 mm × 80 mm × 40 mm、2400 mm × 100 mm × 40 mm。

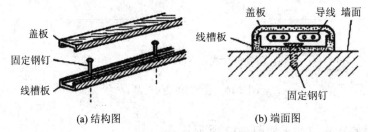

(a) 结构图　　　　　　(b) 端面图

图 2.20 塑料槽板配线工艺

(1) 画线定位。

根据施工要求，按图纸上线路走向画出槽板敷设线路。槽板应尽量沿房屋的线角、横梁、墙角等处敷设，与建筑物的线条平行或垂直，如图 2.21 所示。

(2) 槽板的安装固定。

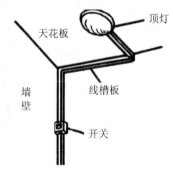

图 2.21　槽板的定位

安装时应考虑将平直的槽板安装在显露的地方，将弯曲的部分安装在较为隐蔽的地方。在安装槽板时，首先要考虑每块槽板两端的位置。在每块槽板距两端头 50 mm 处要有一个固定点，其余各固定点间的距离为 500 mm 以内大致均匀排列。

(3) 槽板拼接。

按线路的走向不同槽板有以下几种拼接方法：

① 直线拼接。将要拼接的两块槽板的底板和盖板端头锯成 45°断口，交错紧密拼接，底板的线槽必须对正。槽板的直线拼接如图 2.22 所示。

② 转角拼接。仍把两块槽板的底板和盖板端头锯成 45°断口，并把转角处线槽之间的楞削成弧形后拼接。槽板的转角拼接如图 2.23 所示。

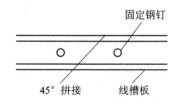

图 2.22　槽板的直线拼接

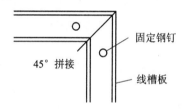

图 2.23　槽板的转角拼接

③ T 形拼接。在支路槽板的端头，两侧各锯成腰长等于槽板宽度 1/2 的等腰直接三角形，留下夹角为 90°的接头；干线槽板在宽度的 1/2 处，锯一个与支路槽板尖头配合的90°凹角，并把干线底板正对支路线槽的楞锯掉后拼接。槽板的 T 形拼接如图 2.24 所示。

④ 十字形拼接。相当于两个 T 形拼接，工艺要求与 T 形拼接相同。槽板的十字形拼接如图 2.25 所示。

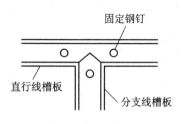

图 2.24　槽板的 T 形拼接

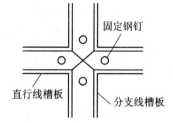

图 2.25　槽板的十字形接接

【技能训练】

1．技能训练器材

① 氖管式验电笔，一支/人。

② 数字式验电笔，一支/人。

③ 钢丝钳、尖嘴钳、斜口钳、剥线钳，一套/组。

④ 电工刀、活扳手，一套/组。

2. 技能训练步骤

1) 塑料护套线配线的训练

训练任务 1：一灯一控一插座线路安装。

如图 2.26 所示，合上单相闸刀 HK，用试电笔测量插座火线插孔则有电；拉动拉线开关 QS，电路接通，灯泡则亮；再次拉开关 QS，灯泡则灭。

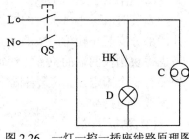

图 2.26　一灯一控一插座线路原理图

训练步骤 1：设计一灯一控一插座线路安装接线图。

训练要求：按图纸要求，画出基准线，标记支持点、线路装置及电器的位置。

训练步骤 2：放线下料。

训练要求：采用手工放线法，分清盘线的里外层，用盘线里层的端头作为起点，逆盘绕方向逐圈释放护套线；下料的长度要尽可能准确，以画线长度为参考，并适当增加一定的余量。

训练步骤 3：敷设护套线。

训练要求：护套线的敷设高度要一致，距地面高度不应低于 2.5 m；走线方向要保持横平竖直。

训练步骤 4：固定线长。

训练要求：两支持点之间要保持 150～200 mm 等间隔距离；塑料线卡距终端、转弯、电器或接线盒边缘的距离为 50～100 mm；遇有间距偏差时，应逐步调整均匀，以保持美观。在转角部分，应用手指顺弯按压，使护套线挺直平顺后再钉上线卡。

训练步骤 5：元器件安装。

① 先在各元件位置上安装木台，将导线从圆木台孔中拉出，然后在木台上固定各元器件，并将导线按要求固定到各元件的接线柱上。

② 如电路原理图所示，拉线开关的连接线柱都装在火线上。

③ 插座安装时，插座接线孔要按一定顺序排列。单相双孔插座双孔垂直排列时，相线孔在上方，零线孔在下方；单相双孔插座水平排列时，相线在右孔，零线在左孔。

训练步骤 6：测量检查及通电试车。

用万用表欧姆挡检测电路能否正常工作，若存在故障，排除后方可试电。

训练任务 2：白炽灯两地控制线路的安装。

用两个双联开关在两个地方控制一盏灯，常用于楼梯和走廊上，电路原理如图 2.27 所示。在电路中。两个双联开关通过并行的两根导线相连，任何时候总有一条导线处于两个开关之间。若灯处于熄灭状态，则按动任一双联开关即可使灯亮；若灯处在亮状态，则按动任一双联开关即可使灯灭，从而实现"二灯两控"的目的。

训练步骤：参考训练任务 1。

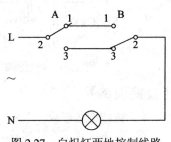

图 2.27　白炽灯两地控制线路

2) 塑料槽板配线的训练

训练提示：塑料槽板应紧贴建筑物表面，且横平竖直、固定可靠，严禁用木楔固定；塑料槽板不得扭曲变形，保持槽板清洁、无破损。

训练步骤 1：画线定位。

训练要求：与塑料护套线配线的画线定位方法相同。

训练步骤 2：固定槽板底板。

训练要求：将槽板底板沿线路基准线用钢钉固定，勿使钉帽凸出，以防槽板底板贴不紧建筑物表面。槽板底板固定点间距应小于 500 mm，底板两端距端头 50 mm 处应固定。

训练步骤 3：放线下料。

训练要求：与塑料护套线配线的放线下料方法相同。

训练步骤 4：敷线，盖槽板。

训练要求：底板内敷设的导线要有一定的松弛度，不要绞扭，打结，绝缘层破坏。盖槽板时，把盖板上的卡口夹住底槽侧壁上口，轻轻用手顺着拍打即可。

【技能考核评价】

照明线路配线训练的考核评价见表 2.10。

表 2.10 照明线路配线训练的考核

考核内容	配分	评 分 标 准	自评	互评	教师评
塑料护套线配线	45	① 画线定位(5 分)； ② 放线下料(10 分)； ③ 敷设护套线(15 分)； ④ 固定线卡(15 分)			
塑料槽板配线	45	① 画线定位(5 分)； ② 制作槽板拐角、分支(15 分)； ③ 固定槽板底板(10 分)； ④ 放线下料(5 分)； ⑤ 敷线(5 分)； ⑥ 盖槽板(15 分)			
安全文明操作	10	违反 1 次，扣 5 分			
定额时间	45 min	每超过 5 min，扣 5 分			
开始时间		结束时间		总评分	

任务4 计能装置的安装

【任务引入】

量配电装置是量电装置和配电装置的统称。量电是通过电能表、熔断器等电气装置对用户消耗的电力进行计量，即对电能进行累计，以此作为电费的结算依据，在日常生活和生产中是最广泛的用电器具；配电是通过开关、熔断器等配电设备对电能表后的用电进行控制、分配和保护。本任务通过对计能装置及其安装规范的学习，使学生掌握计能装置的安装工艺。

【目的与要求】

1．知识目标

① 了解量电装置和配电装置的组成及作用。

② 了解电能表及配电板的安装规范。

③ 掌握电能表的接线方法。

2．技能目标

能熟练地进行配电板的安装。

【知识链接】

1．量电装置

低压用户的量电装置主要由进户总熔断器盒和电能表两大部分组成。

1）进户总熔断器盒

进户总熔断器盒由熔断器、接线桥和封闭盒组成，外形如图 2.28 所示。进户总熔断器盒主要起短路保护、计划用电和隔离电源等作用。

(1) 进户总熔断器盒的安装规范。

① 每一块电能表应有单独的进户总熔断器保护，并应全部装在进户总熔断器盒内。

② 进户总熔断器盒应装在进户点户外侧，如果电能表的安装位置离进户点较远，则应在电能表处安装分总熔断器盒。

图 2.28　进户总熔断器盒的外形

③ 进户总熔断器盒应装在木板上，木板厚度不小于 10 mm，正面及四周应涂漆防潮，安装的位置应便于装拆和维修。

④ 进户总熔断器盒内的熔断器必须分别接在每一根相线上，中性线接在接线桥上。

(2) 进户总熔断器盒的安装工艺。

由于进户总熔断器盒及其熔体由供电部门选定、安放及加封，所以本书对进户总熔断器盒的安装工艺不作重点介绍，只通过图 2.29 使读者有所了解。

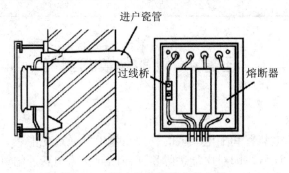

图 2.29　进户总熔断器盒的安装

2) 电能表

电能表又称为电度表，是用来计量用电设备消耗电能的仪表，具有累计功能，外形如图 2.30 所示。

图 2.30　电能表的外形

按照相数来分，电能表可分为单相电能表和三相电能表。目前，家庭用户使用的电能表基本上是单相电能表。工业动力用户使用的电能表通常是三相电能表。

按照采样方式来分，电能表可分为机械式电能表、电子式电能表和机电一体式电能表。根据国家智能电网建设，未来 3～5 年内，机械式电能表将基本上被电子式的智能电能表所取代。

(1) 电能表的安装规范。

① 电能表与配电装置通常应装在一起。装电能表的木板表面及四周边缘必须涂漆防潮，木板应为实木板，不应采用木台，允许和配电板共用一块通板，木板必须坚实干燥，不应有裂纹，拼接处要紧密平服。

② 电能表板要安装在干燥、无振动和无腐蚀性气体的场所。表板的下沿离地一般不低于 1.3 m，但大容量表板的下沿离地允许放低到 1～1.2 m，但不得低于 1 m。

③ 为了有利于线路的走向简洁而不混乱，以及保证操作安全，电能表必须装在配电装置的左方或下方，切不可装在右方或上方。同时，为了保证抄表方便，应把电能表(中心尺寸)安装在离地 1.4～1.8 m 的位置上。若需并列安装多块电能表，则两表间的中心距离不得小于 200 mm。

④ 单相计量用电时，通常装一块单相电能表；两相计量用电时，应装一块三相四线电能表；三相计量用电时，也应装一块三相四线电能表；除成套配电设备外，一般不允许采用三相三线电能表。

⑤ 任何一相的计算负荷电流超过 100 A 时，都应安装电流互感器(由供电部门供给)；当最大计算负荷电流超过现有电能表的额定电流时，也应安装电流互感器。

⑥ 电能表的表位应尽可能地按图 2.31 所示的形式排列。

⑦ 电能表的表身应装得平直，不可出现纵向或横向的倾斜，电能表的垂直偏差不应大于 1.5%，否则会影响电能表的准确性。

⑧ 电能表总线必须采用铜芯塑料硬线，配线合理、美观，其截面积不得小于 1.5 mm²，中间不准有接头，总熔断器盒至电能表之间的长度不宜超过 10 m。

⑨ 电能表总线必须明线敷设。采用线管安装时，线管也必须明装；在装入电能表时，一般以"左进右出"原则接线。

2

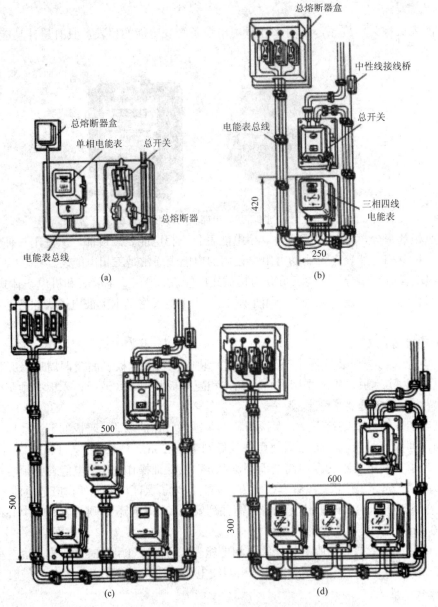

图 2.31　电能表的表位排列

(2) 电能表的接线。

① 单相电能表的接线：单相电能表共有 5 个接线桩，从左到右按 1、2、3、4、5 编号，如图 2.32 所示。其中，1、4 接线桩为单相电源的进线桩，3、5 接线柱为出线桩。单相电能表的接线如图 2.33 所示。单相电能表的实物接线照片如图 2.34 所示。

② 直接式三相四线电能表的接线：直接式三相四线电能表共有 11 个接线桩，从左到右按 1 至 11 编号。其中，1、4、7 接线桩为电源相线的进线桩，用来连接从总熔断器盒下接线桩引出来的 3 根相线；3、6、9 接线桩为电源相线的出线桩，分别去接总开关的 3 个进线桩；10 接线桩为电源中心线的进线桩；11 接线桩为电源中心线的出线桩；2、5、8 接线桩为空接线桩。直接式三相四线电能表的接线如图 2.35 所示。

图 2.32　单相电能表的接线桩

图 2.33　单相电能表的接线

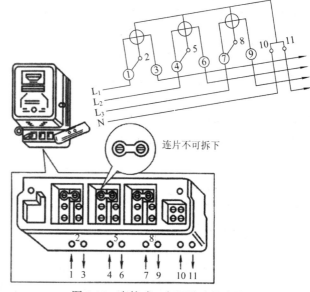

图 2.34　单相电能表的实物接线照片

图 2.35　直接式三相四线电能表的接线

③ 直接式三相三线电能表的接线：直接式三相三线电能表共有 8 个接线桩，从左到右按 1 至 8 编号。其中，1、4、6 接线桩为电源相线的进线桩；3、5、8 接线桩为电源相线的出线桩；2、7 接线桩为空接线桩。直接式三相三线电能表的接线如图 2.36 所示。

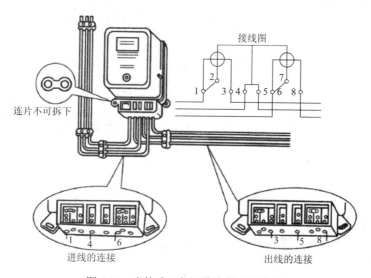

图 2.36　直接式三相三线电能表的接线

2．配电装置

低压用户的配电装置主要由总、分开关和总、分熔断器等组成。由一块电能表计费供电的全部电气装置(包括线路装置和用电装置)，应安装一套总的控制和保护装置，多数用户采用板列的安装形式，即配电板；但容量较大的用户采用的是配电柜，在此不作介绍。

1) 配电板的组成

较大容量的配电板通常由隔离开关、总开关、总熔断器及分路总开关、分路总熔断器等组成，系统图如图 2.37(a)所示。一般容量的配电板通常由总开关和总熔断器组成，系统图如图 2.37(b)所示。

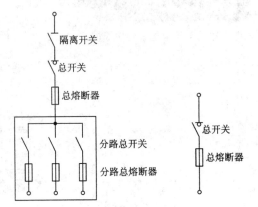

2) 配电板的作用

① 遇到重大事故发生时，能有效地切断整个电路的电源，以确保安全。

② 当线路或用电设备短路或严重过载而分路保护装置又失效时，也能自动切断电源，防止故障蔓延。

(a) 较大容量总配电装置　(b) 一般容量总配电装置

图 2.37　配电板组成系统图

③ 当线路或重大设备进行大修需要断电时，能切断整个电路电源，以保证维修安全。

3) 配电板的安装规范

① 配电板应与电能表板装在一起，置于表板的右方或上方，如图 2.38 所示。

② 配电板上各种电气设备应安装在木板上，木板表面及四周边缘必须涂漆防潮。

③ 配电板上的各种连接线必须明线敷设，中间不准有接头。

④ 配电板上各种电气设备的规格尽可能统一，并应符合对容量及技术性能的要求。

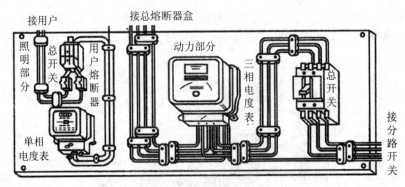

图 2.38　配电板的布局

【技能训练】

1．技能训练器材

① 电工工具，一套/组。

② 单相电能表、三相四线电能表，各一块/组。

③ 熔断器、空气断路器，一套/组。

④ 75 cm×55 cm 配电板，一块/组。

⑤ 护套线及护套线卡，一套/组。

2．技能训练步骤

训练提示：电能表在配电装置的左方或下方，电能表的接线是"左进右出"。

训练题目 1：照明及动力双回路配电板的安装训练。

训练步骤 1：板面的布局设计。

训练要求：电能表和空气断路器要垂直安装，器件布局要合理，建议采纳图 2.38 所示的布局形式。

训练步骤 2：器件的固定。

训练要求：用木螺钉直接将电能表和胶木刀开关固定在板上；截取一段长 60 mm 的导轨，用木螺钉固定在板上，然后将空气断路器卡入导轨上。

训练步骤 3：导线的布线与连接。

训练要求：参照电能表接线桩盖子上的接线图进行表线连接。走线方向相同的所有导线要密排直布，不许交叠，更不许交叉；整个板面布线要保持经线方向上垂直、纬线方向上平行；导线中间不准有接头，导线遇折弯时应呈 90°直角；所有接点的连接要采用直压方式，保证接点接触良好。

训练题目 2：用单相电度表测量 2 个白炽灯(220 V，200 W)15 分钟内所消耗的电能。

训练步骤 1：设计并绘出测量电路。

训练步骤 2：在断电的状态下按电路图接线。

训练步骤 3：通电，读出示数。

【技能考核评价】

量配电装置安装的考核评价见表 2.11。

表 2.11　量配电装置安装的考核

考核内容	配分	评分标准	扣分	得分
板面的布局设计	30	① 布局设计(10 分)； ② 器件的画线定位(10 分)； ③ 导线的画线定位(10 分)		
器件的固定	20	① 电能表的固定(5 分)； ② 胶木刀开关的固定(5 分)； ③ 空气断路器的固定(5 分)； ④ 线卡的固定(5 分)		
导线的布线与连接	40	① 单相电能表的连接(15 分)； ② 三相四线电能表的连接(15 分)； ③ 胶木刀开关的连接(5 分)； ④ 空气断路器的连接(5 分)		
安全文明操作	10	违反 1 次，扣 5 分		
定额时间	45 min	每超过 5 min，扣 5 分		
开始时间		结束时间	总评分	

项目三

电子线路的安装与调试

国家职业标准技能内容与要求：

　　初级工能够焊接、安装、测试单相整流稳压电路和简单的放大电路；中级工能够按图样内容与要求焊接电路，并用仪器、仪表进行测试；高级工能够结合生产编制逻辑运算程序，绘出相应的电路图，并应用于生产，掌握逻辑代数、编码器、寄存器、触发器等数字电路的基本知识。

　　本项目通过对电子元器件的识别与检测、电子电路的装配与调试，使学生学会阅读电路图和印制电路图，熟悉常用电子元器件的选择、检测，掌握焊接和组装电路的技能，并能熟练查阅元器件手册，同时掌握使用电子仪器调试电路的方法，并能处理装配和调试过程中出现的问题，获得工程实践能力。

任务 1　常用电子元器件识别与检测训练

【任务引入】

　　随着自动控制设备在工农业生产中应用的增加，电子技术知识的应用也越来越广泛，电子元件的识别与应用也经常遇到各种的问题。本任务通过对常用电子元器件的识别和检测，使学生掌握常用电子元器件的参数、用途及检测方法。

【目的与要求】

　　1．知识目标

　　① 了解电子元器件的性质、分类及用途。

　　② 了解电子元器件的型号、外形结构、性能参数及标志。

　　③ 掌握电子元器件的测量、极性的判定及质量鉴定的方法。

　　2．技能目标

　　① 能用目视法判断、识别常见电子元器件。

　　② 会使用万用表测量电子元器件，并对其质量作出评价。

【知识链接】

　　常用的电子元器件主要有电阻器、电容器、电感器、晶体二极管、晶体三极管及晶闸管等。

1. 电阻器

电阻器(简称电阻)是指用电阻材料制成的，具有一定结构形式、能在电路中起限制电流通过作用的二端电子元器件。维修电工所使用的电阻器主要用于限流和分压。

1) 电阻器的类型

阻值不能改变的称为固定电阻器，阻值可变的称为电位器或可变电阻。常见电阻器的外形和图形符号如图 3.1 所示。维修电工接触较多的是碳膜电阻器、金属膜电阻器和大功率电阻器。

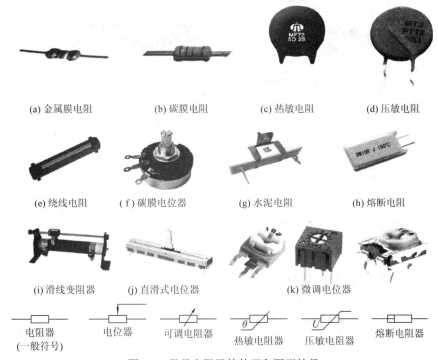

(a) 金属膜电阻　(b) 碳膜电阻　(c) 热敏电阻　(d) 压敏电阻

(e) 绕线电阻　(f) 碳膜电位器　(g) 水泥电阻　(h) 熔断电阻

(i) 滑线变阻器　(j) 直滑式电位器　(k) 微调电位器

电阻器(一般符号)　电位器　可调电阻器　热敏电阻器　压敏电阻器　熔断电阻器

图 3.1　常见电阻器的外形和图形符号

电阻器分为 19 个额定功率等级，如表 3.1 所示，常用的有 0.05 W、0.125 W、0.25 W、0.5 W、1 W、2 W、10 W、20 W 等。

表 3.1　电阻器的额定功率等级

种　类	额定功率/W
绕线电阻器	0.05　0.125　0.25　0.5　1　2　3　4　8　10　16　25　40　50　75　100　150　250　500
非绕线电阻器	0.05　0.125　0.25　0.5　1　2　5　10　25　50　100

2) 电阻器阻值的标志方法

电阻器阻值的标志方法有三种：直接标志法、文字符号法及色环标志法。

(1) 直接标志法。

直接标志法是将电阻器的阻值直接用数字印在电阻器上。对于小于 1000 Ω 的阻值，只标出数值，不标出单位；对于达千欧(kΩ)、兆欧(MΩ)的阻值，只标出 k、M。

(2) 文字符号法。

文字符号法是将需要标出的主要参数用文字和数字符号有规律地标志在产品表面上，欧姆用 Ω 表示，千欧用 k 表示，兆欧用 M 表示。

　　(3) 色环标志法。

　　对于体积很小的电阻器，其阻值是用带有颜色的色环来标志的，如图 3.2 所示。色环标志法有 4 环和 5 环两种。

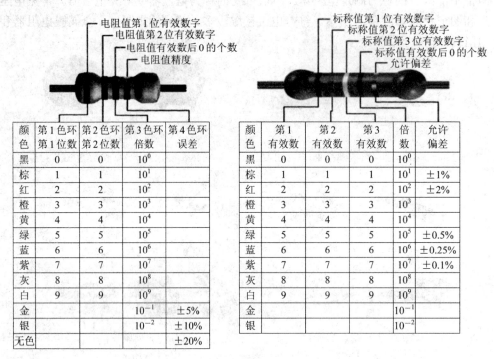

颜色	第1色环第1位数	第2色环第2位数	第3色环倍数	第4色环误差
黑	0	0	10^0	
棕	1	1	10^1	
红	2	2	10^2	
橙	3	3	10^3	
黄	4	4	10^4	
绿	5	5	10^5	
蓝	6	6	10^6	
紫	7	7	10^7	
灰	8	8	10^8	
白	9	9	10^9	
金			10^{-1}	±5%
银			10^{-2}	±10%
无色				±20%

颜色	第1有效数	第2有效数	第3有效数	倍数	允许偏差
黑	0	0	0	10^0	
棕	1	1	1	10^1	±1%
红	2	2	2	10^2	±2%
橙	3	3	3	10^3	
黄	4	4	4	10^4	
绿	5	5	5	10^5	±0.5%
蓝	6	6	6	10^6	±0.25%
紫	7	7	7	10^7	±0.1%
灰	8	8	8	10^8	
白	9	9	9	10^9	
金				10^{-1}	
银				10^{-2}	

图 3.2　色环标志法

　　4 环电阻器的第 1 环和第 2 环分别表示电阻值的第 1 位和第 2 位有效数字，第 3 环表示 10 的乘方数(10^n，n 为表示颜色的数字)，第 4 环表示允许误差。色环电阻器的单位一律为欧姆(Ω)。

　　5 环电阻器的前 3 环表示电阻值的 3 位有效数字，第 4 环表示 10 的乘方数(10^n，n 为表示颜色的数字)，第 5 环表示允许误差。

　　常用色环标志的电阻器颜色醒目，标注清晰，不易褪色，从不同的角度都能看清楚阻值，目前在国际上色环标志法被广泛应用。

　　3) 电阻器的检测方法

　　(1) 普通电阻器的测量。

　　对于常用的碳膜、金属膜电阻器及绕线电阻器的阻值，可用普通指针式万用表的电阻挡直接测量。

　　(2) 热敏电阻器的检测。

　　目前应用较多的是负温度系数热敏电阻器。欲判断热敏电阻器性能的好坏，可在测量其电阻值的同时，用手指捏住热敏电阻器(使其温度升高)，或者利用电烙铁对其加热(不要接触到电阻器)。若其阻值随温度变化而变化，则说明其性能良好；若其阻值不随温度变化，则说明其性能不好或已损坏。

(3) 电位器的检测。

先测量电位器的总阻值，如图 3.3(a)所示，然后将一支表笔接电位器的中心焊接片，将另一支表笔接其余两端片中的任意一个，如图 3.3(b)所示，慢慢将其转柄从一个极端位置旋转至另一个极端位置，其阻值则应从零(或标称值)连续变化到标称值(或零)。

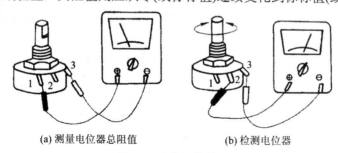

(a) 测量电位器总阻值   (b) 检测电位器

图 3.3 电位器的检测

注意:

① 最常用的表示允许误差的颜色是金、银、棕，尤其是金环和银环，一般绝少用作电阻器色环的第 1 环。

② 最后两环之间的间隔比第 1 环和第 2 环之间的间隔要宽一些，据此可判定色环的排列顺序。

③ 由电阻器生产系列值来判定色环顺序。按照错误顺序所读取的电阻值，在电阻器的生产系列中是没有的。

如果使用上述方法均无法读出色环电阻器的阻值，则需要使用万用表对色环电阻器的阻值进行直接测量。

2. 电容器

电容器(简称电容)是一种容纳电荷的电子元器件。维修电工所使用的电容器主要用于滤波、隔直、能量转换及控制等。

1) 电容器的类型

电容器按材料介质可分为纸介电容器、有机薄膜电容器、瓷介电容器、云母电容器、玻璃釉电容器、电解电容器、钽电容器等。常见电容器的外形和图形符号如图 3.4 所示。维修电工接触较多的是纸介电容器和电解电容器。

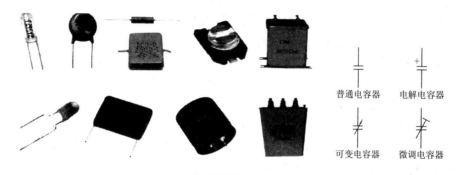

普通电容器   电解电容器

可变电容器   微调电容器

(a) 电容器的外形   (b) 电容器的图形符号

图 3.4 常见电容器的外形和图形符号

2) 电容器的主要参数

电容器的主要参数有两个：标称容量和额定耐压。

(1) 电容器的标称容量。

在电容器上标注的电容量值，称为标称容量(有时简称容量)。固定电容器的标称容量系列如表 3.2 所示，任何电容器的标称容量都满足表中标称容量系列值再乘以 10^n(n 为正或负整数)。

表 3.2　固定电容器的标称容量系列

电容器类别	标称容量系列值
高频介质、云母介质 玻璃釉介质 高频(无极性)有机薄膜介质	1.0 1.1 1.2 1.3 1.5 1.6 1.8　2.0 2.2 2.4 2.7　3.0 3.3 3.6 3.9 4.3 4.7 5.1　5.6 6.2 6.8 8.5 8.2 9.1
纸介质、金属化纸介质 复合介质、低频(有极性)有机薄膜介质	1.0 1.5 2.0 2.2 3.3 4.0 4.7 5.0 6.0 6.8 8.0
电解电容器	1.0 1.5 2.2 3.3 4.7 6.8

(2) 电容器的额定耐压。

电容器的额定耐压是指在规定温度范围内，电容器正常工作时能承受的最大直流电压。额定耐压值一般直接标在电容器上。固定电容器的额定耐压系列值有 1、6、6.3、10、16、25、32*、40、50、63、100、125*、100、250、300*、400、450*、500、1000 等(单位为 V，带*号的只限于电解电容器使用)。

注意：电容器在使用时不允许超过其标称的额定耐压值，若超过此值，则电容器就可能损坏或被击穿，甚至爆炸。

3) 电容器容量的标志方法

电容器容量的标志方法有如下四种。

(1) 直标法。

直标法是在产品的表面上直接标志出产品的主要参数和技术指标的方法。如图 3.5(a)所示，该电容器容量为 5 μF ± 5%，耐压为交流 250 V，频率为 50/60 Hz。

(2) 文字符号法。

文字符号法是指将需要标志的主要参数和技术指标，用文字、数字符号的有规律组合标志在产品的表面上。采用文字符号法时，将容量的整数部分写在容量单位符号前面，将小数部分放在单位符号后面。如图 3.5(b)所示，容量为 82 nF 的电容，其标志为 8n2。

(3) 数字标志法。

数字标志法如图 3.5(c)所示。体积较小的电容器常用数字标志法，一般用 3 位整数，第 1 位、第 2 位为有效数字，第 3 位表示有效数字后面零的个数，单位为皮法(pF)，但是当第 3 位数字是 9 时表示 10^{-1}。例如，"472"表示容量为 4700 pF，而"339"表示容量为 33×10^{-1} pF(3.3 pF)。

(4) 色标法。

电容器容量的色标法原则上与电阻器类似，其单位为皮法(pF)，如图 3.5(d)所示。

(a) 直标法   (b) 文字符号法   (c) 数字标志法   (d) 色标法

图 3.5 电容器容量的标志方法

4) 电容器的检测方法

电容器在使用前应进行检查，以免造成电路短路、断路及影响电路的性能指标。对电容器进行性能检查和容量的测量，应根据电容器型号和容量的不同而采取不同的方法。

(1) 电解电容器的检测。

① 电解电容器好坏的判定。先将电解电容器两端线短接放电，然后将万用表的黑表笔与电容器的正极相接，将红表笔与电容器的负极相接。按照万用表针状态进行判定。

电容器正常现象：表针迅速向右摆动，然后慢慢复位。

电容器短路现象：表针指向零或接近于零，并且不能复位。

电容器断路现象：表针完全不动或微动，并且不能复位。

② 电解电容器极性的判定。

· 判定步骤：如图 3.6 所示，先假定电容器某极为正极，让其与万用表的黑表笔相接，将另一个电极与万用表的红表笔相接，同时观察并记录表针向右摆动的幅度；再将电容器放电，然后把两支表笔对调重新进行上述测量。

· 判定结论：哪一次测量中，表针最后停留的摆动幅度较小，说明该次对其正、负极的假定是对的。

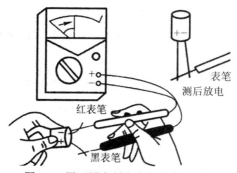

图 3.6 用万用表判定电解电容的极性

(2) 小容量无极性电容器的检测。

电容器正常现象：表针稍摆一个小角度后复位，把两支表笔对调重复测量，仍出现上述情况。

电容器短路现象：表针指向零或摆动幅度较大，并且不能复位。

电容器断路现象：表针完全不动，把两支表笔对调重复测量，表针仍然不动。

3. 电感器

电感器(简称电感)是能够把电能转换为磁能而储存起来的电子元器件。维修电工所用的电感器主要用于阻止动态电流的变化。

1) 电感器的类型

电感器分为固定电感器和可变电感器。另外，按导磁性质，可分为空芯电感器、磁芯电感器和铜芯电感器等；按用途，可分为高频扼流电感器、低频扼流电感器、调谐电感器、退耦电感器、提升电感器、稳频电感器等；按结构特点，可分为单层、多层、蜂房式、磁芯式等。常见电感器的外形和图形符号如图3.7所示。

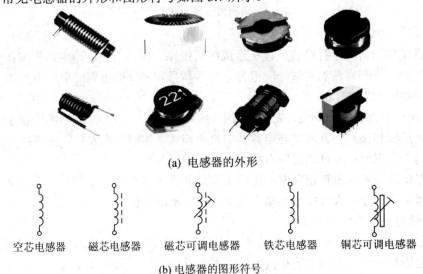

(a) 电感器的外形

空芯电感器　　磁芯电感器　　磁芯可调电感器　　铁芯电感器　　铜芯可调电感器

(b) 电感器的图形符号

图3.7　电感器的外形和图形符号

2) 电感器线圈的检测

对电感器进行检测，首先要进行外观检查，查看线圈有无松散，引脚有无折断现象。然后用万用表的欧姆挡测量线圈的直流电阻，若电阻值为无穷大，则说明线圈(或与引出线间)有断路；若比正常值小很多，则说明有局部短路；若为零，则线圈被完全短路。

4．晶体二极管

晶体二极管(简称二极管)是一种具有单向传导电流作用的电子元器件。维修电工所使用的二极管主要用于整流、限幅、隔离、续流、稳压及开关控制等。

1) 二极管的类型

二极管种类有很多，按照所用的半导体材料，可分为锗二极管(管压降为0.7 V)和硅二极管(管压降为0.3 V)。常用二极管的外形如图3.8所示。维修电工接触较多的是整流二极管、功率二极管及稳压二极管。

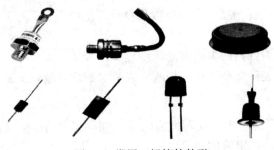

图3.8　常用二极管的外形

2) 二极管的检测

(1) 普通二极管的检测。

普通二极管的外壳上均印有型号和标记。标记有箭头、色点、色环三种，箭头所指方向或靠近色环的一端为二极管的负极，有色点一端为正极。

(2) 稳压管的检测。

① 极性的判定。稳压管极性判定与普通二极管方法相同。

② 检查好坏。将万用表置于 $R×10\,\text{k}$ 挡，再将黑表笔接稳压管的负极，红表笔接稳压管的正极，若此时反向电阻很小(与使用 $R×1\,\text{k}$ 挡时的测量值相比较)，说明该稳压管正常。因为万用表 $R×10\,\text{k}$ 挡的内部电压都在 9 V 以上，可达到被测稳压管的击穿电压，使其阻值大大减小。

(3) 发光二极管的检测。用万用表 $R×10\,\text{k}$ 挡测量，一般正向电阻小于 30 kΩ，反向电阻应大于 1 MΩ。若正、反向电阻均为零，则说明其内部击穿；反之，若正反向电阻均为无穷大，则表明内部已开路。

5．晶体三极管

晶体三极管简称三极管。维修电工所使用的三极管主要用于构成放大器和功率开关。

1) 三极管的类型

三极管按材料分为两种：锗管和硅管。而每一种又有 NPN 和 PNP 两种结构形式，维修电工接触较多的是硅 NPN 和锗 PNP 两种三极管。常用三极管的外形如图 3.9 所示。

图 3.9　常用三极管的外形

2) 三极管的特征识别

(1) 管脚极性的识别。

可以根据三极管的封装形式识别管脚极性，如图 3.10 所示。

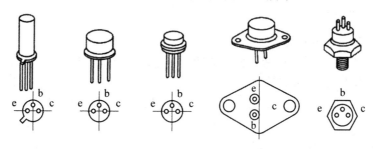

图 3.10　根据三极管的封装形式识别管脚极性

(2) β 值的识别。

有些三极管的壳顶上标有色点，作为 β 值的色点标志，为选用三极管带来很大的方便。色点标志的分挡如下：

$$0\sim15\sim25\sim40\sim55\sim80\sim120\sim180\sim270\sim400\sim600$$

棕　红　橙　黄　绿　蓝　紫　灰　白　黑

3) 三极管的检测

(1) 三极管的基极和管型的判定。

将万用表黑表笔任接一极，将红表笔分别依次接另外两极。如图 3.11 所示，若在两次测量中表针均偏转很大(说明管子的 PN 结已通，电阻较小)，则黑表笔接的电极是基极，同时该管为 NPN 管；反之，将表笔对调(将红表笔任接一极)，重复以上操作，也可确定管子的基极，其管型为 PNP 管。

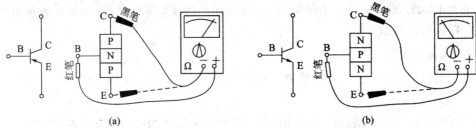

图 3.11　三极管管型的判定

(2) 三极管质量好坏的判断。

若在以上操作中无一电极满足上述现象，则说明管子已坏。也可用万用表的 h_{FE} 挡来进行判断。当管型确定后，将三极管插入专用插孔，将万用表置于 h_{FE} 挡，若 h_{FE} 挡值不正常(如为零或大于 300)，则说明管子已坏。

【技能训练】

1. 技能训练器材

① 电阻器：色环电阻器、碳膜电阻器、电位器、绕线电阻器，一套/组。

② 电容器：电解电容器、纸介电容器、瓷介电容器、电力电容器，一套/组。

③ 电感器：线圈、空芯电感器、电抗器，一套/组。

④ 二极管：1N4001、1N4002、1N4003、1N4007，若干/组。

⑤ 三极管：9011、9012、9013、9014，若干/组。

⑥ 实训工具：万用表、电工工具，一套/组。

2. 技能训练步骤

1) 电阻器的识别与测量

训练提示：样品要轻拿轻放，保持清洁，不要沾油污或破损。

训练题目 1：识别电阻器的属性。

训练内容与要求：观察电阻器，说明其属性(如类型、标称电阻值、功率等)，将结果填入表 3.3 中。

训练题目 2：识别色环电阻器。

训练内容与要求：观察电阻器的色环，估算电阻值，将结果填入表 3.3 中。

训练题目 3：测量电阻器。

训练内容与要求：使用万用表测量电阻器的阻值，将结果填入表 3.3 中。

表 3.3　电阻器样品记录表

样品	型号	类型	标称电阻值	实测电阻值	功率
1#样品					
2#样品					

2) 电容器的识别与检侧

训练题目 1：识别电容器的属性。

训练内容与要求：观察电容器，说明其属性(如电介质种类、标称容量及容量标志方法)，将结果填入表 3.4 中。

训练题目 2：检测电容器。

训练内容与要求：使用万用表测量电容器，给出电容器质量好坏的结论，将结果填入表 3.4 中。

表 3.4　电容器样品记录表

样品	电介质种类	标称容量	容量标志方法	质量鉴定
1#样品				
2#样品				

3) 电感器的识别与检测

训练题目 1：识别电感器的属性。

训练内容与要求：观察电感器，说明其属性(如导磁介质种类、标称值)，将结果填入表 3.5 中。

训练题目 2：检测电感器。

训练内容与要求：使用万用表测量电感器的直流电阻值，给出电感器质量好坏的结论，将结果填入表 3.5 中。

表 3.5　电感器样品记录表

样品	导磁介质种类	标称值	直流电阻值	质量鉴定
1#样品				
2#样品				

4) 二极管的识别与检测

训练题目 1：识别二极管的属性。

训练内容与要求：观察二极管，说明其属性(如封装形式、型号、参数及管脚极性)，将结果填入表 3.6 中。

训练题目 2：检测二极管。

训练内容与要求：用万用表测量二极管，给出二极管质量好坏的结论，将结果填入表 3.6 中。

表 3.6   二极管样品记录表

样品	封装形式	型号	参数	正向电阻	反向电阻	质量鉴定
1#样品						
2#样品						

5) 三极管的识别与检测

训练题目 1：识别三极管的属性。

训练内容与要求：观察三极管，说明其属性(如封装形式、型号、参数及管脚极性)，将结果填入表 3.7 中。

训练题目 2：检测三极管。

训练内容与要求：使用万用表测量三极管，给出三极管质量好坏的结论，将结果填入表 3.7 中。

表 3.7   三极管样品记录表

样品	封装形式	型号	参数	发射结正偏电阻	集电结反偏电阻	质量鉴定
1#样品						
2#样品						

【技能考核评价】

常用电子元器件识别与检测的考核评价见表 3.8。

表 3.8   常用电子元器件识别与检测的考核

考核内容	配分	评分标准	扣分	得分
电阻器的识别与测量	20	① 属性及标志的识别(5 分)； ② 测量训练(5 分)； ③ 色环电阻器的读值(10 分)		
电容器的识别与检测	10	① 属性及标志的识别(5 分)； ② 测量训练(2 分)； ③ 质量鉴定(3 分)		
电感器的识别与检测	10	① 属性及标志的识别(5 分)； ② 测量训练(2 分)； ③ 质量鉴定(3 分)		
二极管的识别与检测	20	① 属性及标志的识别(5 分)； ② 测量训练(5 分)； ③ 管脚极性判定(5 分)； ④ 质量鉴定(5 分)		
三极管的识别与检测	30	① 属性及标志的识别(5 分)； ② 测量训练(10 分)； ③ 管脚极性识别与判定(5 分)； ④ 管型判定(5 分)； ⑤ 质量鉴定(5 分)		
安全、文明操作	10	违反 1 次，扣 5 分		
定额时间	20 min	每超过 5 min，(扣 10 分)		
开始时间		结束时间	总评分	

任务2　电子电路焊接训练

【任务引入】

　　手工锡焊接技术是电工的一项基本功，就是在大规模生产的情况下，维护和维修也要使用手工焊接。因此，必须通过学习和实践操作熟练掌握手工焊接技术。本任务通过对常用焊接工具和材料的认识与使用，以及手工焊接工艺的实际演练，使学生掌握一般电子电路的手工焊接技术。

【目的与要求】

1．知识目标

① 掌握焊接工具的分类、使用场合及使用注意事项。

② 了解焊接材料的性质及选用。

③ 掌握电子电路的手工焊接工艺。

2．技能目标

① 会选用电烙铁、焊锡及松香。

② 会采用"五步"训练法和"三步"训练法进行焊接训练。

【知识链接】

1．焊接工具和材料

1）电烙铁

　　电烙铁是电子制作和电气维修的必备工具，主要用于焊接元器件及导线。电烙铁分为内热式和外热式，如图 3.12 所示。

　　(1) 电烙铁的规格及使用场合。

　　图 3.12(a)所示为内热式电烙铁，它适用于电子制作，主要规格有 20 W、25 W、35 W、50W 等。焊接集成电路、晶体管及受热易损元器件时，应选用 20 W 内热式电烙铁。图 3.12(b)所示为外热式电烙铁，它适用于焊接大型焊件，主要规格有 25 W、30 W、40 W、50 W、60 W、75 W、100 W、150 W、300 W 等。

(a) 内热式电烙铁　　　　　　　　　(b) 外热式电烙铁

图 3.12　电烙铁

　　(2) 使用注意事项。

① 电烙铁插头最好使用三极插头，外壳要妥善接地。

② 使用前，应认真检查电源插头、电源线有无损坏；检查烙铁头是否松动。

③ 电烙铁不能用力敲击，防止掉落。烙铁头上焊锡过多时，可用布擦掉，不可乱甩，

以防烫伤他人。

④ 在焊接过程中，电烙铁不能到处乱放。不使用时，应放在烙铁架上。电源线不可搭在烙铁头上，以防烫坏绝缘层而发生事故。

⑤ 使用结束后，应及时切断电源，拔下电源插头。冷却后，再将电烙铁收回工具箱。

2) 焊料

焊料是一种易熔金属，它能使元器件引脚与电路板的连接点连接在一起。焊锡作为一种常用的焊料，外形多为丝状。焊锡是在金属锡中加入一定比例的铅和少量的其他金属而制成的，具有熔点低、抗腐蚀、抗氧化、附着力强等特点。

3) 助焊剂

助焊剂是焊接过程中不可缺少的一种材料，它有助于清洁被焊面，防止氧化，增强焊料的流动性，使焊点易于成形。常用的助焊剂是松香和氧化松香。

2. 手工焊接工艺

1) 焊接的手法

(1) 焊锡丝的拿法。

首先一般把成卷的焊锡丝拉直，然后截成一尺长左右的一段。在进行连续焊接时，焊锡丝的拿法如图 3.13(a)所示，即左手的拇指、食指和小指夹住焊锡丝，用另外两个手指配合就能把焊锡丝连续向前送进。若不是连续焊接，则焊锡丝的拿法也可采用其他形式，如图 3.13(b)所示。

(a) 连续焊接拿法　　　　　　　(b) 非连续焊接拿法

图 3.13　焊锡丝的拿法

(2) 电烙铁的握法。

根据电烙铁的大小、形状和被焊件内容与要求的不同，电烙铁的握法一般有 3 种形式，如图 3.14 所示。图 3.14(a)所示为正握法，适用于大功率的电烙铁和热容量大的焊件焊接。图 3.14(b)所示为反握法，适用于弯头电烙铁或直烙铁头在机架上互连导线的焊接。图 3.14(c)所示为握笔法，适用于小功率的电烙铁和热容量小的焊件焊接。

(a) 正握法　　　　　(b) 反握法　　　　　(c) 握笔法

图 3.14　电烙铁的握法

2) 待焊材料的预加工

待焊材料的预加工包括待焊材料的清洁、待焊材料的预焊镀锡处理(浸焊或涂焊)。焊

接前，应对元器件引脚或电路板的焊接部位进行焊接前处理。一般元器件引脚在插入电路板之前，都必须刮干净再镀锡，个别因长期存放而氧化的元器件，也应重新镀锡。需要注意的是，对于扁平封装的集成电路引脚，不允许用刮刀清除氧化层。

(1) 清除焊接部位的氧化层。

可用断锯条制成小刀，刮去金属引脚表面的氧化层，使引脚露出金属光泽，如图 3.15(a)所示。对于印制电路板，可用细砂纸将铜箔打光后，涂上一层松香酒精溶液。

(2) 元器件镀锡。

在刮干净的引脚上镀锡，可将引脚蘸一下松香酒精溶液后，将带锡的热烙铁头压在引脚上，并转动引脚，即可使引脚均匀地镀上一层很薄的锡层，如图 3.15(b)所示。导线焊接前，应将绝缘外皮剥去，再经过上面两项处理，才能正式焊接。若是多股金属丝的导线，打光后应先拧在一起，然后再镀锡。

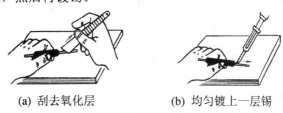

(a) 刮去氧化层   (b) 均匀镀上一层锡

图 3.15　待焊材料的预加工

3) 手工焊接的基本步骤

作好焊接前处理之后，就可以进行正式焊接了。电子元器件的完整焊接过程分焊接、检查、剪断三步完成，如图 3.16 所示。

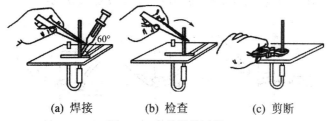

(a) 焊接   (b) 检查   (c) 剪断

图 3.16　完整焊接过程

手工焊接时，对热容量大的被焊件，常采用"五步"训练法；对热容量小的被焊件，则采用"三步"训练法。

(1) "五步"训练法。

第 1 步：把被焊件、焊锡丝和电烙铁准备好，处于随时可焊的状态。如果使用的是新电烙铁，那么在使用前，应用细砂纸将烙铁头打光亮，通电烧热，蘸上松香后用烙铁头刃面接触焊锡丝，使烙铁头上均匀地镀上一层锡。这样做，可以方便焊接和防止烙铁头表面氧化。旧的烙铁头如若严重氧化而发黑，则可用钢锉锉去表层氧化物，使其露出金属光泽后，重新镀锡，才能使用。

第 2 步：加热被焊件。把烙铁头放在接线端子和引脚上进行加热。

第 3 步：放上焊锡丝。被焊件经加热达到一定温度后，应立即将手中的焊锡丝接触到被焊件上，熔化适量的焊锡(注意：焊锡丝应加到被焊件上烙铁头的对称一侧，而不是直接加到烙铁头上)。

第 4 步：移开焊锡丝。当焊锡丝熔化一定量后(焊锡不能太多)，要迅速移开焊锡丝。

第 5 步：撤离电烙铁。当焊锡的扩散范围达到内容与要求后移开电烙铁。撤离电烙铁的方向和速度的快慢与质量密切相关，训练时应特别留心，仔细体会。

以上五步训练如图 3.17 所示。

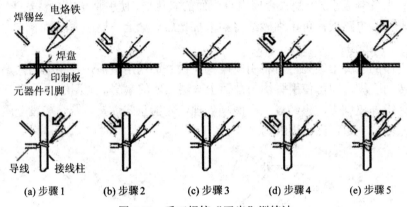

(a) 步骤1　　(b) 步骤2　　(c) 步骤3　　(d) 步骤4　　(e) 步骤5

图 3.17　手工焊接"五步"训练法

(2) "三步"训练法。

第 1 步：准备，与前面的"五步"训练法相同。

第 2 步：同时加热与加焊锡。在被焊件的两侧，同时放上烙铁头和焊锡丝，以熔化适量的焊锡。

第 3 步：同时移开电烙铁和焊锡丝。当焊锡扩散范围达到内容与要求后，迅速拿开电烙铁和焊锡丝(注意：拿开焊锡丝的时间不得迟于拿开电烙铁的时间)。以上三步训练如图 3.18 所示。

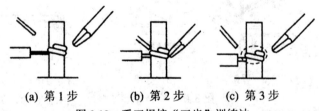

(a) 第1步　　(b) 第2步　　(c) 第3步

图 3.18　手工焊接"三步"训练法

(3) 焊点的质量检查。

为了保证焊接质量，一般在焊接后都要进行焊点质量检查。焊接中常见的焊点缺陷有虚焊、假焊、拉尖、桥接、空洞和堆焊等。

焊接最佳标准为：焊点形状近似圆锥形而且表面微微凹陷；焊件的连接面呈半弓形凹面，焊件与焊料交界处平滑；无裂缝，无针孔。

4) 手工焊接的注意事项

在手工焊接过程中除应严格按照以上步骤操作外，还应注意以下几个方面。

① 电烙铁的温度要适当，这可用烙铁头放到松香上去检验，一般以松香熔化较快又不冒烟的温度为适宜。

② 焊接时间要适当，一般一两秒内焊好一个焊点，若没完成，应等一会儿再焊一次。

③ 焊锡与助焊剂的使用要适量。

④ 焊接过程中不要触动焊接点。同时也要注意不要烫伤周围的元器件及导线。

【技能训练】

1．技能训练器材

① 工具：35 W 内热式电烙铁、斜口钳、尖嘴钳，一套/组。

② 材料：焊锡丝、松香、电阻引脚、焊盘，一套/组。

2．技能训练步骤

训练提示：检查电源线有无损坏；电烙铁不能到处乱放，以防烫伤。

训练题目 1：用"五步"训练法焊接电阻引脚。

训练内容与要求：把焊盘和电阻的引脚用细砂纸打磨干净，涂上助焊剂。用烙铁头蘸取适量焊锡，接触焊点，待焊点上的焊锡全部熔化并浸没电阻引脚后，烙铁头沿着电阻引脚轻轻往上一提离开焊点。焊点要呈正弦波峰形状，表面应光亮圆滑，无锡刺，锡量适中。

训练题目 2：用"三步"训练法焊接电阻引脚。

训练内容与要求：与训练题目 1 的内容与要求相似。

【技能考核评价】

焊接训练的考核评价见表 3.9。

表 3.9　焊接训练的考核

考核内容	配分	评分标准	扣分	得分
焊接前的准备	15	① 电烙铁的检查与挂锡(5 分)； ② 清除焊接部位的氧化层(5 分)； ③ 元器件镀锡(5 分)		
电烙铁的握姿	15	① 正握法训练(5 分)； ② 反握法训练(5 分)； ③ 握笔法训练(5 分)		
"五步"训练法焊接	30	① 准备(6 分)； ② 加热被焊件(6 分)； ③ 加焊锡丝(6 分)； ④ 去焊锡丝(6 分)； ⑤ 去电烙铁(6 分)		
"三步"训练法焊接	30	① 准备(10 分)； ② 加热被焊件，加焊锡丝(10 分)； ③ 去焊锡丝，去电烙铁(10 分)		
安全、文明操作	10	违反 1 次，扣 5 分		
定额时间	20 min	每超过 5 min，扣 10 分		
开始时间		结束时间		总评分	

任务3　晶闸管电子电路的装配与调试

【任务引入】

晶闸管是电工工作中经常用到的电子元件之一，是自动控制中的常用元件。本任务通过对带晶闸管的声光两控延时电路的装配与调试，使学生在了解声光两控延时电路基本工作原理的基础上学会装配、调试和使用声光两控延时电路，并学会排除一些常见故障，培养学生的实践技能。

【目的与要求】

1．知识目标

① 掌握集成电路的应用。

② 掌握声光两控延时电路的组成框图。

③ 会分析声光两控延时电路的电路图。

④ 对照声光两控延时电路的电路图能看懂印制电路板图和接线图。

2．技能目标

① 会测量各元器件的主要参数。

② 认识电路图上的各种元器件的符号，并能与实物相对照。

③ 按照工艺内容与要求装配声光两控延时电路。

④ 按照技术指标调试声光两控延时电路。

⑤ 加深对声光两控延时电路工作原理的理解，提高声光两控延时电路的使用水平。

【知识链接】

1) 声光两控延时电路的组成

声光两控延时电路用声音的有无和光线的强弱来控制开关的通断，经过事先设计好的延迟时间后，电子开关会自动关闭。因此，整个电路的功能就是将声音信号处理后，变为电子开关的开动作；另外，还有一路检测信号，检测光线的强弱，只有在光线较弱时，电子开关才能开启。延时电路一般采用 RC 充放电电路。图 3.19 所示为声光两控延时电路的组成框图。

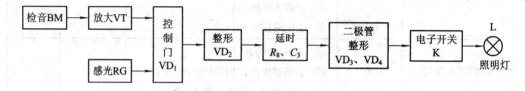

图 3.19　声光两控延时电路的组成框图

2) 数字集成电路CD4011

在声光两控延时电路中，数字集成电路 CD4011 是主要元器件，它的内部含有 4 个独立的与非门，电路结构简单。CD4011 的内部结构图如图 3.20 所示。

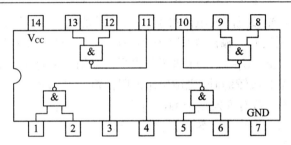

图 3.20　CD4011 的内部结构图

3) 声光两控延时电路的电路图

声光两控延时电路的电路图如图 3.21 所示。

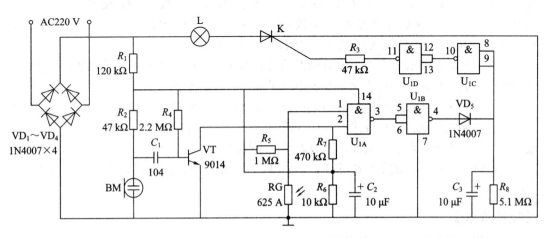

图 3.21　声光两控延时电路的电路图

(1) 桥式整流电路。

桥式整流电路是由 $VD_1 \sim VD_4$ 组成的，其功能是将交流 220 V 进行桥式整流，变成脉动的直流电。

(2) 降压滤波电路。

降压滤波电路由降压电阻 R_1 和滤波电容 C_2 组成，降压滤波后就得到直流电源，为控制电路供电。

(3) 声音信号输入电路。

声音信号输入电路由驻极话筒 BM，电阻 R_1、R_2、R_4，电容 C_1 和三极管 VT 组成。

驻极话筒由一片单面涂有金属的驻极体薄膜与一个上面有若干小孔的金属电极(被称为背电极)构成。驻极体面与背电极相对，中间有一个极小的空气隙，形成一个以空气隙和驻极体作为绝缘介质、以背电极和驻极体上的金属层作为两个电极的平板电容器。电容的两极之间有输出电极。由于驻极体薄膜上分布有自由电荷。当声波引起驻极体薄膜振动而产生位移时，改变了电容两极板之间的距离，从而引起电容的容量发生变化，由于驻极体上的电荷数始终保持恒定，必然引起电容两端电压的变化，从而输出电信号，实现声电转换。

(4) 光信号输入电路。

光信号输入电路由光敏电阻 RG 和电阻 R_5 组成。

当白天光线强时，光敏电阻的阻值很小，**RG** 两端的电压低，使 CD4011 的 1 脚为低电平，此时无论 2 脚有无信号，输出 3 脚始终为高电平，经 CD4011 的 U_{1B} 反相，使 4 脚始终为低电平，再经过 U_{1C}、U_{1D} 后，11 脚为低电平，晶闸管没有触发信号，灯不亮。

当夜晚来临或环境光线较弱时，光敏电阻的阻值很大，RG 两端的电压变高，使 CD4011 的 1 脚为高电平。这时，若有人发出声响，C_3 快速充满电，同时，使 CD4011 的 10 脚为低电平，CD4011 的 11 脚为高电平，触发晶闸管导通，灯亮。

(5) 延时控制电路。

延时控制电路由电阻 RG、电容 C_3 和二极管 **VD₅** 组成。

灯亮之后，光敏电阻 **RG** 立即接收到光信号，使 CD4011 的 1 脚为低电平，则 3 脚又为高电平，经 CD4011 的 U_{1B} 反相，使 4 脚恢复为低电平，二极管 **VD₅** 截止，不再给电容 C_3 充电。此时，电容 C_3 将通过 R_8 逐渐放电，当放电到使 CD4011 的 8、9 脚为低电平时，10 脚变为高电平，使 11 脚为低电平，晶闸管没有触发信号。

但是，此时晶闸管不会因为没有触发信号而截止，真正使晶闸管截止的是加在晶闸管两端的脉冲直流电压。当这个脉冲直流电压过零点时，晶闸管自动截止，灯熄灭，等待下一次触发。可见，在灯点亮期间，晶闸管是以 100 次每秒的频率导通和截止的，只要触发信号还在，晶闸管就以这种方式工作。灯泡中的灯丝电流也是以 100 次每秒的频率流通和截止的，只是由于灯丝的热惯性，人眼看不出来灯的亮灭。

灯亮时间的长短，取决于 C_3 和 R_8 的放电时间的长短，改变 R_8 或 C_3 的值，就可改变灯亮的时间。

【技能训练】

1. 技能训练器材

① 声光两控延时电路套件，一套/人。

② 焊接工具：35 W 内热式电烙铁、斜口钳、尖嘴钳，一套/人。

③ 焊接材料：焊锡丝、松香，一套/人。

2. 技能训练步骤

1) 清点材料

训练提示：集成芯片的引脚比较尖锐，注意别扎到手。

训练方法：请按表 3.10 所示的材料清单格式一一列写清点材料，记清每个元器件的名称与外形。

表 3.10 材 料 清 单

序号	元器件名称	主要参数及型号	数量	备注
1				
2				

2) 焊接前的准备工作

训练题目 1：元器件读数与检测。

训练方法：具体训练方法如下：

① 观察色环电阻，读出其电阻。

表 3.11　电 阻 记 录 表

名称	一环颜色	二环颜色	三环颜色	四环颜色	电阻值	误差值

② 观察电容，读出其电容值，将结果填入表 3.12 中。

表 3.12　电 容 记 录 表

名　称	标　志	电 容 值
C_1		
C_2		

③ 用万用表的 $R \times 1$ 挡测量单向晶闸管。将红表笔接晶闸管的阴极，将黑表笔接晶闸管的阳极，这时表应无读数。然后用黑表笔触一下门极 G，这时表应有读数，马上将黑表笔移开门极 G，若这时表仍有读数(注意触门极时，红黑表笔是始终连接在晶闸管上的)，说明该晶闸管是完好的。

④ 用万用表的 $R \times 100$ 挡测量驻极体话筒。将红表笔接驻极体话筒的外壳 S，将黑表笔接另一个电极 D，这时用嘴对着驻极体吹气，若表针有摆动，则说明该驻极体完好，表针摆动越大，说明驻极体话筒的灵敏度越高。

⑤ 用万用表的 $R \times 1\,\text{k}$ 挡测量光敏电阻。有光照射时其电阻值应在 $20\,\text{k}\Omega$ 以下，无光照射时其电阻值应大于 $10\,\text{M}\Omega$，则说明该元件是完好的。

训练题目 2：元器件准备。

训练方法：将所有元器件引脚的漆膜、氧化膜清除干净，然后进行搪锡(如果元器件引脚未氧化则省去此项)，最后将元器件引脚弯制成形。

3) 声光两控延时电路的装配

训练提示：

① 注意焊接的时候不仅要保证位置正确，还要保证焊接可靠、形状美观。

② 注意二极管、电解电容和三极管的极性，不要装反。

③ 元器件的引脚要尽可能的短。

④ 焊点的焊锡要均匀、饱满，表面无杂质、光滑。

⑤ 每焊完一部分元器件，应检查一遍焊接质量及是否有错焊、漏焊，发现问题时及时纠正。

训练方法：安装元器件时，电阻采用卧装，电容采用直立装，紧贴电路板；焊接时注意先焊接无极性的阻容元器件，再焊接有极性的元器件，如电解电容、话筒、整流二极管、三极管、单向晶闸管等。

4) 声光两控延时电路的调试

训练题目 1：调试前的检测。

训练内容与要求：声光两控延时电路装配完毕，不宜急于通电，先要认真检测。

训练方法：检查连线是否正确；检查元器件的安装情况；检查电源供电，看连接是否正确；检查电源端对地是否有短路的现象。

训练题目 2：通电观察。

训练方法：将 220 V 交流电接入电路，观察有无异常现象，包括有无冒烟、是否有异味、手摸元器件是否发烫、电源是否有短路现象等。如出现异常，应立即切断电源，待排除故障后才能通电。然后测量各路总电压和各个元器件引脚电压，以保证元器件正常工作。

训练题目 3：故障的处理。

训练内容与要求：查找故障时，要有耐心，还要细心，切忌马马虎虎，同时还要开动脑筋，认真进行分析、判断。

训练方法：当电路工作时，首先应关掉电源，再检查电路是否有接错、掉线、断线的地方，检查有没有接触不良、元器件损坏、元器件插错、元器件引脚接错等情况。查找时可借助万用表进行。

【技能考核评价】

晶闸管声光两控延时电路装配与调试的考核评价见表 3.13。

表 3.13　带晶闸管声光两控延时电路装配与调试的考核

考核内容	配分	评分标准	扣分	得分
准备工作	20	① 核对元器件总数(5 分)； ② 元器件读数与检测(5 分)； ③ 质量鉴定(5 分)； ④ 元器件准备(5 分)		
电路的装配	60	① 无极性元器件焊接(25 分)； ② 有极性元器件焊接(25 分)； ③ 导线焊接(10 分)		
电路的调试	10	① 调试前的检测(2 分)； ② 通电观察(2 分)； ③ 故障处理(6 分)		
安全、文明操作	10	违反 1 次，扣 5 分		
定额时间	3 天	每超过 1 h，扣 10 分		
开始时间		结束时间　　　　　　　　总评分		

任务 4　万用表的装配与调试

【任务引入】

万用表是电工常用仪表之一，是检修电气设备的基本工具。万用表在使用过程中会出现损坏情况，因此电工必须掌握万用表的维修知识。本任务通过对一台 MF-47 型指针式万用表的装配与调试，使学生在了解万用表基本工作原理的基础上学会装配、调试和使用万用表，了解指针式万用表的机械结构，并学会排除一些常见故障，培养学生的实践技能。

【目的与要求】

1. 知识目标

① 掌握指针式万用表的组成框图。

② 会分析指针式万用表的电路图。

③ 对照万用表的电路图能看懂印制电路板图和接线图。

④ 了解指针式万用表的机械结构。

2. 技能目标

① 会测量各元器件的主要参数。

② 认识电路图上的各种元器件的符号，并能与实物相对照。

③ 按照工艺内容与要求装配万用表。

④ 按照技术指标调试万用表。

⑤ 加深对万用表工作原理的理解，提高万用表的使用水平。

【知识链接】

万用表是在电子工程领域中应用最广泛的测量仪表之一，分为指针式和数字式两种。指针式万用表是一种多功能、多量程的便携式电工仪表，可以测量直流电流、交流电压、直流电压和电阻等电量，有些万用表还可测量电容、晶体管共射极直流放大系数 h_{FE} 等参数。MF-47 型万用表具有 26 个基本量程，还有测量电平、电容、电感、晶体管直流参数等的 7 个附加参考量程，是一种量程多、分挡细、灵敏度高、体形轻巧、性能稳定、过载保护可靠、读数清晰、使用方便的通用型万用表。

1. 指针式万用表的组成

指针式万用表主要由指示表头、功能转换器、功能转换开关和刻度盘 4 个部分组成。图 3.22 是指针式万用表的组成框图。

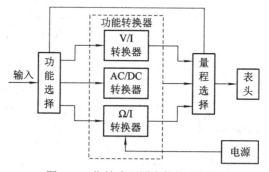

图 3.22　指针式万用表的组成框图

① 指示表头。指示表头充当测量机构，它是指针式万用表的关键部分，作用是指示被测电量的数值。

② 功能转换器。功能转换器即测量电路，它把被测量转换成适合于表头指示的直流电流信号。

③ 功能转换开关。万用表对各种电量进行测量时，是通过切换测量电路来完成的，功能转换开关就是完成这种切换的装置。

④ 刻度盘。刻度盘是用来指示各种被测电量数值的，上面印有多条刻度线，分别用来指示电阻值、直流电流值、直流电压值、交流电压值、晶体管的 h_{FE} 值等测量值，并附有各种符号加以说明。

2．MF-47 型指针式万用表的工作原理

MF-47 型指针式万用表造型大方，设计紧凑，结构牢固，携带方便。

(1) 基本工作原理。

MF-47 型指针式万用表的基本工作原理如图 3.23 所示。电路由表头、电阻测量挡、电流测量挡、直流电压测量挡和交流电压测量挡几个部分组成。图 3.23 中标有"－"的一端是黑表笔插孔，标有"＋"的一端是红表笔插孔。

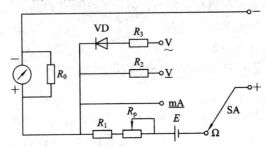

图 3.23　MF-47 型指针式万用表的工作原理

(2) MF-47 型指针式万用表的电路图。

图 3.24 是 MF-47 型指针式万用表的电路图。其中，指示表头是一个直流微安表；WH2 是一个可调电位器，用于调节表头回路中电流的大小；VD_3、VD_4 两个二极管反向并联后再与电容 C_1 并联，用于限制表头两端的电压，起保护表头的作用，使表头不会因电流过大而烧坏。

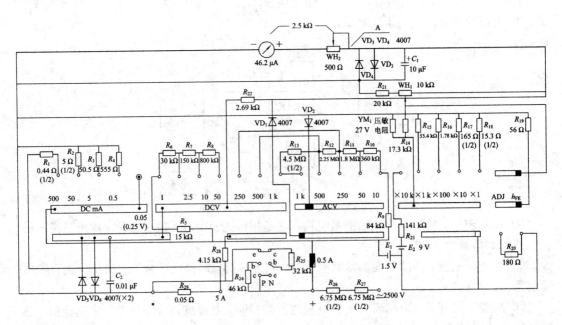

图 3.24　MF-47 型指针式万用表的电路图

(3) 直流电流测量电路。

直流电流测量电路如图 3.25 所示。它是一个多量程的直流电流表，它采用在表头支路并联分流电阻的方法扩大量程，通过各挡倍率电阻的分流，把被测电流变成表头能测量的电流。电路中 $R_1 \sim R_4$、R_{29} 是分流电阻，与表头组成阶梯分流器，通过转换开关切换不同的分流电阻，形成不同的分流，从而获得不同的量程。

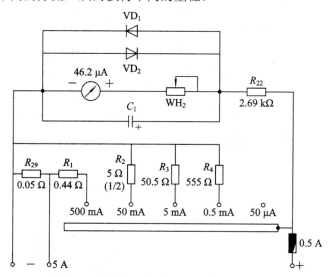

图 3.25　直流电流测量电路

(4) 直流电压测量电路。

直流电压测量电路如图 3.26 所示。它是通过分压电阻将电压转换成电流，然后由表头指示出来的电路。它实际上是在直流电流测量电路的基础上增加电阻，构成多量程的直流电压表。

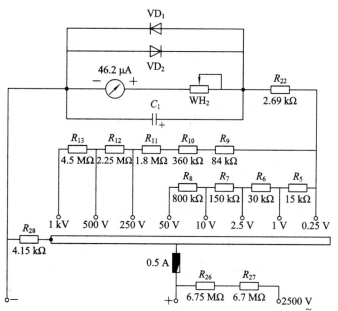

图 3.26　直流电压测量电路

(5) 交流电压测量电路。

图 3.27 是交流电压测量电路。磁电式仪表只能测量直流电压或电流，要用它测量交流电压就需要一个交直流转换装置。整流器是万用表中常用的交直流转换装置，常用半波整流。图 3.27 中的 VD_1 是半波整流器件。交流电压测量电路量程的改变也是通过改变串联分压电阻实现的。电路中的 $R_9 \sim R_{13}$、R_{26}、R_{27} 是分压电阻。

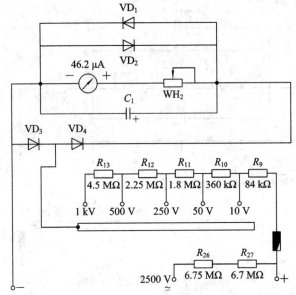

图 3.27 交流电压测量电路

(6) 电阻测量电路。

图 3.28 是电阻测量电路。电阻的测量是依据欧姆定律进行的，被测电阻串入电流回路，使表头中有电流流过，流过表头的电流大小与被测电阻的大小有关。

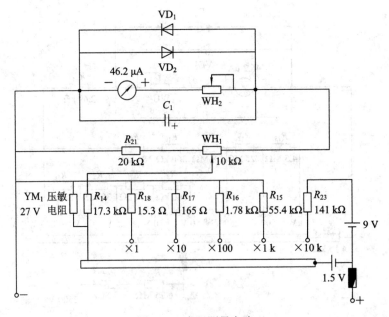

图 3.28 电阻测量电路

【技能训练】

1．技能训练器材

① MF-47 型指针式万用表套件，一套/人。

② 焊接工具：35 W 内热式电烙铁、斜口钳、尖嘴钳，一套/人。

③ 焊接材料：焊锡丝、松香，一套/人。

2．技能训练步骤

1）清点材料

训练提示：表盖比较紧，打开时请小心，以免材料丢失；清点材料时可以将表壳后盖当容器，将所有的材料都放在里面；清点完后请将材料放回塑料袋备用；螺钉要小心滚掉；电刷是极易损坏的材料，小心别挤压。

训练方法：请按表 3.14 所示格式一一清点材料并记录，记清每个元器件的名称与外形。

表 3.14　材 料 清 单

序号	元器件名称	数量	外形	备　　注
1	电阻	28 个		$R_1 \sim R_{28}$

2）焊接前的准备工作

训练题目 1：元器件读数与检测。

训练方法：具体训练方法如下：

① 观察色环电阻，读出其电阻值，将结果填入表 3.15 中。

表 3.15　电 阻 记 录 表

名称	一环颜色	二环颜色	三环颜色	四环颜色	电阻值	误差值
R_1						
R_2						
R_3						

② 观察涤纶电容，读出其电容值，将结果填入表 3.16 中。

表 3.16　涤纶电容记录表

名　　称	标志	电容值	误差值

③ 观察电解电容，读出其电容值和耐压值，判定正负极，并按照图 3.29 所示的电解电容引脚指示图，将结果填入表 3.17 中。

图 3.29　电解电容引脚指示图

表 3.17   电解电容记录表

名　　称	电容值	耐压值	1 脚极性	2 脚极性

训练题目 2：元器件准备。

训练方法：将所有元器件引脚的漆膜、氧化膜清除干净，然后进行搪锡(如果元器件引脚未氧化则省去此项)，最后将元器件引脚弯制成形。

3) 万用表的装配

训练题目 1：插件焊接。

训练提示：

① 注意焊接的时候不仅要位置正确，还要焊接可靠，形状美观。

② 注意二极管的极性，不要装反。

③ 注意电解电容的极性，不要装反。

④ 元器件的引脚要尽可能的短。

⑤ 焊点的焊锡要均匀、饱满，表面无杂质、光滑。

⑥ 每焊接完部分元器件，均应检查焊接质量，即是否有错焊、漏焊。若发现问题应及时纠正。

训练方法：图 3.30 是万用表正面装配图(印制电路板图)，图 3.31 是万用表反面装配图(印制电路板图)。按照装配图正确插装元器件。安装时先焊电阻、二极管等平放元件，后焊插管、电容等高的竖放元件。

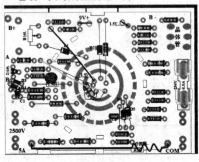

图 3.30　万用表正面装配图
(印制电路板图)

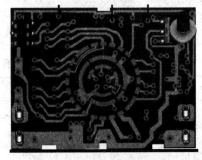

图 3.31　万用表反面装配图
(印制电路板图)

⑦ 安装晶体管插座焊片。焊片要插到底，不能松动，把下部要焊接的部分折平；焊片头部应完全浸入插座孔内，不要超出插座的侧面；晶体管插座应安装在电路板的反面。

⑧ 安装电位器。电位器要垂直安装到电路板的反面。

⑨ 安装正负极片。正负极片先不要插到底；用电烙铁蘸松香点在极片上，再点上焊锡；用电烙铁蘸松香，给导线搪锡；焊接的时候注意线皮与焊点间的距离越小越好；先加热已在极片上的锡，看它熔化发亮后，将已搪锡的导线插入熔化的锡中，锡应包住导线，迅速移开电烙铁，否则线皮会烧化；焊好后再将极片插到底。

⑩ 连接导线。

训练题目 2：整机装配。

训练方法：具体训练方法如下：

① 安装电刷。电刷在安装时，开口在左下角，四周要卡入凹槽内，用手轻轻按，看是否能活动并自动复位。电刷在安装时要十分小心，否则十分容易损坏。白色的焊点在电刷中通过，安装前一定要检查焊点高度，不能超过 2 mm，直径不能太大，否则会把电刷刮坏。

② 安装机芯。

注意：机芯的安装一定要到位。

4) 万用表的调试

① 将装配好的万用表(如图 3.32 所示)仔细检查一遍，确保无错装的情况下，将万用表的转换开关旋至最小电流挡 50 μA 处，用数字万用表测量其"＋""－"插孔两端的电阻值，电阻值应为 4.9～5.1 kΩ，若不符合内容与要求，则应仔细调整电位器 WH₂ 的阻值，直至达到内容与要求为止。

图 3.32 装配好的万用表实物图

② 用数字万用表测量各个物理量，然后用装配好的万用表对同一个物理量进行测量，将测量结果进行比较。若有误差，则应该重新调整万用表上电位器 WH₂ 的阻值，直至测量结果相同时为止。一般从电流挡开始逐挡检测，检测时应从最小量程开始，首先检测直流电流挡，然后是直流电压挡、交流电压挡，最后是直流电阻挡及其他挡。该表各挡位的检测符合内容与要求后，即可投入使用。

5) 万用表常见故障现象及分析

故障现象 1：表头没有任何反应。

故障分析：这种故障现象可能由以下原因引起：

① 表头或表笔损坏。

② 接线错误。

③ 熔丝没有装配或损坏。

④ 电池极片装错。

⑤ 电刷装错。

故障现象 2：测电压时表针反偏。

故障分析：这种情况一般是表头引线极性接反引起的。如果测直流电流、直流电压时正常，测交流电压时表针反偏，则为整流二极管 VD₁ 的极性接反。

【技能考核评价】

万用表装配与调试的考核评价见表 3.18。

表 3.18　万用表装配与调试的考核

考核内容	配分	评分标准	扣分	得分
准备工作	20	① 核对元器件总数(5 分)； ② 元器件读数与检测(5 分)； ③ 质量鉴定(5 分)； ④ 元器件准备(5 分)		
万用表的装配	60	① 电阻安装(6 分)； ② 二极管、分流器安装(6 分)； ③ 涤纶电容、压敏电阻安装(6 分)； ④ 电解电容、电位器安装(6 分)； ⑤ 输入插管安装(9 分)； ⑥ 晶体管插座焊片安装(6 分)； ⑦ 正负极片、导线安装(6 分)； ⑧ 电刷安装(9 分)； ⑨ 机芯安装(6 分)		
万用表的调试	10	① 直流电流挡(2 分)； ② 直流电压挡(2 分)； ③ 交流电压挡(2 分)； ④ 直流电阻挡(2 分)； ⑤ 晶体管测量电路(2 分)		
安全、文明操作	10	违反 1 次，扣 5 分		
定额时间	3 天	每超过 1 h，扣 10 分		
开始时间		结束时间	总评分	

任务 5　数字钟的装配与调试

【任务引入】

数字电子电路是电工学习和电路设计中经常用到的知识，而各种芯片的结构及使用是自动控制技术中的常见问题。本任务通过对一台数字钟的装配与调试，使学生在了解数字钟基本工作原理的基础上学会装配、调试和使用数字钟，并学会排除一些常见故障，培养学生的实践技能。

【目的与要求】

1. 知识目标

① 掌握数字钟电路系统的组成框图。

② 掌握集成电路的应用。

③ 了解计数器、译码器和数码管的逻辑功能。

④ 会分析数字钟的电路图。

⑤ 对照数字钟的电路图能设计接线图。

2．技能目标

① 会测量各元器件的主要参数。

② 认识电路图上的各种元器件的符号，并能与实物相对照。

③ 按照工艺内容与要求装配数字钟。

④ 按照技术指标调试数字钟。

⑤ 加深对数字钟工作原理的理解，提高数字钟的使用水平。

【知识链接】

数字钟电路系统由秒脉冲发生器、计数器、译码器及显示器 4 个部分组成。数字钟电路系统的组成框图如图 3.33 所示。

1) 秒脉冲发生器

秒脉冲发生器产生秒脉冲，有了秒脉冲信号，根据 60 s 为 1 min、60 min 为 1 h、24 h 为 1 天的原则，分别设计秒(六十进制)计数器、分(六十进制)计数器、时(二十四进制)计。计数器输出经译码驱动器送给 LED 数码管显示器，从而显示时间。

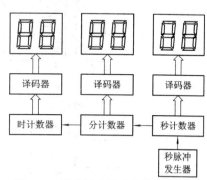

图 3.33　数字钟电路系统的组成框图

秒脉冲发生器是数字钟的核心，其作用是产生一个频率为 1 s 的脉冲信号。秒脉冲发生器采用 555 定时器组成，其电路图如图 3.34 所示。

2) 计数器

秒脉冲发生器产生秒脉冲信号，秒脉冲信号经过 6 个计数器，分别得到"秒"个位、十位，"分"个位、十位，"时"个位、十位的计时。分计数器和秒计数器都是六十进制，时计数器为二十四进制。计数器部分采用 74LS160 来完成。

3) 译码显示电路

译码显示电路如图 3.35 所示。译码器选用 74LS48，它是 4 线-7 段译码器/驱动器，输入端 A_3、A_2、A_1、A_0 为 8421BCD 码输入，输出端 $a\sim g$ 是高电平有效，适用于驱动共阴极 LED 数码管。$R_1\sim R_7$ 是外接的限流电阻。

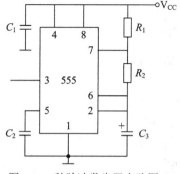

图 3.34　秒脉冲发生器电路图

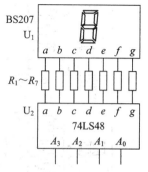

图 3.35　译码显示电路

4) 总体设计电路

图 3.36 所示是数字钟的总体设计电路图。

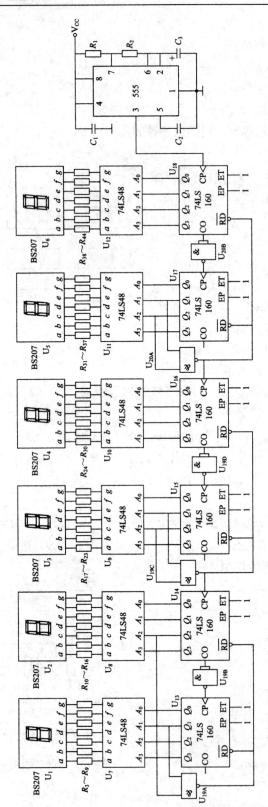

图 3.36 数字钟的总体设计电路图

【技能训练】

1. 技能训练器材

① 数字钟套件，一套/人。

② 万能板，一块/人。

③ 导线，若干/人。

④ 焊接工具：35 W 内热式电烙铁、斜口钳、尖嘴钳，一套/人。

⑤ 焊接材料：焊锡丝、松香，一套/人。

2. 技能训练步骤

1) 清点材料

训练提示：集成芯片的引脚比较尖锐，小心扎手。

训练方法：请按表 3.19 所示的格式一一对应清点材料，记清每个元器件的名称与外形。

表 3.19　材　料　清　单

序号	元器件名称	数量	外形	备注
1				
2				

2) 焊接前的准备工作

训练题目 1：元器件读数与检测。

训练方法：具体训练方法如下：

① 观察色环电阻，读出其电阻值，将结果填入表 3.20 中。

表 3.20　电 阻 记 录 表

名称	一环颜色	二环颜色	三环颜色	四环颜色	电阻值	误差值
R_1						
R_2						

② 观察电容，读出其电容值，将结果填入表 3.21 中。

表 3.21　电 容 记 录 表

名　　称	标　　志	电 容 值

训练题目 2：元器件准备。

训练方法：将所有元器件引脚的漆膜、氧化膜清除干净，然后进行搪锡(如果元器件引脚未氧化则省去此项)，最后将元器件引脚弯制成形。

训练题目 3：排版设计。

训练方法：具体训练方法如下：

① 熟悉本项目所使用的万能板(万能板为多个焊盘连在一起的连孔板)。

② 按照数字钟的总体设计电路图，先在纸上进行初步布局，然后用铅笔画到万能板正

面(元器件面)，继而可以将走线规划出来，方便焊接。

3) 焊接工作

训练题目 1：插件焊接。

训练提示：

① 注意焊接的时候不仅要位置正确，还要焊接可靠，形状美观。

② 元器件的引脚要尽可能的短。

③ 焊点的焊锡要均匀、饱满，表面无杂质、光滑。

④ 每次焊接完一部分元器件，均应检查一遍焊接质量及是否有错焊、漏焊，发现问题及时纠正。

训练内容与要求：按照排版设计，进行插件焊接。

① 弄清楚万能板结构原理，分清各插孔是否是等位点。万能板结构图如图 3.37 所示。

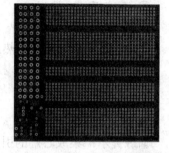

图 3.37　万能板结构图

② 合理安排集成芯片和其他元器件的位置，尽可能地保持在同一条直线上。

训练题目 2：剖削导线。

训练内容与要求：

① 剖削导线绝缘层。

② 线芯长度必须适应连接需要，不应过长或过短。

③ 剖削导线不应损伤线芯。

训练题目 3：布置导线。

训练内容与要求：

① 布线要注意整齐不交叉。

② 集成芯片相邻引脚之间尽量不布线。

③ 相对的引脚之间布线不超过 4 根。

④ 要求导线横要平、竖要直，尽量减少飞线，这样便于调整与检测工作的顺利进行。

⑤ 为了最大可能避免错误的出现，应按照元器件的排列顺序依次布线，同一元器件按引脚顺序依次布线。

4) 数字钟的调试

训练题目 1：调试前的检测。

训练方法：数字钟装配完毕，通常不宜急于通电，先要认真检测一下。

① 检查连线是否正确，检查方法通常有两种。

a. 根据电路图，按照元器件的排列顺序依次检查。这种方法的特点是，按一定顺序——检查安装好的电路板，同一元器件按引脚顺序依次检查。

b. 按照实际线路来对照电路图进行查线。这是一种以元器件为中心进行查线的方法。

为了防止出错，对已查过的线在电路图上做出标记，最好用指针式万用表欧姆挡，或用数字万用表的蜂鸣器来测量元器件引脚，这样可以同时发现接触不良的地方。

② 检查元器件的安装情况。检查内容包括元器件引脚之间有无短路、连接处有无接触不良、二极管的极性和集成芯片的引脚是否连接有误。

③ 检查电源供电，看连接是否正确。

④ 检查电源端对地是否有短路的现象。

训练题目 2：通电观察。

训练方法：把经过准确检测的电源接入电路，观察有无异常现象，包括有无冒烟、是否有异味、手摸元器件是否发烫、电源是否有短路现象等。如果出现异常，则应立即切断电源，待排除故障后才能再通电。然后测量各路总电压和各个元器件引脚的电压，以保证元器件正常工作。

训练题目 3：故障的处理。

训练内容与要求：电路板出现故障是常见的，大家都必须认真对待。查找故障时，首先要有耐心，还要细心，切忌马马虎虎，同时还要开动脑筋，认真进行分析、判断。

训练方法：当电路工作时，首先应关掉电源，再检查电路是否有接错、掉线、断线的地方，检查有没有接触不良、元器件损坏、元器件插错、元器件引脚接错等情况。查找故障时可借助万用表。

【技能考核评价】

数字钟装配与调试的考核评价见表 3.22。

表 3.22 数字钟装配与调试的考核

考核内容	配分	评分标准	扣分	得分
准备工作	20	① 核对元器件总数(5 分)； ② 元器件读数与检测(5 分)； ③ 元器件准备(5 分)； ④ 排版设计(5 分)		
数字钟的装配	60	① 插件焊接(10 分)； ② 剖削导线(20 分)； ③ 布置导线(30 分)		
数字钟的调试	10	① 调试前的检测(2 分)； ② 通电观察(2 分)； ③ 故障处理(6 分)		
安全、文明操作	10	违反 1 次，扣 5 分		
定额时间	4 天	每超过 1 h，扣 10 分		
备注		除定额时间外，各项内容的最高扣分不得超过其配分数		
开始时间		结束时间	总评分	

继电-接触器基本控制电路的安装与维修

继电-接触器基本控制电路就是用继电器、接触器等有触点低压电器对三相异步电动机实行启动、运行、停止、正反转、调速、制动等自动化拖动控制的各种单元电路。这些单元电路在生产实际中经过验证，已经成为电气控制技术的经典电路。熟练掌握这些电路，是阅读、分析、安装、维修复杂生产机械控制电路的基础。

任务1 点动控制电路的安装与维修

【任务引入】

在港口、码头和大型企业中常常用到起重机，起重机在吊重物时需要点动控制单向运行；此外，在机床加工时溜板箱控制以及对刀时也需要点动控制和单向运行控制。本任务通过对点动控制电路的学习，使学生开始认识和熟悉电气控制基本环节，掌握点动控制电路的安装、接线与调试方法。

【目的与要求】

1. 知识目标

① 了解电气控制系统图的电气原理图、电气布置图及电气安装接线图。

② 了解电气控制系统图的图形符号、文字符号及绘制原则。

③ 了解点动控制过程，掌握电路工作原理。

④ 熟悉点动控制电路的电气原理图、电气布置图及电气安装接线图。

⑤ 掌握点动控制电路的安装、接线与调试方法。

2. 技能目标

能根据相关图纸文件完成点动控制电路的安装、接线与调试。

【知识链接】

1. 电气控制系统图

常见的电气控制系统图主要有电气原理图、电气布置图、电气安装接线图3种。

1) 电气控制系统图的图形符号和文字符号

电气控制系统图是电气控制电路的通用语言。为了掌握引进的先进技术和设备，加强国际交流和满足国际市场的需要，国家标准化管理委员会参照国际电工委员会(IEC)颁布的相关文件，颁布了一系列新的国家标准，主要有《GB/T4728—2005/2008 电气简图用图形符号》《GB/T698.8.1—2006/2008 电气技术用文件的编制》《GB/T50941—2002/2003/2005 工业系统、装置与设备以及工业产品结构原则与参照代号》等。国家规定，为了便于交流与沟通，绘制电气控制系统图时，所有电气元件的图形符号和文字符号都必须符合最新国家标准的规定。

图形符号是用来表示一个设备或概念的图形、标记或字符。符号要素是一种具有确定意义的简单图形，必须同其他图形组合而构成一个设备或概念的完整符号。文字符号用以标明电路中的电气元件或电路的主要特征，数字标号用以区别电路不同线段。

2) 电气原理图

电气原理图也称为电路图，是根据电路工作原理绘制，它表示电流从电源到负载的传送情况、电气元件的动作原理、所有电气元件的导电部件和接线端子之间的相互关系。通过它可以很方便地研究和分析电气控制电路，了解控制系统的工作原理。电气原理图并不表示电气元件的实际安装位置、实际结构尺寸和实际配线方法。

电气原理图绘制的基本原则有以下几个方面。

① 电气控制电路根据电路通过的电流大小可分为主回路和控制回路。主回路包括从电源到电动机的电路，是强电流通过的部分，用粗实线绘制在图面左侧或上部；控制回路是通过弱电流的电路，一般由按钮、电气元件的线圈、接触器的辅助触点、继电器的触点等组成，用细实线绘制在图面的右侧或下部。

② 电气原理图应按国家标准所规定的图形符号、文字符号和回路标号绘制，在图中各电气元件不画实际的外形图。

③ 各电气元件和部件在电气原理图中的位置，要根据便于阅读的原则安排。同一电气元件的各个部件可以不画在一起，但要用同一文字符号标出。若有多个同一种类的电气元件，可在文字符号后加上数字符号(或加上数字下标)，如 KM1、KM2(或 KM$_1$、KM$_2$)等。

④ 在电气原理图中，控制回路的分支电路，原则上应按照动作先后顺序排列。表示需要测试和拆、接外部引出线的端子，应用符号"空心圆"。

⑤ 所有电气元件的图形符号，必须按电气未接通电源和没有受外力作用时的状态绘制，当电气触点的图形符号垂直放置时，以"左开右闭"的原则绘制，即垂线左侧的触点为常开触点，垂线右侧的触点为常闭触点；当电气触点的图形符号水平放置时，以"上闭下开"的原则绘制，即水平线上方的触点为常闭触点，水平线下方为常开触点。

⑥ 电气原理图中电气元件应按功能布置，一般按动作顺序从上到下、从左到右依次排列。垂直布置时，类似项目应横向对齐；水平布置时，类似项目应纵向对齐。所有的电动机图形符号应横向对齐。

⑦ 在电气原理图中，所有电气元件的型号、用途、数量、文字符号、额定数据，用小号字体标注在其图形符号的旁边，也可填写在电气元件清单中。

根据电气原理图绘制的基本原则，观察如图 4.1 所示的某车床的电气原理图。此电气原理图分为交流主回路、交流控制回路、交流辅助电路 3 个部分，电路结构清晰，一目了然。

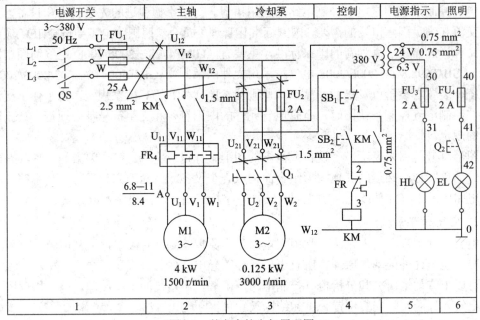

图 4.1　某车床的电气原理图

3) 电气布置图

电气布置图表示各种电气设备或电气元件在机械设备或控制柜中的实际安装位置，为机械电气控制设备的改造、安装、维护、维修提供必要的资料。

电气元件要放在控制柜内，各电气元件的安装位置是由机床的结构和工作要求而决定的。如图 4.2 所示为某车床的电气布置图。

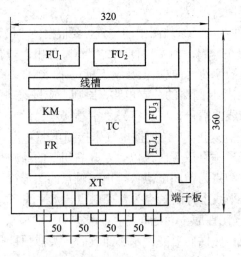

图 4.2　某车床的电气布置图

4) 电气安装接线图

电气安装接线图是按照各电气元件实际相对位置绘制的接线图，根据电气元件布置最合理和连接导线最经济来安排。电气安装接线图清楚地表明了各电气元件的相对位置和它们之间的电路连接，还为电气元件之间进行配线及检修电气故障等提供了必要的依据。电气安装接线图中的图形符号和文字符号应与电气原理图中的符号一致；同一电气元件的所有带电部件应画在一起，各个部件的分布应尽可能符合该元件的实际情况；比例和尺寸应根据实际情况而定。绘制安装接线图应遵循以下几点：

① 用规定的图形符号、文字符号绘制各电气元件，电气元件所占图面要按实际尺寸以统一比例绘制，应与实际安装位置一致。

② 同一电气元件的所有带电部件应画在一起，并用点画线框起来，采用集中表示法。

③ 各电气元件的图形符号和文字符号必须与电气原理图一致，而且必须符合国家标准。

④ 绘制电气安装接线图时，走向相同的多根导线可用单线表示。

⑤ 绘制接线端子时，各电气元件的文字符号及端子排的编号应与电气原理图一致，并按电气原理图进行连接。图 4.3 为笼型异步电动机正反转控制的电气安装接线图。

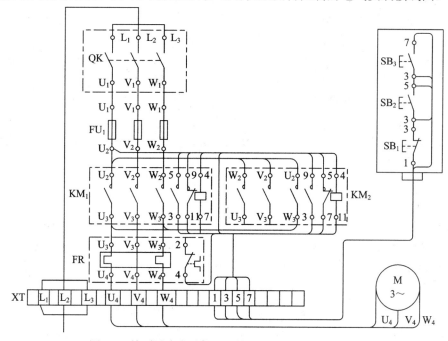

图 4.3　笼型异步电动机正反转控制的电气安装接线图

2. 电气装配工艺要求

电气装配工艺包括安装工艺和配线工艺。

1) 电气安装的工艺要求

本书主要介绍电气箱内或电气板上的安装工艺要求。对于定型产品，一般必须按电气布置图、电气安装接线图和工艺的技术要求去安装电气元件，要符合国家或企业标准化要求。当然，允许有不同的布局安排方案。电气安装工艺一般应注意以下几点。

① 仔细检查各电气元件是否良好，规格、型号等是否符合要求。

② 刀开关和空气开关都应垂直安装，合闸后应手柄向上指，分闸后应手柄向下指，不允许平装或倒装；受电端应在开关的上方，负载侧应在开关的下方，保证分闸后闸刀不带电，组合开关安装时应使手柄旋转到水平位置时为分断状态。

③ RL 系列熔断器的受电端应为其底座的中心端。RT0、RM 等系列熔断器应垂直安装，其上端为受电端。

④ 带电磁吸引线圈的时间继电器应垂直安装，保证使继电器断电后，动铁芯释放后的运动方向符合重力垂直向下的方向。

⑤ 各电气元件安装位置要合理，间距要适当，便于维修查线和更换电气元件；电气元件安装要整齐、匀称、平整，使整体布局科学、美观、合理，为配线工艺提供良好的基础条件。

⑥ 电气元件的安装要松紧适度，保证既不松动，也不因过紧而损坏电气元件。

⑦ 安装电气元件时要使用适当的工具，禁止用不适当的工具安装或敲打式安装。

2) 板前配线的工艺要求

板前配线是指在电气板正面明线敷设，完成整个电路连接的一种配线方法。这种配线方式的优点是便于维护、维修和查找故障，要求讲究整齐美观，因而配线速度稍慢。板前配线工艺一般应注意以下几点。

① 把导线拉直拉平，去除小弯。

② 配线尽可能短，用线要少，要以最简单的形式完成电路连接。符合同一个电气原理图的实际配线方案会有多种，在具备同样控制功能的条件下，"以简为优"。

③ 排线要求横平竖直、整齐美观。变换走向应垂直变向，杜绝行线歪斜。

④ 主、控回路在空间的平面层次不宜多于 3 层。同一类导线，要同层密排或间隔均匀，除短的行线外，一般要紧贴敷设面走线。

⑤ 同一平面层次的导线应高低一致，前后一致，避免交叉。

⑥ 对于较复杂的线路，宜先配控制回路，后配主回路。

⑦ 线段剥皮的长短要适当，并且保证不伤线芯。压线必须可靠，不松动，既不要使压线过长而压到绝缘皮，也不要露出导体过多。电气元件的接线端子，应该直接压线的必须用直接压线法，该做羊眼圈压线的必须围圈压线，并避免反圈压线。一个接(压)线端子上要避免"一点压三线"。

⑧ 盘外电器与盘内电器的连接导线，必须经过接线端子板压线。

⑨ 主、控回路线头均应套装线头码(回路编号)，以便于装配和维修。

⑩ 布线一般以接触器为中心，按由里向外、由低到高、先控制回路后主电路的顺序进行，以不妨碍后续布线为原则。

3) 槽板配线的工艺要求

槽板配线是采用塑料线槽板作为通道，除电气元件接线端子处一段引线暴露外，其余行线隐藏于槽板内的一种配线方法。它的特点是配线工艺相对简单，配线速度较快，适合于某些定型产品的批量生产配线，但线材和槽板消耗较多。工作中应注意以下几点要求。

① 根据行线多少和导线截面积，估算和确定槽板的规格、型号。配线后，宜使导线占用槽板内空间容积约 70%。

② 规划槽板的走向，并按一定合理尺寸裁割槽板。

③ 槽板换向应拐直角弯，衔接方式宜用横、竖各 45°角对插方式。

④ 槽板与电气元件的间隔要适当，以方便压线和换件。

⑤ 安装槽板要紧固可靠，避免敲打而引起破裂。

⑥ 所有行线的两端，应无一遗漏地、正确地套装与电气原理图一致编号的线头码。

⑦ 应避免槽板内的行线过短而拉紧，应留有少量裕度，并尽量减少槽内交叉。

⑧ 穿出槽板的行线，应尽量保持横平竖直、间隔均匀、高低一致，避免交叉。

3. 电气识图的基本方法

① 结合电工基础知识识图。在各个领域的实际生产中，所有电路如输变配电、电力拖动和照明等，都是建立在电工基础理论之上的。因此，要想准确、迅速地看懂电气图，必须具备一定的电工基础知识。

② 结合电气元件的结构和工作原理识图。电路中有各种电气元件，如配电电路中的负荷开关、自动空气开关等；电力拖动电路中常用的各种继电器、接触器和各种控制开关等；电子电路中的各种二极管、三极管、晶闸管等。因此，在识读电气图时，首先应了解这些元器件的性能、结构、工作原理、相互控制关系以及在整个电路中的地位和作用。

③ 结合典型电路识图。典型电路就是常见的基本电路，如电动机的启动、制动、正反转控制、过载保护电路，时间控制、顺序控制、行程控制电路，晶体管整流电路，振荡和放大电路，晶闸管触发电路等。不管多么复杂的电路，几乎都是由若干基本电路所组成的。因此，熟悉各种典型电路，在识图时就能迅速地分清主次环节，抓住主要矛盾，从而看懂较复杂的电路图。

④ 结合有关图纸说明识图。凭借所学知识阅读图纸说明，有助于了解电路的大体情况，便于抓住看图的重点，达到顺利识图的目的。

⑤ 结合电气图的制图要求识图。电气图的绘制有一些基本规则和要求，这些规则和要求是为了加强图纸的规范性、通用性和示意性而提出的。可以利用这些制图的知识准确识图。

综上，电气原理图分析的一般步骤如下：

结合典型线路分析电路，即按功能的不同分成若干局部电路。如果电路比较复杂，就可将与控制系统关系不大的照明电路、显示电路、保护电路等辅助电路暂时放在一边，先分析主要功能，再集零为整。结合基础理论分析电路，任何电气控制系统无不建立在所学的基础理论上，如电机的正反转、调速等是同电机学相联系的；交直流电源、电气元件以及电子线路部分又是和所学的电路理论及电子技术相联系的。应充分应用所学的基础理论分析电路及控制线路中元件的工作原理。

具体地说，电气原理图分析的一般步骤如下：

第一，看电路图中的说明和备注，有助于了解该电路的具体作用。

第二，划分电气原理图中主电路、控制电路、辅助电路、交流电路和直流电路。

第三，从主电路着手，根据每台电动机和执行器件控制要求去分析控制功能。分析主电路时，用从下往上看，即从用电设备开始，经控制元件，依次往电源看；分析控制电路时，用从上往下、从左往右的原则，将电路化整为零，分析局部功能。

第四，分析辅助控制电路、联锁保护环节等。

最后，将各部分归纳起来全面掌握。

4．点动控制电路

在日常生产中，很多生产机械根据生产工艺需要有时要进行调整运动，如机床的对刀调整、快速进给、控制电动葫芦等。为实现这种调整，应对拖动电动机实行点动控制，使电动机短时转动。点动控制电路电气原理图如图 4.4 所示，其工作原理如下。

启动过程：合上 QS，按下按钮 SB→接触器 KM 的线圈得电→接触器 KM 的主触点闭合→电动机 M 接通三相电源启动并运行。

停止过程：松开按钮 SB→接触器 KM 的线圈失电→接触器 KM 的主触点断开→电动机 M 脱离三相电源停止运行。

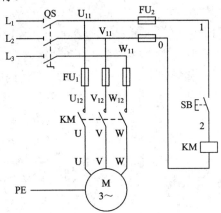

图 4.4　点动控制电路电气原理图

1) 按钮

图 4.5 所示为 LA 系列部分按钮的外形图。

图 4.5　LA 系列部分按钮的外形图

主令电器用途：LA4 系列按钮适用于交流 50 Hz、额定工作电压 380 V，或直流工作电压为 220 V 的工业控制电路中，在磁力启动器、接触器、继电器及其他电气线路中，主要作远程控制之用。按钮的图形符号及文字符号如图 4.6 所示。

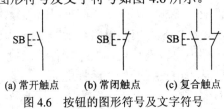

(a) 常开触点　　　(b) 常闭触点　　　(c) 复合触点

图 4.6　按钮的图形符号及文字符号

2) 接触器

图 4.7 所示为 CJT1 系列接触器的外形图。

图 4.7　CJT1 系列接触器的外形图

用途：CJT1 系列交流接触器主要用于交流 50 Hz(或 60 Hz)，额定工作电压为 380 V 的电路中，主要作接通和分断电路之用。接触器的符号符号如图 4.8 所示。

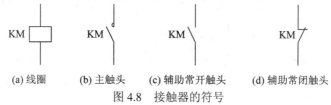

(a) 线圈　　　(b) 主触头　　(c) 辅助常开触头　　(d) 辅助常闭触头

图 4.8　接触器的符号

接触器使用寿命的长短，不仅取决于产品本身的技术性能，而且与使用维护是否符合要求有很大关系，所以在运行中应对接触器进行定期保养，以延长使用寿命和确保安全。

3) 熔断器

RL1 系列螺旋式熔断器适用于交流额定电压为 500 V、额定电流为 200 A 的电路中，在控制箱、配电屏和机床设备的电路中，主要作短路保护之用。图 4.9 为 RL1 系列螺旋式熔断器的外形图。

熔管　　　　　　　　　　　　　　　　　　　　　　　　　　熔断器

图 4.9　RL1 系列螺旋式熔断器的外形图

【知识链接】

1．技能训练器材

① 钢丝钳、尖嘴钳、剥线钳、电工刀，一套/组。

② 接线板、万用表，一套/组。

③ 任务所需电气元件。

2．技能训练步骤

训练任务 1：进行电气识图训练。

训练步骤：对本任务的电路原理图进行分析，掌握识图方法。

训练任务 2：本任务使用的是 380 V 发交流电源，所以在通电试车时，必须保证有人监护；在实际工程控制中，按钮 SB 与开关 QS 不安装在电器板上，本任务因考虑到实际布线工艺，故将 SB 和 QS 布置在控制板上。

训练步骤 1：检查电气元件。

训练方法：检查电气元件额定参数是否符合控制要求；检查电气元件的外观有无裂纹、接线桩有无生锈、零部件是否齐全等；检查电磁机构及触点情况，即线圈有无断线或短路情况及触点是否有油污及磨损情况；检查电气元件动作情况，通过手动方式闭合电磁机构及触点检查动作是否灵活、触点闭合与断开情况等。

训练要求：列出电气元件代号、名称、型号、规格及数量，检查、筛选电气元件，并将数据填入表 4.1 中。

表 4.1　电气元件及设备清单

代号	名称	型号	规格	数量
M	三相笼型异步电动机	Y-112M-4	4 kW、380 V、8.8 A、1420 r/min	1

训练步骤 2：绘制电气布置图及电气安装接线图。

训练方法：根据电气元件实际情况，确定电气元件位置，电气元件布置要整齐、合理，并绘制电气布置图，如图 4.10 所示(供参考)；绘制电气安装接线图，正确标注线号，如图 4.11 所示(供参考)。

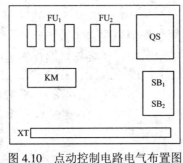

图 4.10　点动控制电路电气布置图

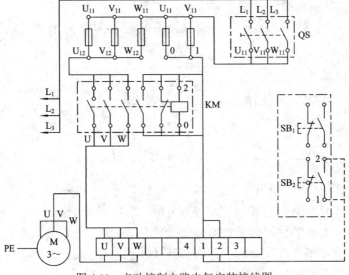

图 4.11　点动控制电路电气安装接线图

训练要求：保证图面正确性，无漏画、错画现象；电气元件布置要整齐、合理。

训练步骤 3：安装与接线。

训练方法：根据电气布置图(见图 4.10)安装固定电气元件，紧固程度要适当，既不松动又不损毁电气元件；按图 4.11 逐段接线并核对，布线要平直、整齐、紧贴板面，走线合理，接点不松动，导线中间无接头，尽量避免交叉。交流电源开关、熔断器和控制按钮的端子必须采用顺时针羊眼圈压线法，接触器的触点及端子排必须采用直接压线法；所有接点的压接要保证接触良好。

训练要求：按电气装配工艺要求实施安装与接线训练。

训练步骤 4：线路检查。

训练方法：首先对照电气原理图逐线检查，以排除错接、漏接及虚接等情况，具体方法主要包括手工法与万用表法。用手工法核对线号，检查接线端子的接触情况。用万用表法检查时先断开开关 QS，然后用手控制模拟触点的分合动作，将万用表拨到 $R \times 1$ 挡，再结合电气原理图对各线路进行检查，一般步骤如下。

主回路检查过程：首先去掉控制回路熔断器 FU_2 的熔体，以切除控制回路，用旋具按压接触器 KM 的主触点架，使主触点闭合，再用万用表分别测量开关 QS 下端各相之间的接线情况。在正常情况下，接点 U_{11}、V_{11} 之间和 U_{11}、W_{11} 之间及 V_{11}、W_{11} 之间的电阻值均应为 $R \to \infty$。如果某次测量结果为 $R \to 0$，则说明所测量的两相之间的接线有短路情况，应仔细逐线检查。

控制回路检查过程：插好控制回路的熔断器 FU_2，将万用表表笔分别接在控制回路电源线端子 U_{11}、V_{11} 处，测得电阻值应为 $R \to \infty$，即断路；按下按钮 SB，应测得接触器 KM 线圈的电阻值。若所测得的结果与上述情况不符，则将一支表笔接 U_{11} 处，将另一支表笔依次接 1 号、2 号……各段导线两端的端子，即可查出短路点和断路点，并予以排除。移动表笔测量，逐步缩小故障范围，能够快速可靠地查出故障点。

训练要求：检查线路，确保接线正确。

训练步骤 5：功能调试。

注意：只有在线路检查无误的情况下，才允许合上交流电源开关 QS。

训练方法：按下按钮 SB，观察接触器是否吸合、电动机是否正常启动并运行；松开按钮 SB，观察接触器是否释放、电动机是否停止运行。

训练要求：检查电动机是否受按钮 SB 的控制作点动运行；监听接触器主触点分合的动作声音和接触器线圈运行的声音是否正常；反复试验数次，检查控制回路动作的可靠性。

训练步骤 6：故障检修。

训练要求：功能调试正常后，在电路中人为设置故障点，用正确的方法进行分析并排除故障。

【技能考核评价】

本任务考核参照《中级维修电工国家职业技能鉴定考核标准》执行，评分标准参考表 4.2。

表 4.2 考核要求及评分标准

考核内容	配分	评分标准	扣分	得分
选用工具、仪表及器材	15 分	① 工具、仪表少选或错选(2 分/个); ② 电气元件选错型号和规格(2 分/个); ③ 选错元件数量或型号规格没有写全(2 分/个)		
装前检查	5 分	电气元件漏检或错检(1 分/处)		
安装布线	30 分	① 电气布置不合理(5 分/个); ② 元件安装不牢固(4 分/只); ③ 元件安装不整齐、不匀称、不合理(3 分/只); ④ 损坏元件(15 分/个); ⑤ 不按电路图接线(15 分/个); ⑥ 布线不符合要求(3 分/根); ⑦ 接点松动、露铜过长、反圈等(1 分/个); ⑧ 损伤导线绝缘层或线芯(5 分/根); ⑨ 编码套管漏装或套装不正确(1 分/处); ⑩ 漏接接地线(10 分); ⑪ 走线槽安装不符合要求(2 分/处)		
故障分析	10 分	① 故障分析、排除思路不正确(5～10 分/个); ② 标错电路故障(5 分/个)		
排除故障	20 分	① 停电不验电(5 分); ② 工具及仪表使用不当(5 分/次); ③ 排除故障的顺序不对(5 分); ④ 不能查出故障点(10 分/个); ⑤ 查出故障点,但不能排除(5 分/个); ⑥ 产生新的故障;不能排除(10 分/个); ⑦ 损坏电动机(扣 20 分); ⑧ 损害电气元件,或排除故障方法不正确(5～20 分/只(次))		
通电试车	20 分	① 热继电器未整定或整定错误(扣 10 分); ② 熔体规格选用不当(扣 5 分); ③ 第一次试车不成功(扣 10 分); ④ 第二次试车不成功(扣 15 分); ⑤ 第三次试车不成功(扣 20 分)		
安全文明操作		违反安全文明生产规程(扣 10～70 分)		
定额时间	120 min	一般不允许超时,只有在修复故障过程中才允许超时,每超时 1 min(扣 5 分)		
备注		除额定时间外,各项目的最高扣分不应超过其配分数		
开始时间		结束时间		总评分

任务 2　单向连续运行控制电路的安装与维修

【任务引入】

在工农业生产和日常生活中常常用到钻床，钻床在加工过程中需要单向运行。本任务通过对单向连续运行控制电路的学习，使学生熟悉电气控制基本环节，掌握单向连续运行控制电路的安装、接线与调试方法。

【目的与要求】

1．知识目标

① 了解单向连续运行控制过程，掌握电路工作原理。

② 熟悉单向连续运行控制电路的电气原理图、电气布置图及电气安装接线图。

③ 掌握单向连续运行控制电路的安装、接线与调试方法。

2．技能目标

能根据相关图纸文件完成单向连续运行控制电路的安装、接线与调试。

【知识链接】

在实际生产中，往往需要电动机能长时间连续运行，以实现车床主轴的旋转运动、传送带的物料运送、造纸机械的拖动等。为实现这种运动，应对拖动电动机实行长动控制，使电动机连续运行。

1．电气原理图

单向连续运行控制电路电气原理图如图 4.12 所示。主回路由三相电源、电源开关 QS、熔断器 FU$_1$、接触器 KM 的主触点、热继电器 FR 的发热元件和电动机 M 组成。控制回路由熔断器 FU$_2$、停止按钮 SB$_1$(红色)、启动按钮 SB$_2$(黑色)、接触器 KM 的线圈及其常开辅助触点、热继电器 FR 的常闭触点组成。

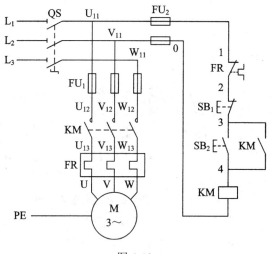

图 4-12

2．工作原理

启动过程：先合上 QS，按下启动按钮 SB₂→接触器 KM 的线圈得电吸合→接触器 KM 的主触点闭合→电动机 M 接通三相电源启动并运行；同时，与 SB₂ 并联的 KM 常开辅助触点也闭合，这个触点叫做自锁触点，自锁触点拥有记忆功能。松开 SB₂，控制回路通过 KM 的自锁触点使线圈仍保持得电吸合状态。

停止过程：按下停止按钮 SB₁→接触器 KM 的线圈失电→接触器 KM 的主触点断开→电动机 M 脱离三相电源停止运行。

3．热继电器

热继电器是一种利用电流热效应原理工作的保护电器，在电路中用作电动机的过载保护。因电动机在实际运行中，常遇到过载情况，若过载不大，时间较短，绕组温升不超过允许范围，是可以的。但若过载时间较长，绕组温升超过了允许值，将会加剧绕组老化，缩短电动机的使用寿命，严重时会烧毁电动机的绕组。因此，凡是长期运行的电动机必须设置过载保护。

热继电器种类很多，应用最广泛的是基于双金属片的热继电器，其外形如图 4.13 所示，主要由热元件、双金属片和触点三部分组成。热继电器的常闭触点串联在被保护的二次回路中，它的热元件由电阻值不高的电热丝或电阻片绕成，串联在电动机或其他用电设备的主电路中。

图 4.13　JR36 系列的热继电器

热继电器的工作原理如图 4.14 所示。主双金属片 2 与加热元件 3 串接在接触器负载端，(电动机电源端)的主回路中。当电动机正常运行时，热元件产生的热量虽能使双金属片弯曲，但还不足以使继电器动作。当电动机过载时，流过热元件的电流增大，热元件产生的热量增加，使双金属片产生的弯曲位移增大，主双金属片 2 推动导板 4，并通过补偿双金属片 5 与推杆 14 将触点 9 和 6(即串接在接触器线圈回路的热继电器常闭触点)分开，以切断电路保护电动机。

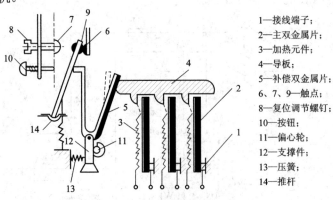

1—接线端子；
2—主双金属片；
3—加热元件；
4—导板；
5—补偿双金属片；
6、7、9—触点；
8—复位调节螺钉；
10—按钮；
11—偏心轮；
12—支撑件；
13—压簧；
14—推杆

图 4.14　热继电器的工作原理

热继电器的主要技术参数有额定电压、额定电流、相数、热元件编号、整定电流及整定电流调节范围等。整定电流是指热元件能够长期通过而不至于引起热继电器动作的电流值。热继电器的符号如图 4.15 所示。

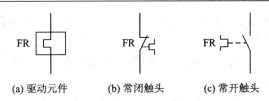

图 4.15　热继电器的符号

【技能训练】

1．技能训练器材

① 钢丝钳、尖嘴钳、剥线钳、电工刀，一套/组。

② 接线板、万用表，一套/组。

③ 任务所需电气元件。

2．技能训练步骤

训练任务 1：进行电气识图训练。

训练步骤：对本任务的电路原理图进行分析，掌握识图方法。

训练步骤 2：检查电气元件。

训练方法：列出电气元件名称、型号、规格及数量，检查、筛选电气元件。

训练步骤 3：绘制电气布置图及电气安装接线图。

训练方法：根据电气元件实际情况，确定电气元件位置，电气元件布置要整齐、合理，绘制电气布置图，如图 4.16 所示(供参考)；绘制电气安装接线图，正确标注线号，如图 4.17 所示(供参考)。

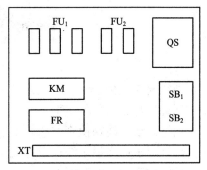

图 4.16　单向连续运行控制电路
电气布置图

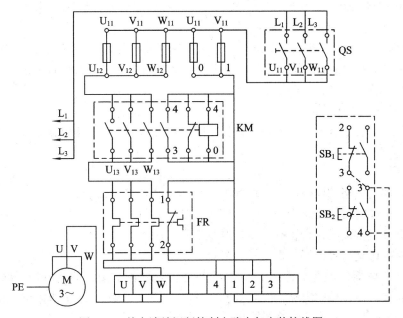

图 4.17　单向连续运行控制电路电气安装接线图

训练要求：保证图面正确性，无漏画、错画现象；电气元件布置要整齐、合理。

训练步骤 4：安装与接线。

训练方法：安装与接线方法与本项目任务 1 有关内容相同。单向连续运行控制电路安装范例如图 4.18 所示。

图 4.18 单向连续运行控制电路安装范例

训练要求：按电气装配工艺要求实施安装与接线训练。

训练步骤 5：线路检查。

训练方法：线路检查方法与本项目任务 1 有关内容相同。

训练要求：用手工法和万用表法检查线路，确保接线正确。

训练步骤 5：功能调试。

注意：只有在线路检查无误的情况下，才允许合上交流电源开关 QS。

训练方法：按下按钮 SB$_2$，观察接触器是否吸合、电动机是否正常启动并运行；松开按钮 SB$_2$，观察接触器是否释放、电动机是否正常运行；按下按钮 SB$_1$，观察接触器是否释放、电动机是否停止运行。

训练要求：检查电动机是否受按钮 SB$_2$ 的控制连续运行，是否受按钮 SB$_1$ 的控制停止运行；监听接触器主触点分合的动作声音和接触器线圈运行的声音是否正常；反复试验数次，检查控制电路动作的可靠性。

训练步骤 6：故障检修。

故障现象 1：当合上开关 QS 以后，按下启动按钮 SB$_2$，出现接触器不吸合、电动机不工作现象。

训练步骤：

① 检查控制电路的电源电压、熔断器 FU$_2$ 的熔体及接触情况。

② 检查热继电器接线是否正确、常闭触点是否复位。

③ 检查按钮盒接线是否正确、压接线是否有松脱。

④ 检查按钮盒内各线码与端子排编号是否一致。

⑤ 检查接触器线圈是否断路，检查盘内控制电路各压接点的接触情况(如导线压线皮)，特别是对于有互锁的电路，一定要重点检查常闭互锁触点状态(如触点压错位或动触桥虚断等)。在实训中，故障现象 1 的常见原因如图 4.19 所示。

(a) 互锁触点接线错误

(b) 热继电器触点接线错误

(c) 接触器线圈接点压线皮

(d) 按钮接点反羊角圈虚接

(e) 接触器互锁触点缺失

(f) 端子排压线错误

图 4.19　故障现象 1 的常见原因

故障现象 2：当合上开关 QS 以后，接触器直接得电吸合，电动机立即运行。

训练步骤：出现这种故障现象的原因是控制回路接线错误，此种错误特别容易发生在端子排上和按钮盒内。以图 4.17 为例，如果将 3 号线和 4 号线在端子排上接反了，则接触器 KM 的线圈就直接跨在电源两端，只要开关 QS 一闭合上电，就会出现上述故障。

故障现象 3：当合上开关 QS 以后，按下启动按钮 SB$_2$，电动机出现点动现象。

训练步骤：出现这种故障现象的原因是控制回路不自锁。以图 4.17 为例，出现这种故障现象的原因可能是 3 号线和 4 号线"压线皮"，也可能是接触器 KM 的常开辅助触点损坏、缺失，还可能是接线盒内导线松脱。

故障现象 4：当合上开关 QS 以后，按下启动按钮 SB$_2$，电动机运行震动，转速明显降低，并伴有沉闷的噪声。

训练步骤：出现这种故障现象的原因是主回路缺相，造成三相电动机单相运行。这时应检查电源是否缺相，检查熔断器 FU$_1$ 是否熔断、接触是否良好，检查端子排上的 3 根负载线的接线情况，检查盘内主回路的触点是否接触良好。

【技能考核评价】

本任务考核参照《中级维修电工国家职业技能鉴定考核标准》执行，时间定额为 2.5 小时，评分标准参考表 4.2。

任务 3　正反转控制电路的安装与维修

【任务引入】

在港口、码头和大型企业中大量应用的起重机通常需要提升和下放重物，在机床加工过程中也常常需要主轴正反转以完成加工工艺，这都需要通过电动机的正反转来实现。本任务通过对正反转控制电路的学习，使学生熟悉电气控制基本环节，掌握正反转控制电路的安装、接线与调试方法。

【目的与要求】

1. 知识目标

① 了解正反转控制过程，掌握电路工作原理。

② 熟悉正反转控制电路的电气原理图、电气布置图及电气安装接线图。

③ 掌握正反转控制电路的安装、接线与调试方法。

2. 技能目标

能根据相关图纸文件完成正反转控制电路的安装、接线与调试。

【知识链接】

在生产加工过程中，往往要求电动机能够实现可逆运行，即正转与反转，如机床工作台的前进与后退、电梯的上升与下降、搅拌机的物料混合等。

1. 接触器互锁正反转控制电路

1) 电气原理图

接触器互锁正反转控制电路电气原理图如图 4.20 所示。主回路由三相电源、电源开关 QS、熔断器 FU_1、接触器 KM_1 与 KM_2 的主触点、热继电器 FR 的发热元件、电动机 M 组成。控制回路由熔断器 FU_2、停止按钮 SB_1(红色)、正转启动按钮 SB_2(黑色)、反转启动按钮 SB_3(绿色)、接触器 KM_1 与 KM_2 的线圈及其辅助触点、热继电器 FR 的常闭触点组成。

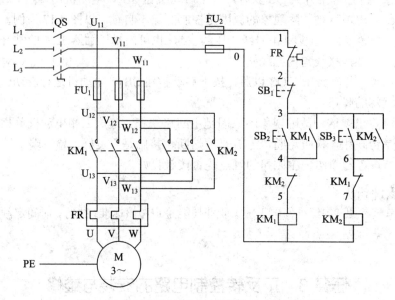

图 4.20　接触器互锁正反转控制电路电气原理图

2) 工作原理

启动过程：先合上 QS，按下正转启动按钮 SB_2→接触器 KM_1 的线圈得电吸合→接触器 KM_1 的主触点和常开辅助触点闭合→电动机 M 接通三相正相序电源正转启动并运行；同时 KM_1 的一个与接触器 KM_2 的线圈串联的常闭辅助触点断开，这个触点叫互锁触点，互锁触点的作用是防止在 KM_1 的线圈得电吸合期间，KM_2 的线圈也得电吸合，造成电源相间短路事故，这种利用两个接触器的常闭辅助触点互相控制的方法称为电气互锁。反转启动过程与正转启动过程类似，分析从略。

停止过程：按下停止按钮 SB_1→接触器 KM_1、KM_2 的线圈全部失电→接触器 KM_1、KM_2 的主触点断开→电动机 M 脱离三相电源停止运行。

接触器互锁正反转控制电路的运行训练顺序是"正—停—反"。

2. 双重互锁正反转控制电路

1) 电气原理图

双重互锁正反转控制电路电气原理图如图 4.21 所示。双重互锁正反转控制电路与接触器互锁正反转控制电路相似，它相当于把电气互锁和机械互锁两个互锁电路整合在同一个电路中。

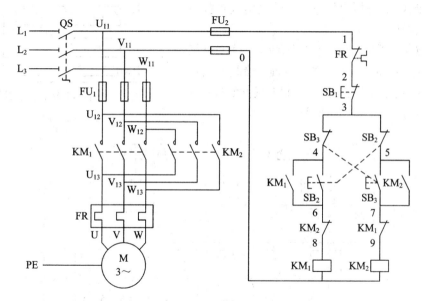

图 4.21　双重互锁正反转控制电路电气原理图

2) 工作原理

启动过程：正转时，先合上 QS，按下正转启动按钮 SB_2→SB_2 的常闭触点先断开，对接触器 KM_2 互锁；SB_2 的常开触点后闭合→接触器 KM_1 的线圈得电→KM_1 的常闭辅助触点先断开，再次对 KM_2 互锁，接触器 KM_1 的主触点和常开辅助触点后同时闭合→电动机 M 接通三相正相序电源正转启动并运行。若想反转，则按下反转启动按钮 SB_3→SB_3 的常闭触点先断开，对 KM_1 互锁→KM_1 的线圈失电→KM_1 的主触点和常开辅助触点断开→电动机 M 脱离电源，KM_1 的互锁触点恢复闭合，为 KM_2 的线圈得电做好准备；SB_3 的常开触点后闭合→KM_2 的线圈得电→KM_2 的常闭辅助触点先断开，再次对 KM_1 互锁，KM_2 的主触点和常开辅助触点同时闭合→电动机 M 反转启动并运行。

停止过程：按下停止按钮 SB_1→接触器 KM_1、KM_2 的线圈全部失电→接触器 KM_1 的主触点断开→电动机 M 脱离三相电源停止运行。

双重互锁正反转控制电路的运行训练顺序是"正—反—停"。

【技能训练】

1. 技能训练器材

① 钢丝钳、尖嘴钳、剥线钳、电工刀，一套/组。

② 接线板、万用表，一套/组。

③ 任务所需电气元件。

2. 技能训练步骤

1) 接触器互锁正反转控制电路安装、接线与调试

训练步骤 1：检查电气元件。

训练方法和训练要求参考本项目任务 1 有关内容。

训练步骤 2：分析电气原理并绘制电气布置图及电气安装接线图。

训练方法：根据电气元件实际情况，确定电气元件位置，电气元件布置要整齐、合理，绘制电气布置图，如图 4.22 所示(供参考)；绘制电气安装接线图，正确标注线号，如图 4.23 所示(供参考)。

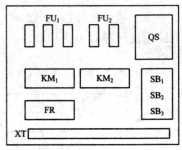

图 4.22 接触器互锁正反转控制电路电气布置图

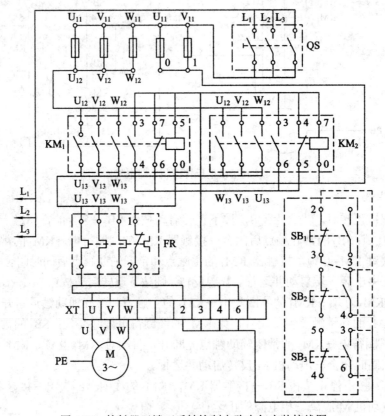

图 4.23 接触器互锁正反转控制电路电气安装接线图

训练要求：保证画图正确性，无漏画、错画现象；电气元件布置要整齐、合理。

训练步骤3：安装与接线。

训练方法：安装与接线方法参考本项目任务1有关内容。

训练要求：按电气装配工艺要求实施安装与接线训练。

训练步骤4：线路检查。

训练方法：线路检查方法参考本项目任务1有关内容。

训练要求：用手工法和万用表法检查线路，确保接线正确。

训练步骤5：功能调试。

注意：只有在线路检查无误的情况下，才允许合上交流电源开关QS。

训练方法：按下按钮 SB₂，观察接触器 KM₁ 是否吸合、电动机是否正转启动并运行；松开按钮 SB₂，观察接触器 KM₁ 是否释放；按下按钮 SB₃，观察接触器 KM₂ 是否吸合、电动机是否反转启动并运行；松开按钮 SB₃，观察接触器 KM₂ 是否释放；按下按钮 SB₂，观察电动机是否仍继续运行；按下按钮 SB₁，观察接触器 KM₂ 是否释放、电动机是否停止运行。

训练要求：验证接触器互锁正反转控制电路特有的"正—停—反"控制过程；反复试验数次，检查控制电路动作的可靠性。

2) 双重互锁正反转控制电路安装、接线与调试

训练步骤1：检查电气元件。

训练方法和训练要求参考本项目任务1有关内容。

训练步骤2：绘制电气布置图及电气安装接线图。

训练方法：根据电气元件实际情况，确定电气元件位置，电气元件布置要整齐、合理，绘制电气安装接线图，如图 4.24 所示(供参考)。

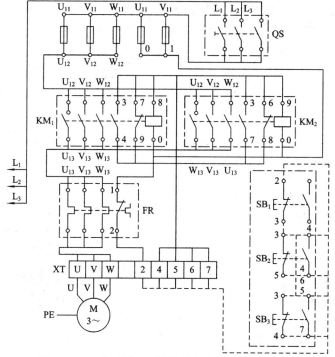

图 4.24　双重互锁正反转控制电路电气安装接线图

训练要求：保证画图正确性，无漏画、错画现象；电气元件布置要整齐、合理。

训练步骤 3：安装与接线。

训练方法：安装与接线方法参考本项目任务 1 有关内容。双重互锁正反转控制电路安装范例如图 4.25 所示。

训练要求：按电气装配工艺要求实施安装与接线训练。

训练步骤 4：线路检查。

训练方法：线路检查方法参考本项目任务 1 有关内容。

训练要求：用手工法和万用表法检查线路，确保接线正确。

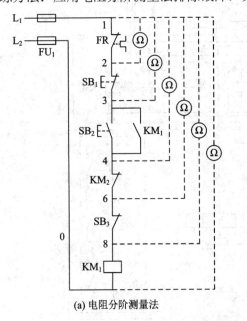

图 4.25　双重互锁正反转控制电路安装范例

训练步骤 5：功能调试。

注意：只有在线路检查无误的情况下，才允许合上交流电源开关 QS。

训练方法：双重互锁正反转控制方法与接触器互锁正反转控制相同。

训练要求：验证双重互锁正反转控制电路特有的"正—反—停"控制过程；反复试验数次，检查控制电路动作的可靠性。

注意：在实际工程中，对于同样的功能要求，人们希望控制电路越简洁越好，因为电路越简洁，就越能带来一系列的好处，如可以节省导线、经济性好、减少故障点、增加可靠性、维修和维护方便等。

训练步骤 6：故障排除。

故障现象：按下 SB_2 后 KM_1 不吸合。

故障分析：按下启动按钮 SB_2，接触器 KM_1 不吸合，该电气回路有断路故障。

训练方法：应用电阻分阶测量法排除故障，如图 4.26(a)所示。

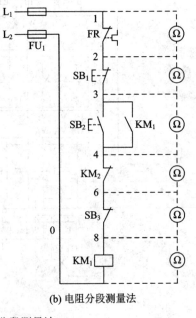

(a) 电阻分阶测量法　　　　(b) 电阻分段测量法

图 4.26　电阻分阶和分段测量法

用万用表的电阻挡检测前应先断开电源，然后按下 SB₂ 不放，先测量 1-0 两点间的电阻，如果电阻值为无穷大，说明 1-0 之间的电路断路。然后分阶测量 1-2、1-3、1-4、1-6、1-8 各点间电阻值。若电路正常，则该两点间的电阻值为"0"；当测量到某线号间的电阻值为无穷大时，说明表棒刚跨过的触头或连接导线断路。

　　电阻分段测量法如图 4.26(b)所示。

　　检查时，先切断电源，按下启动按钮 SB₂，然后依次逐段测量相邻两标号点 1-2、2-3、3-4、4-6、6-8 间的电阻。如测得某两点的电阻为无穷大，则说明这两点间的触头或连接导线断路。例如当测得 2、3 两点间的电阻为无穷大时，说明停止按钮 SB₁ 或连接 SB₁ 的导线断路。

　　电阻测量法的优点是安全，缺点是若测得的电阻值不准确，则易造成判断错误。

　　注意：

　　① 用电阻测量法检查故障时一定要断开电源。

　　② 当被测的电路与其他电路并联时，必须将该电路与其他电路断开，否则所测得的电阻值不准确。

　　③ 测量高电阻值的电气元件时，要把万用表的选择开关旋转至适合的电阻挡。

【技能考核评价】

　　本任务考核参照《中级维修电工国家职业技能鉴定考核标准》执行，时间定额为 3 小时，评分标准参考表 4.2。

任务 4　电动机行程控制线路的安装与维修

【任务引入】

　　在应用平面磨床、龙门刨床加工时，工件被固定在工作台上，由工作台带动工件做往复运动，工作台的往复运动通常由液压系统或电动机来拖动，通过工作台的往复运动和刀具的进给运动便可完成对工件的加工，这些都是通过行程开关控制的。本任务通过对行程控制电路的学习，使学生开始认识和熟悉电气控制基本环节，掌握行程控制电路的安装、接线与调试方法。

【目的与要求】

　　1．知识目标

　　① 理解行程开关在控制线路中的作用。

　　② 理解电动机的行程控制实现方法。

　　③ 学会电动机的行程控制电路安装、接线与调试方法。

　　2．技能目标

　　① 掌握电动机的行程控制安装、接线与调试。

　　② 培养动手能力，训练学生排除电动机基本控制线路故障的能力。

【知识链接】

1. 行程开关

行程开关常用于运料机、锅炉上煤机和某些机床的进给运动的电气控制，如在万能铣床、镗床等生产机械中经常用到。行程控制线路可以使电动机所拖动的设备在每次启动后自动停止在规定位置，然后由人控制返回到规定的起始位置并停止在该位置。停止信号是由在规定的位置上设置的行程开关发出的，该控制一般又称为"限位控制"。

行程开关又称为限位开关或位置开关，常用的有 LX10 和 JLXK1 等系列。其中，JLXK1 系列行程开关的结构原理和外形如图 4.27(a)和图 4.27(b)所示。

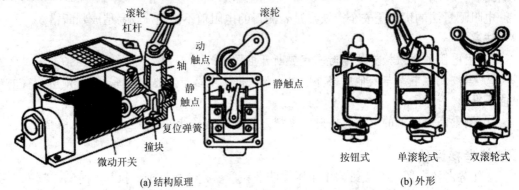

(a) 结构原理　　　　　　　　(b) 外形

图 4.27　JLXK1 系列行程开关的结构原理和外形

行程开关的结构主要分为三个部分：训练头(感测部分)、触点系统(执行部分)和外壳。行程开关根据训练头的不同分为直动式(按钮式，能自动复位)、单滚轮式(能自动复位)和双滚轮式(不能自动复位，需机械部件返回时再碰撞一次才能复位)。行程开关符号如图 4.28 所示。

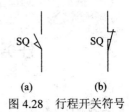

图 4.28　行程开关符号

2. 小车行程控制电路

当小车在规定的轨道上运行时，行程开关可实现行程控制和限位保护，控制小车在规定轨道上的运行。在设计该控制电路时，应在小车行程的两个终端各安装一个限位开关，将限位开关的触点接于线路中，当小车碰撞限位开关后，使拖动小车的电动机停转，达到限位保护的目的。其电气原理示意图如图 4.29 所示。

合上电源开关 QS，按 SB_2 小车向前运动，其工作过程为：按钮 SB_2 按下，KM_1 线圈通电自锁，联锁触点断开，同时 KM_1 主触点闭合，电动机正转，小车向前。运动一段距离后，小车挡块撞 SQ_2 触点分断，KM_1 线圈断电，KM_1 主触点断开，电动机停转，同时自锁触点断开，联锁触点闭合。小车向后运动情况类似，请读者自行分析。

【技能训练】

1. 技能训练器材

① 钢丝钳、尖嘴钳、剥线钳、电工刀，一套/组。

② 接线板、万用表，一套/组。

③ 任务所需电气元件。

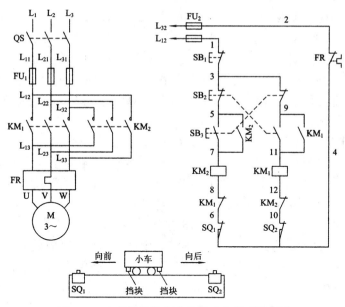

图 4.29　小车行程控制电路的电气原理示意图

2．技能训练步骤

训练步骤 1：检查电气元件。

训练方法和训练要求参考本项目任务 1 有关内容。

训练步骤 2：绘制小车行程控制电路的电气布置图及电气安装接线图，其接线图如图 4.30 所示。

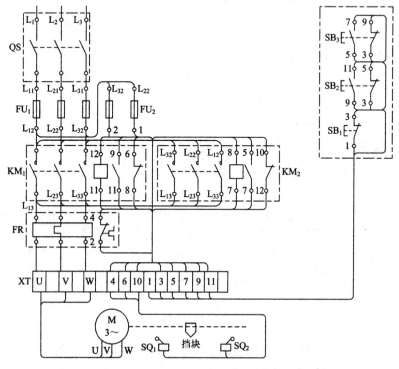

图 4.30　小车行程控制电路的电气安装接线图

训练步骤 3：检查与接线。

刀开关、接触器、按钮、热继电器和电动机的检查如前所述，另外还要认真检查行程开关，主要包括检查滚轮和传动部件动作是否灵活，检查触点的通断情况。将安装底板上的电气元件固定好。在设备上规定位置安装行程开关，调整运动部件上挡块与行程开关的相对位置，使挡块在运动中能可靠地训练行程开关上的滚轮并使触点分断。按照图 4.30 接线。

训练步骤 4：试车。

① 空负荷试车。合上刀开关 QS，按照双重联锁控制线路的步骤进行试验，分别检查各控制、保护环节的动作。正常后，再训练 SB_2 使 KM_1 得电动作，然后用绝缘棒按下 SQ_2 的滚轮，使其断点分断，则 KM_1 应失电释放。用同样的方法检查 SQ_1 对 KM_2 的控制作用，以此检查行程控制线路动作的可靠性。

② 带负荷试车。断开 QS，接好电动机接线，装好接触器的灭弧罩，合上刀开关 QS。

先检查电动机的转向是否正确。按下 SB2，电动机启动，机械设备上的部件开始运动，如运动方向指向 SQ_2 则符合要求；若方向相反，则应立即停车，以免因行程控制开关不起作用，造成机械故障。此时，可将刀开关 QS 上端子处的任意两相进线对调，再接通电源试车。然后再训练 SB_3 使电动机反向运动，检查 KM_2 的改换相序作用。其次检查行程开关的限位控制作用。当电动机启动正向运动，机械部件到达规定位置附近时，要注意观察挡块与行程开关 SQ_2 滚轮的相对位置。SQ_2 被挡块训练后，电动机应立即停车。按动反向启动按钮 SB_3 时，电动机应能拖动机械部件返回。如出现电动机不能控制的情况，应立即停车检查。

训练步骤 5：故障检修。

线路常见的故障与双联锁正反向控制线路类似。限位控制部分故障主要有挡块、行程开关的固定螺钉松动造成动作开关失灵等，这里不再举例，请参考本项目任务 3 相关内容。

【技能考核评价】

本任务考核参照《中级维修电工国家职业技能鉴定考核标准》执行，时间定额为 3 小时，评分标准参考表 4.2。

任务 5　电动机 Y-△减压启动电路的安装与维修

【任务引入】

在工农业生产中，有些生产机械特别是大型机械设备，因为电动机的功率比较大，供电系统或启动设备无法满足电动机的直接启动要求，此时就必须采用减压启动的方式。本任务通过对三相异步电动机 Y-△(星形-三角形)减压启动电路的学习，使学生熟悉电气控制基本环节，掌握 Y-△减压启动电路的安装、接线与调试方法。

【目的与要求】

1. 知识目标

① 了解三相异步电动机 Y-△减压启动控制过程，掌握电路工作原理。

② 悉三相异步电动机 Y-△减压启动电路电气原理图、电气布置图及安装接线图。

③ 掌握三相异步电动机 Y-△ 减压启动电路的安装、接线与调试方法。

2. 技能目标

能根据相关图纸文件完成 Y-△ 减压启动电路的安装、接线与调试。

【知识链接】

星形-三角形减压启动利用电路降低电动机定子绕组上的电压来启动电动机，以达到降低启动电流的目的。因启动力矩与定子绕组每相所加电压的平方成正比，因而减压启动的方法只适用于空载或轻载启动。当电动机启动到接近额定转速时，电动机定子绕组上的电压必须恢复到额定值，使电动机在正常电压下运行。凡是在正常运行时定子绕组采用三角形连接的笼型三相异步电动机均可采用 Y-△ 减压启动方法。

1) 电气原理图

时间继电器控制的 Y-△ 减压启动电路电气原理图如图4.31所示。主回路由三相电源、电源开关 QS、熔断器 FU_1、主接触器 KM_1 的主触点、三角形运行接触器 KM_2 的主触点、星形启动接触器 KM_3 的主触点、热继电器 FR 的发热元件和电动机 M 组成。控制回路由熔断器 FU_2、停止按钮 SB_1(红色)，启动按钮 SB_2(黑色)，主接触器 KM_1、三角形运行接触器 KM_2、星形启动接触器 KM_3 的线圈及其辅助触点，热继电器 FR 的常闭触点组成。

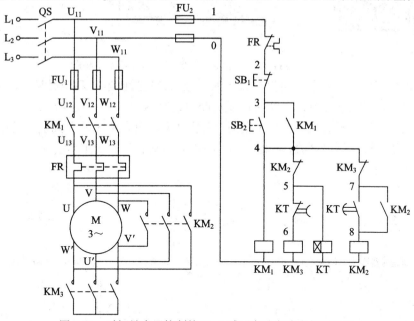

图4.31　时间继电器控制的 Y-△ 减压启动电路电气原理图

2) 工作原理

先合上 QS，按下启动按钮 SB_2→接触器 KM_1 的线圈得电→KM_1 的常开辅助触点闭合而自锁→KM_3 的线圈得电→KM_1 的主触点、KM_3 的主触点闭合→电动机 M 绕组接成星形降压启动，同时 KT 的线圈得电而开始延时，KM_3 的互锁触点断开；当电动机 M 转速上升到一定值时，KT 延时结束→KT 的常闭触点断开→KM_3 的线圈失电→KM_3 的主触点断开→电动机 M 绕组解除星形连接，同时 KT 的常开触点闭合，并且 KM_3 的互锁触点闭合→KM_2 的线圈得电→KM_2 的主触点闭合→电动机 M 绕组接成三角形全压运行，KM_2 的互锁触点断开，使 KT 的线圈失电，KM_2 的常开辅助触电闭合而自锁。停止时，按下停止按钮 SB_1 即可。

3）时间继电器

时间继电器是利用电磁原理或机械原理实现触点延时闭合或延时断开的自动控制电器。常用的种类有电磁式、空气阻尼式、电动式和晶体管式。这里以应用广泛、结构简单、价格低廉且延时范围大的空气阻尼式时间继电器为主来作介绍。

空气式时间继电器又叫做气囊式时间继电器，是利用空气阻尼的原理获得延时的。它由电磁系统、延时机构和触点三部分组成。电磁机构为直动式双 E 形，触点系统借用 LX5 型微动开关，延时机构采用气囊式阻尼器，如图 4.32 所示为 JST 系列气囊式时间继电器的外形及结构图。

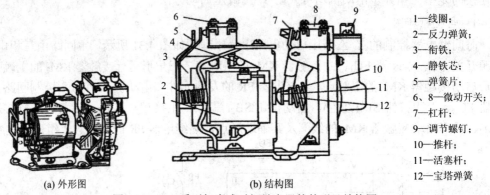

1—线圈；
2—反力弹簧；
3—衔铁；
4—静铁芯；
5—弹簧片；
6、8—微动开关；
7—杠杆；
9—调节螺钉；
10—推杆；
11—活塞杆；
12—宝塔弹簧

(a) 外形图　　　　　　(b) 结构图

图 4.32　JST 系列气囊式时间继电器的外形及结构图

电磁机构可以是交流的也可以是直流的。触点包括瞬时触点和延时触点两种。空气式时间继电器可以做成通电延时，也可以做成断电延时。

常用的时间继电器有 JS7、JS23 系列。主要技术参数有瞬时触点数量、延时触点数量、触点额定电压、触点额定电流、线圈电压及延时范围等。时间继电器的文字符号为 KT，图形符号如图 4.33 所示。

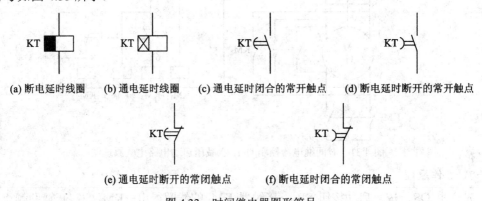

(a) 断电延时线圈　　(b) 通电延时线圈　　(c) 通电延时闭合的常开触点　　(d) 断电延时断开的常开触点

(e) 通电延时断开的常闭触点　　　　(f) 断电延时闭合的常闭触点

图 4.33　时间继电器图形符号

【技能训练】

1．技能训练器材

① 钢丝钳、尖嘴钳、剥线钳，一套/组。

② 接线板、万用表，一套/组。

③ 任务所需电气元件。

2．技能训练步骤

训练步骤 1：检查电气元件。

训练方法和训练要求参考本项目任务 1 有关内容。

训练步骤 2：绘制电气布置图及电气安装接线图。

训练方法：根据电气元件实际情况，确定电气元件位置，电气元件布置要整齐、合理，绘制电气布置图，如图 4.34 所示(供参考)；绘制电气安装接线图，正确标注线号，如图 4.35 所示(供参考)。

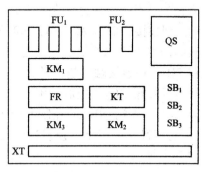

图 4.34　Y-△减压启动电路布置图

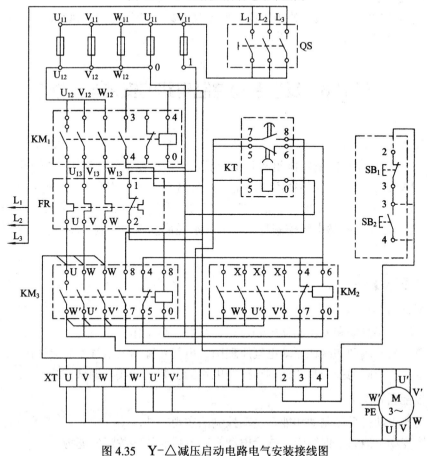

图 4.35　Y-△减压启动电路电气安装接线图

训练要求：保证画图正确性，无漏画、错画现象；电气元件布置要整齐、合理。

训练步骤 3：安装与接线。

训练方法：安装与接线方法参考本项目任务 1 有关内容。

训练要求：按电气装配工艺要求实施安装与接线训练。

训练步骤 4：线路检查。

训练方法：线路检查方法与本项目任务 1 有关内容相同。

训练要求：用手工法和万用表法检查线路，确保接线正确。

训练步骤 5：功能调试。

注意：只有在线路检查无误的情况下，才允许合上交流电源开关 QS。

训练方法：按下按钮 SB_2，观察接触器 KM_1、KM_3 和时间继电器 KT 的线圈是否吸合及电动机是否减压启动，观察时间继电器 KT 是否正常延时，延时时间到后，观察电动机是否正常全压运行；按下按钮 SB_1，观察接触器是否释放、电动机是否停止运行。

训练要求：检查电动机是否受按钮 SB_2 的控制减压启动、是否受时间继电器 KT 的延时控制全压运行；检查电动机是否受按钮 SB_1 的控制停止运行；监听接触器主触点分合的动作声音和接触器线圈运行的声音是否正常；反复试验数次，检查控制电路动作的可靠性。

【技能考核评价】

本任务考核参照《中级维修电工国家职业技能鉴定考核标准》执行，时间定额为 4 小时，评分标准参考表 4.2。

任务 6　反接制动控制电路的安装与维修

【任务引入】

当三相交流异步电动机的绕组断开电源后，由于机械惯性的原因，转子常常需要经过一段时间才能停止旋转，这往往不能满足生产机械迅速停车的要求。无论从生产还是安全方面，都要求电动机在停车时能采取有效的制动。本任务通过对反接制动和能耗制动控制电路的学习，使学生熟悉电气控制基本环节，掌握反接制动控制电路的安装、接线与调试方法。

【目的与要求】

1．知识目标

① 了解反接制动和能耗制动控制过程，掌握电路工作原理。

② 熟悉反接制动和能耗制动电气原理图、电气布置图及电气安装接线图。

③ 掌握反接制动控制和能耗制动控制电路的安装、接线与调试方法。

2．技能目标

① 理解电动机反接制动和能耗制动控制的实现方法。

② 培养动手能力，训练学生排除电动机基本控制线路故障的能力。

【知识链接】

1. 单向反接制动控制电路原理图

图 4.36 所示为单向反接制动控制电路图，图中 KM_1 为单向旋转接触器，KM_2 为反接制动接触器，KS 为速度继电器。KM_2 主触点上串联的 R 为反接制动电阻，用来限制反接制动时电动机的绕组电流，防止因制动电流太大造成电动机过载。启动时，按下启动按钮 SB_2，接触器 KM_1 通电并自锁，电动机通电运行。电动机正常运转时，速度继电器 KS 的常开触点闭合，为反接制动做好准备。制动时，按下停止按钮 SB_1，KM_1 线圈断电，电动机 M 脱离电源，由于此时电动机的惯性，转速仍较高 KS 的常开触点仍处于闭合状态，所以 SB_1 常开触点闭合时，反接制动接触器 KM_2 线圈得电并自锁，其主触点闭合，使电动机得到相序相反的三相交流电源，进入反接制动状态，转速迅速下降。当转速接近于零时，速度继电器常开触点复位，接触器 KM_2 线圈断电，反接制动结束。

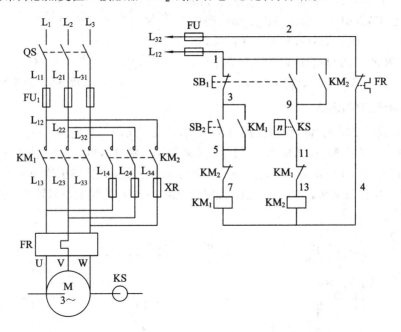

图 4.36　单向反接接动控制电路

2. 速度继电器

速度继电器又叫做反接制动继电器，主要用于笼型异步电动机的反接制动控制。它主要由转子、定子和触点三部分组成，转子是一个圆柱形永久磁铁，定子是一个笼型空芯圆环，由硅钢片叠成，并装有笼型绕组。

图 4.37 为 JY1 型速度继电器的外形和结构示意图。其转子的轴与被控制电动机的轴连接，而定子空套在转子上。当电动机转动时，速度继电器的转子随之转动，定子内的短路导体便切割磁场，产生感应电动势，从而产生电流；此电流与旋转的转子磁场作用产生转矩，使定子开始转动；当转到一定角度时，装在轴上的摆锤推动簧片动作，使常闭触点分断，常开触点闭合。

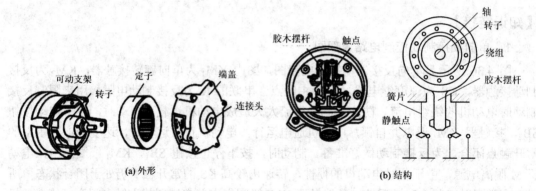

(a) 外形　　　　　　　　　　　　　(b) 结构

图 4.37　JY1 型速度继电器的外形和结构示意图

当电动机转速低于某一值时，定子产生的转矩减小，触点在弹簧作用下复位。常用的速度继电器有 JY1 和 JFZ0 型。一般速度继电器的动作转速为 120 r/min，触点的复位转速在 100 r/min 以下，转速在 3000～3600 r/min 以下能可靠工作。

速度继电器的图形符号如图 4.38 所示。

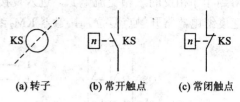

(a) 转子　　　(b) 常开触点　　　(c) 常闭触点

图 4.38　速度继电器的图形符号

3．能耗制动控制电路

能耗制动控制电路电气原理图如图 4.39 所示。主回路由三相电源、电源开关 QS、熔断器 FU_1、主接触器 KM_1 和 KM_2 的主触点、能耗制动接触器 KM_3 的主触点、热继电器 FR 的发热元件和电动机 M 组成。控制回路由熔断器 FU_2、停止按钮 SB_1(红色)、正转启动按钮 SB_2(黑色)、反转启动按钮 SB_3(黑色)、接触器 KM_1～KM_3 的线圈及其辅助触点、热继电器 FR 的常闭触点组成。

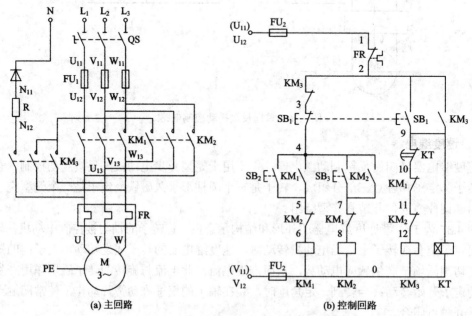

(a) 主回路　　　　　　　　　　(b) 控制回路

图 4.39　能耗制动控制电路电气原理图

工作原理：先合上 QS，按下正转启动按钮 SB$_2$→主接触器 KM$_1$ 得电并自锁→电动机 M 正转连续运行。按下停止按钮 SB$_1$→SB$_1$ 的常闭触点先断开，KM$_1$ 失电。SB$_1$ 的常开触点后闭合，接通接触器 KM$_3$ 和时间继电器 KT 的线圈回路，其触点动作，KM$_3$ 的常开辅助触点闭合起着自锁作用；KM$_3$ 的常开主触点闭合，使直流电压加在电动机动定子绕组上，电动机进行正向能耗制动，转速迅速下降，当接近于零时，时间继电器 KT 延时结束，其通电延时打开的常闭触点断开，切断接触器 KM$_3$ 的线圈回路，此时 KM$_3$ 的常开辅助触点恢复断开，KT 的线圈也随之失电，正向能耗制动结束。

【技能训练】

1．技能训练器材

① 钢丝钳、尖嘴钳、剥线钳、电工刀，一套/组。

② 接线板、万用表，一套/组。

③ 任务所需电气元件。

2．技能训练步骤

训练步骤 1：检查电气元件。

训练方法和训练要求参考本项目任务 1 有关内容。

训练步骤 2：绘制安装接线图。

反接制动电路的安装接线图如图 4.40 所示。

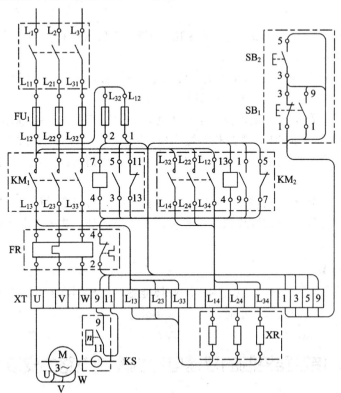

图 4.40　反接制动电路的安装接线图

训练要求：将刀开关 QS、熔断器 FU$_1$、接触器 KM$_1$ 和 KM$_3$ 排成一条直线，KM$_2$ 与

KM_3 并列放置并对齐，这样会使走线更方便。

训练步骤 3：检查与接线。

训练要求：检查元器件，特别注意检查速度继电器与传动装置的紧固情况。

注意：KM_1 和 KM_2 主触点的相序不可接错。JYI 型速度继电器有两组触点，每组都有常开、常闭触点，使用公共动触点，应注意防止错接造成线路故障。

训练步骤 4：试车。

① 空负荷试车。合上 QS，按下 SB_2 后松开，KM_1 应立即得电动作并自锁。按下 SB_1 后接触器 KM_1 释放。将 SB_1 按住不放，用手转动一下电动机轴，使其转速约为 100 r/min，KM_2 应吸合一下又释放。调试时应注意电动机的转向，若转向不对则制动电路不能工作。

② 带负荷试车。断开 QS，接好电动机接线，仔细检查主电路各熔断器的接触情况，检查各端子的接线情况。合上 QS，按下 SB_2，电动机应得电启动。轻按 SB_1，KM_1 应释放，电动机断电减速而停转。在转速下降过程中注意观察 KS 触点的动作。再次启动电动机，将 SB_1 按到底，电动机应刹车，在 $1\sim2$ s 内停转。

训练步骤 5：故障检修。

故障现象：电动机启动正常，按下 SB_1 时电动机断电但继续惯性运转，无制动作用。

训练方法：

① 故障分析：空负荷试车中，制动线路动作正常，带负荷试车无制动作用，而且 KM_2 不动作。说明 KS 触点未闭合使 KM_2 线圈不得电，则推测电动机的转向与试验时用手转动方向相反。

② 检查处理：再次启动电动机，观察 KS 的摆杆，发现摆杆摆向未使用的一组触点，使线路所使用的 KS 触点不起控制作用。

③ 断电后，将制动控制线改接入另一组触点，重新试车，故障排除。

训练步骤 6：读者可自行设置人为故障分析并排除。

注意：只有在线路检查无误的情况下，才允许合上交流电源开关 QS。

训练方法：按下按钮 SB_1，观察接触器 KM_3 和时间继电器 KT 的线圈是否吸合、电动机是否能耗制动；观察时间继电器 KT 是否正常延时；延时时间到后，观察电动机是否停止运行。

训练要求：监听接触器主触点分合的动作声音和接触器线圈运行声音是否正常。

能耗制动控制电路的安装接线图请读者按要求设计绘制，并参考本项目任务 1 有关内容进行安装调试。

【技能考核评价】

本任务考核参照《中级维修电工国家职业技能鉴定考核标准》执行，反接制动时间定额 3 小时，能耗制动时间定额 4 小时，评分标准参考表 4.2。

任务 7　接触器控制的双速电动机控制电路的安装与维修

【任务引入】

在工农业生产中，有些生产机械要求有很宽的调速范围，而依靠机械调速将使设备庞大，所以引入多速电动机，以提高机械的调整范围。本任务通过对接触器控制的双速电动机控制电路的学习，使学生开始认识和熟悉电气控制基本环节，掌握接触器控制的双速电动机控制电路的安装、接线与调试方法。

【目的与要求】

1．知识目标

① 熟悉多速异步电动机控制线路的工作原理。

② 学会正确安装与检修接触器控制的双速异步电动机的控制线路。

2．技能目标

① 熟悉接触器控制双速电动机控制电路电气原理图、电气布置图及电气安装接线图。

② 掌握双速异步电动机控制的安装接线与调试方法。

【知识链接】

1）接触器控制双速电动机的控制线路

如图 4.41 所示为接触器控制的双速电动机的控制线路。

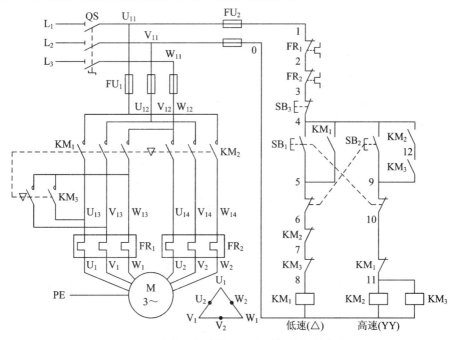

图 4.41　接触器控制的双速电动机的控制线路

主电路中有 3 组主触点：KM_1、KM_2、KM_3。当 KM_1 主触点闭合时电动机定子绕组接成三角形，低速转动；当 KM_1 主触点断开，而 KM_2 和 KM_3 两组主触点闭合时，电动机定子绕组接成双星形高速运转。

2）接触器控制双速电动机工作原理

低速运行时：先合上 QS，按下低速启动按钮 SB_1→主接触器 KM_1 得电并自锁→电动机 M 低速连续运行，同时 KM_1 的常闭触点断开，切断接触器 KM_2、KM_3 的线圈回路，实现对 KM_2、KM_3 的互锁。

高速运行时：按下启动按钮 SB_2→接触器 KM_1 的线圈失电→KM_1 的常开辅助触点断开解除自锁→KM_1 的主触点断开→电动机停转→KM_1 的常闭辅助互锁触点恢复闭合→KM_2 线圈得电→KM_2 常闭触点分断，实现对 KM_1 的互锁，同时 KM_2 常开触点闭合自锁，KM_2 主触点闭合；按下 SB_2 时，KM_3 线圈得电→KM_3 主触点闭合→KM_3 的常开辅助触点闭合自锁→KM_3 的常闭触点分断开，电动机 M 绕组接成星形降压启动，同时 KT 的线圈得电而开始延时，KM_3 的互锁触点断开实现对 KM_1 的互锁；此时 KM_2 与 KM_3 同时得电吸合，电动机绕组接为 YY 高速运行。

注意：变极调速时的电动机必须为 △/YY 的接线方式，这种调速方法只能使电动机获得两个及两个以上的转速，且不可能连续可调。

【技能训练】

1．技能训练器材

① 钢丝钳、尖嘴钳、剥线钳、电工刀，一套/组。

② 接线板、万用表，一套/组。

③ 任务所需电气元件。

2．技能训练步骤

训练任务：接触器控制双速电动机的控制线路安装、接线与调试。

训练步骤 1：检查电气元件。

训练方法和训练要求参考本项目任务 1 有关内容。

训练步骤 2：绘制电气布置图及电气安装接线图。

自编安装接线图，并且熟悉工艺要求，经指导教师审查合格后，开始安装训练。

训练步骤 3：检查与接线。

注意：接线时，注意主电路中 KM_1、KM_2 中两种转速下电源相序的改变，不能接错，否则，两种转速下电动机的转向相反，换向时将产生很大的冲击电流。

要注意控制双速电动机低速三角形接法的接触器 KM_1 和高速双星形接法的 KM_2 主触头的相序，否则易造成电源短路事故。

热继电器 FR_1、FR_2 的整定电流及其在主电路中的接线不能搞错。

通电试车前，要复验一下电动机接线是否正确，并测试绝缘电阻是否符合要求。

通电试车时，必须有指导老师现场监护，并用转速表测量电动机的转速。

训练步骤 4：试车。

① 空负荷试车。合上刀开关 QS，按照双重联锁控制线路的步骤进行试验，分别检查各控制、保护环节的动作。正常后，再按下 SB_2 使 KM 动作。

② 带负荷试车。带负荷试车时若出现电动机不能控制的情况，应立即停车检查。

训练步骤 5：故障检修。

人为设置电气、自然故障两处。自编检修步骤，寻找故障现象，解决问题。经指导教师审查合格后开始检修。

【技能考核评价】

本任务考核参照《中级维修电工国家职业技能鉴定考核标准》执行，时间定额为 3.5 小时，评分标准参考表 4.2。

项目五

典型机床电气线路的安装与检修

国家职业标准技能内容与要求：

初级工能够正确进行 CA6140 型普通车床等一般复杂程度的机械设备或一般电路的试通电工作。中级工能够读懂 X62W 型万能铣床等较复杂机械设备的电气控制原理图，能够正确分析、检修、排除 X62W 型万能铣床等机械设备控制系统的电路及电气故障。

在用电设备中，金属切削机床占有较大的比重，而且种类繁多。在这些设备中，CA6140型普通车床、X62W 型万能铣床和 T68 型卧式镗床的电气线路具有典型代表性。通过典型机床电气线路的学习，使学生掌握这类设备电气线路的安装、接线、调试及故障处理方法。

任务 1   CA6140 型普通车床电气线路的安装与检修

【任务引入】

车床是机械加工中应用最广泛的一种机床，约占机床总数的 25%～50%。在各种车床中，应用最多的是卧式车床。本任务通过对 CA6140 型普通车床电气线路的学习，使学生了解 CA6140 型普通车床基本结构，能识读 CA6140 型普通车床的电气原理图,掌握 CA6140 型普通车床电气线路的安装、接线与调试方法。

【目的与要求】

1. **知识目标**

① 了解 CA6140 型普通车床的基本结构。

② 熟悉 CA6140 型普通车床的电气原理图、电气布置图。

③ 掌握 CA6140 型普通车床的电气线路分析。

2. **技能目标**

① 能根据相关图纸文件完成 CA6140 型普通车床电气线路的安装、接线与调试。

② 能对 CA6140 型普通车床电气线路进行检查及维护，能排除 CA6140 型普通车床电气线路的一般性故障。

【知识链接】

车床主要用于加工各种回转体(内外圆柱面、圆锥面、成形回转面)及回转体的端面，也可用钻头、铰刀等进行钻孔和铰孔，还可以用来攻螺纹。车床一般分为卧式和立式，其中尤以卧式车床使用最为普通。

1. CA6140 型普通车床的基本结构

CA6140 型普通车床主要由床身、主轴变速箱、挂轮箱、进给箱、溜板箱、溜板与刀架、尾座、光杠和丝杠等部分组成，如图 5.1 所示。

图 5.1　CA6140 型普通车床的基本结构

2. CA6140 型普通车床的电路分析

图 5.2 为 CA6140 型普通(卧式)车床的电气原理图，分为主回路、控制回路及辅助电路三个部分。

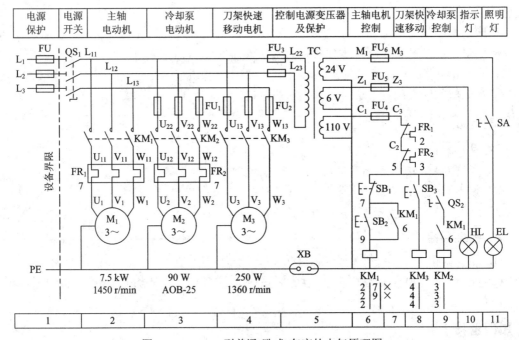

图 5.2　CA6140 型普通(卧式)车床的电气原理图

1) 主回路分析

主电路共有三台电动机。M_1 为主轴电动机，带动主轴旋转和刀架做进给运动；M_2 为冷却泵电动机；M_3 为刀架的快速移动电动机。三相交流电源通过刀开关 QS_1 引入，主轴电动机 M_1 由接触器 KM_1 控制启动，热继电器 FR_1 为主轴电动机 M_1 的过载保护，接触器 KM_1 还可作失压和欠压保护。冷却泵电动机 M_2 由接触器 KM_2 控制启动，热继电器 FR_2 为冷却泵电动机 M_3 的过载保护。接触器 KM_3 为控制刀架的快速移动电动机 M_3 启动用，因快速移动电动机 M_2 是短期工作，故不设过载保护。

2) 控制回路分析

控制回路的电源由控制变压器 TC 二次侧提供，电压为 110 V。

(1) 主轴电动机 M_1 控制回路。

按下启动按钮 SB_2，接触器 KM_1 的线圈得电吸合，KM_1 的主触点闭合，主轴电动机 M_1 启动运行，同时 KM_1 的自锁触点和常开触点闭合。按下停止按钮 SB_1，主轴电动机 M_1 停止运行。主轴的正反转用摩擦离合器来实现。

(2) 冷却泵电动机 M_2 控制回路。

由于主轴电动机 M_1 和冷却泵电动机 M_2 采用顺序控制，所以只有在主轴电机 M_1 运行的情况下，即 KM_1 的常开触点闭合，冷却泵电动机 M_2 才能工作，当 M_1 停止运行时，M_2 自动停止运行。如果车削加工过程中，工艺需要使用冷却液，则可合上开关 QS_2。

(3) 刀架快速移动电动机 M_3 控制回路。

刀架快速移动电动机 M_3 的启动是由安装在进给操纵手柄顶端的按钮 SB_3 控制的，它与交流接触器 KM_3 组成点动控制环节。刀架移动方向的改变，是由进给操纵手柄配合机械装置实现的。将进给操纵手柄扳到所需方向，按下按钮 SB_3，接触器 KM_3 的线圈得电吸合，电动机 M_3 得电运行，带动工作台按指定方向快速移动。松开 SB_3，接触器 KM_3 断电，M_3 停止运行。

3) 辅助电路分析

辅助电路包括照明灯电路与信号灯电路，由控制变压器 TC 的二次侧分别输出 24 V 和 6 V 电压，作为机床照明灯和信号灯的电源。EL 为机床的低压照明灯，由开关 SA 控制；HL 为电源的信号灯。合上电源总开关 QS_1，HL 亮，表示机床电源已接通。

【技能训练】

1. 技能训练器材

① 钢丝钳、尖嘴钳、剥线钳、电工刀，一套/组。

② 接线板、万用表，一套/组。

③ 任务所需电气元件及设备清单见表 5.1。

表 5.1　电气元件及设备清单

代号	名称	型号	数量	备注
QS_1、QS_2	组合开关	HZ10-25/3	2	
KM_1、KM_2、KM_3	交流接触器	CJ10-20	3	
FR_1	热继电器	JR16-20/3，整定电流 16.5 A	1	
FR_2	热继电器	JR16-20/3，整定电流 0.32 A	1	

代号	名称	型号	数量	备注
FU$_1$、FU$_2$、FU$_4$、FU$_6$	熔断器	RL1-15/2	8	
FU$_3$、FU$_5$	熔断器	RL1-15/1	3	
TC	控制变压器	KB-100，380 V/110 V、24 V、6 V	1	
SB$_1$	停止按钮	LA19-11J	1	红色蘑菇头
SB$_2$、SB$_3$	启动按钮	LA19-11	2	绿色
QS$_2$	冷却泵电源开关	HZ10-10/3	1	
SA	灯开关		1	
HL	信号灯	ZSD-0.6	1	绿色
EL	照明灯	JC2，24 V，40 W	1	

2．技能训练步骤

训练步骤 1：分析原理检查元件。

训练要求：认真分析 CA6140 型普通车床的电气原理图，要求明确线路的控制要求、工作过程、训练方法、结构特点及所有电气元器件的规格并用万用表检查元器件质量。

训练步骤 2：绘制电气布置图及电气安装接线图。

训练方法：绘制电气布置图和接线草图，按电气原理图上元器件的标号对元器件进行编号。CA6140 型普通车床的电气位置图如图 5.3 所示(供参考)。

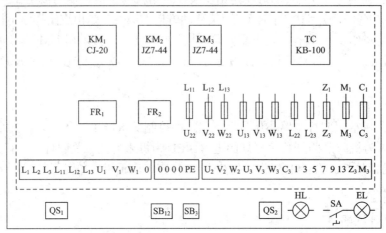

图 5.3 CA6140 型普通车床的电气布置图

训练要求：保证图面正确性，无漏画、错画现象；电气元件布置要整齐、合理。

训练步骤 3：安装与接线。

训练方法：按电气布置图合理布置元器件的位置，并安装元器件，要求所有元器件布局合理、排列整齐、安全可靠、便于检修；根据负载的性质选择特定规格的连接导线。要求保证安全、绝缘良好、分色用线；按接线工艺要求接线。为防止接错，主辅电路要分开接线，控制电路可一个小回路一个小回路接线，安装好一部分，试验一部分，以避免在接线上出现差错。

训练要求：按电气装配工艺要求实施安装与接线训练。

训练步骤 4：线路检查。

训练方法：对接好的线路认真检查，检查无误后通电试车。

训练要求：用万用表法检查线路，确保接线正确。

训练步骤 5：功能调试。

注意： 只有在线路检查无误的情况下，才允许合上交流电源开关 QS_1。

训练方法：按下按钮 SB_2，观察接触器 KM_1 是否吸合、主轴电动机 M_1 是否启动并运行；合上开关 QS_2，观察接触器 KM_2 是否吸合、冷却泵电动机 M_2 是否启动；松开按钮 SB_2，观察主轴电动机 M_1 和冷却泵电动机 M_2 是否连续运行；按下按钮 SB_1，观察接触器 KM_1 和 KM_2 是否释放、主轴电动机 M_1 和冷却泵电动机 M_2 是否停止运行；按下按钮 SB_3，观察接触器 KM_3 是否吸合、刀架快速移动电动机 M_3 是否启动并运行；松开按钮 SB_3，观察接触器 KM_3 是否释放、刀架快速移动电动机 M_3 是否停止运行。

训练要求：检查主轴电动机 M_1、冷却泵电动机 M_2、刀架快速移动电动机 M_3 的受控工作状态；监听接触器主触点分合的动作声音和接触器线圈运行的声音是否正常；反复试验数次，检查控制电路动作的可靠性。

训练步骤 6：故障排除。

故障现象 1：主轴电动机 M_1 不能启动。

分析与处理：检查接触器 KM_1 是否吸合，如果接触器 KM_1 吸合，则故障发生在电源电路和主回路上，可按下列步骤进行检修。

① 合上开关 QS_1，用万用表测量接触器受电端 L_{11}、L_{12}、L_{13} 之间的电压，如果电压是 380 V，则电源电路正常。如果测量发现上述任意两相之间无电压，则说明电源电路发生故障，应检查熔断器的熔体是否熔断，检查开关 QS_1、熔断器的接线端是否接触不良，检查三相电源相电压是否正常。查明电气元件损坏原因，更换相同型号的熔体或开关 QS_1；重新上紧各接点，保证其接触良好。

② 断开开关 QS_1，手动控制接触器 KM_1，使其衔铁吸合主触点强制闭合，用电阻检查法检查 L_{11}、U_1 之间和 L_{12}、V_1 之间及 L_{13}、W_1 之间的电阻，如果测得的阻值都比较小，则再继续检查电动机 M_1 及其之间的连接导线。如果测得的阻值差异很大，则再继续检查接触器 KM_1 的主触点、热继电器 FR_1 的接线点及连接导线。查明电气元件损坏原因，修复或更换同型号的元件或电动机；重新上紧各接点，保证其接触良好。

③ 检查电动机机械部分是否良好。若接触器 KM_1 不吸合，则可按下列步骤检修：

按下启动按钮 SB_2 后，接触器 KM_1 没有吸合，主轴电动机 M_1 不能启动。原因必在控制电路中，可以依次检查熔断器 FU_4，热继电器 FR_1、FR_2 的常闭触头，停止按钮 SB_1，启动按钮 SB_2 和接触器 KM_1 的线圈是否断路。采用电压分段法检测，如图 5.4 所示。电压分段测量法检测故障点如表 5.2 所示。

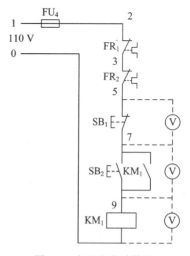

图 5.4　电压分段法检测

表 5.2 电压分段测量法检测故障点

故障现象	测量状态	5—7	7—9	0—9	故 障 点	排 除
按下 SB$_2$ 时，KM$_1$ 不吸合	按住 SB$_2$ 不放	110 V	0	0	SB$_1$ 接触不良或接线松脱	更换 SB$_1$ 按钮或接好线
		0	110 V	0	SB$_2$ 接触不良或接线松脱	更换 SB$_2$ 按钮或接好线
		0	0	110 V	KM$_1$ 线圈开路或接线松脱	更换同型号线圈或接好线

故障现象 2：主轴电动机 M$_1$ 启动后不能自锁，即当按下启动按钮 SB$_2$ 时，主轴电动机 M$_1$ 能启动运行，但松开 SB$_2$ 后，M$_1$ 也随之停止运行。

分析与处理：造成这种故障的原因是接触器 KM$_1$ 的自锁触点接触不良或自锁部分连接导线松脱，检查接触器 KM$_1$ 的自锁常开辅助触点及导线压接情况。查明故障原因，修复或更换同型号的元件；重新上紧各接点，保证其接触良好。

故障现象 3：主轴电动机 M$_1$ 不能停车，即当按下停止按钮 SB$_1$ 时，主轴电动机继续运行。

分析与处理：造成这种故障的原因多是接触器 KM$_1$ 的主触点熔焊或停止按钮 SB$_1$ 的触点直通或电路中 5、7 两点连接导线短路，接触器铁芯表面有污垢。可采用下列方法判定是哪种原因造成电动机 M$_1$ 不能停车：断开 QS$_1$，若接触器 KM$_1$ 释放，则说明故障为 SB$_1$ 的触点直通或导线短接；若接触器 KM$_1$ 过一段时间释放，则说明故障为铁芯表面有污垢；若接触器 KM$_1$ 不释放，则说明故障为主触点熔焊。查明电气元件损坏原因，修复或更换同型号的元件；重新上紧各接点，保证其接触良好。

【技能考核评价】

本任务考核参照《中级维修电工国家职业技能鉴定考核标准》执行，评分标准参考表5.3。

表5.3 评分标准参考表

考核内容	配分	评 分 标 准	扣分	得分
元件安装	30	① 电气箱内部电气元件安装不符合要求、整体布局不合理，扣 10 分； ② 电气元件排列不整齐、不匀称，每只扣 2~4 分； ③ 电气元件安装不牢固，每只扣 5 分； ④ 电气箱外部电气元件安装不牢固，每只扣 5~10 分； ⑤ 电动机安装和接线不符合要求，每台扣 5~10 分； ⑥ 损坏电气元件，每只扣 5~10 分； ⑦ 导线通道敷设不合要求，每条扣 2~5 分		

续表

考核内容	配分	评 分 标 准	扣分	得分
配线	30	① 不按电气原理图接线，扣 20 分； ② 电气箱内导线敷设不符合要求，每条扣 2 分； ③ 接点不符合要求或漏套线头码，箱内每处扣 2 分，箱外每处扣 2 分； ④ 导线有接头，每处扣 4 分； ⑤ 放到接线盒内的导线没有余量，每根扣 10 分； ⑥ 不按容量选用导线，扣 5～10 分； ⑦ 漏接地线，扣 10 分		
通电试车	40	① 熔体规格配错，每只扣 3 分； ② 热继电器未整定好，每只扣 5 分； ③ 通电试车控制训练不熟练，扣 5 分； ④ 通电试车 1 次不成功扣 15 分，2 次不成功扣 15 分，3 次不成功扣 10 分； ⑤ 违反安全规程或文明生产不够，扣 10 分		
定额时间	2.5 日			
开始时间		结束时间		总评分

任务 2　X62W 型万能铣床电气线路的安装与维修

【任务引入】

在金属切削机床中，铣床在应用数量上占第二位，仅次于车床。铣床可用来加工平面、斜面等。本任务通过对 X62W 型万能铣床电气线路的学习，使学生了解 X62W 型万能铣床基本结构，能识读 X62W 型万能铣床的电气原理图，掌握 X62W 型万能铣床电气线路的安装、接线与调试方法。

【目的与要求】

1．知识目标

① 了解 X62W 型万能铣床的基本结构。

② 熟悉 X62W 型万能铣床的电气原理图、电气布置图。

③ 掌握 X62W 型万能铣床的电气线路分析。

2．技能目标

能根据相关图纸文件完成 X62W 型万能铣床电气线路的安装、接线与调试，能对 X62W 型万能铣床电气线路进行检查及维护，能排除 X62W 型万能铣床电气线路的一般性故障。

【知识链接】

X62W 型万能铣床是一种通用的多用途机床，它可以用圆柱铣刀、圆片铣刀、角度铣刀、成形铣刀及端面铣刀等工具对零件进行平面、斜面、螺旋面及成形表面的加工，还可以加装万能铣头和圆工作台来扩大加工范围。因此，X62W 型万能铣床是机械加工企业常用的机床。

1. X62W 型万能铣床的基本结构

X62W 型万能铣床的基本结构如图 5.5 所示。床身固定在底座上，在床身内装有主轴的传动机构和变速操纵机构，在床身的顶部有水平导轨，上面装着带有一个或两个刀杆支架的悬梁。刀杆支架用来支撑铣刀心轴的一端，心轴另一端固定在主轴上。刀杆支架在悬梁上及悬梁在床身顶部的水平导轨上都可以作水平移动，以便安装不同的心轴。在床身的前面有垂直导轨，升降台可沿着垂直导轨上下移动。在工作台上面的水平导轨上，装有可在水平主轴轴线方向移动(横向移动)的溜板，溜板上部有可转动部分，工作台就在溜板上部可转动部分的导轨上作垂直于主轴轴线方向的移动(纵向移动)。工作台上有燕尾槽用于固定工件，这样安装在工作台上的工件就可以在三个互相垂直方向上调整位置或进给。

图 5.5 X62W 型万能铣床的基本结构

此外，由于转动部分可绕垂直轴线左转一个角度(通常为 ±45°)，因此工作台在水平面上除了能在水平或垂直于主轴轴线方向上进给外，还能在倾斜方向上进给，可以加工螺旋槽，故称为万能铣床。

2. X62W 型万能铣床的运动形式

X62W 型万能铣床有三种运动，即主运动、进给运动和辅助运动。

铣床的主运动是指主轴带动铣刀的旋转运动。顺铣和逆铣过程对应主轴的正转或反转。铣床的进给运动是指工作台的前后、左右和上下六个方向的运动或圆工作台的旋转运动。进给运动方向由操纵手柄实现机电联合控制。铣床的辅助运动是指工作台在进给方向上的快速移动、旋转运动等。

3. X62W 型万能铣床的电路分析

X62W 型万能铣床的电气原理图如图 5.6 所示，分为主回路、控制回路及辅助电路三个部分。

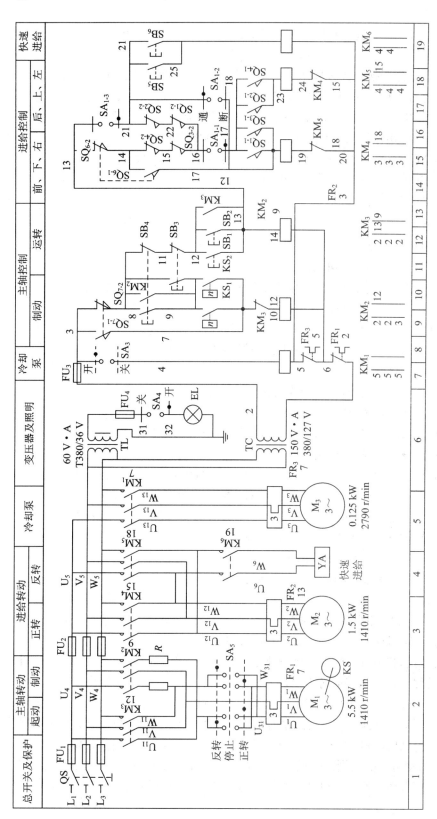

图 5.6　X62W 型万能铣床的电气原理图

1) 主回路分析

主回路中共有三台电动机，分别是主轴电动机 M_1，工作台进给电动机 M_2，冷却泵电动机 M_3。

对 M_1 的要求是通过转换开关 SA_5 进行机械控制正反转，并具有制动功能及瞬动功能；对 M_2 的要求是能进行正反转控制、快慢速控制和限位控制，并通过机械机构实现工作台上下、左右、前后方向的改变；对 M_3 只要求能进行单向连续运行控制。接通三相交流电源开关 QS，主轴电动机 M_1 由接触器 KM_2、KM_3 控制，热继电器 FR_1 作为主轴电动机 M_1 的过载保护，接触器 KM_3 还可作失压和欠压保护。工作台进给电动机 M_2 由接触器 KM_4、KM_5 控制，热继电器 FR_2 作为工作台进给电动机 M_2 的过载保护。冷却泵电动机 M_3 由接触器 KM_1 控制，只能单向连续运行。

2) 控制回路分析

(1) 主轴电动机控制回路。

在图 5.6 中，启动按钮 SB_1、SB_2 分别装在铣床两处，可实现两地启停控制；SB_3、SB_4 是停止(制动)按钮，都是复式按钮；SA_5 是倒顺开关，用来改变电动机的旋转方向；热继电器 FR_1 用于主轴电动机 M_1 的过载保护；KM_3 是电动机的运行接触器，KM_2 是电动机的反接制动接触器；SQ_7 是与主轴变速手柄联动的瞬动行程开关。主轴电动机是经过弹性联轴和变速机构的齿轮传动链来传动的，可使主轴获得 18 级不同的转速。

① 主轴电动机的启动。当需要启动主轴电动机 M_1 时，先将图 5.6 中的转换开关 SA_5 扳到主轴电动机所需要的旋转方向(正转或反转)，然后按下启动按钮 SB_1 或 SB_2，接触器 KM_3 的线圈得电并自锁，KM_3 的主触点闭合，主轴电动机 M_1 启动。

电动机启动后，当转速达到一定数值时，速度继电器 KS 的常开触点 KS_1 或 KS_2 闭合(由电动机转向所决定)，为电动机停车制动做准备。

② 主轴电动机的制动及停止。当需要主轴电动机 M_1 停止运行时，按下停止按钮 SB_3 或 SB_4，SB_3 或 SB_4 的常闭触点先断开，使接触器 KM_3 的线圈失电，M_1 断电，随后 SB_3 或 SB_4 的常开触点闭合，由于 KS_1 或 KS_2 预先已经闭合，因此交流接触器 KM_2 的线圈得电并自锁，使主轴电动机 M_1 的电源相序改变，进行反接制动。当主轴电动机 M_1 的转速趋近于零时，速度继电器 KS 的常开触点 KS_1 或 KS_2 断开，KM_2 的线圈断电，切断主轴电动机 M_1 的电源，制动过程结束，主轴电动机 M_1 停止运行。控制回路中，接触器 KM_3 和 KM_2 的常闭触点起互锁作用。

③ 主轴变速控制(瞬时冲动)。主轴变速时的瞬时冲动(瞬动)控制，是利用变速手柄与瞬动行程开关 SQ_7 通过机械上的联动机构进行控制的。

变速可在主轴转动和主轴停转两种情况下进行，主轴停转时的变速过程只是比主轴转动时少反接制动过程。以主轴转动时为例，其变速瞬动控制过程是：先把变速手柄下压，然后拉到前面，当快落到第 2 道槽内时，转动变速盘，选择所需转速；在手柄拉向第 2 道槽时，手柄带动凸轮将压下弹簧杆，使瞬动行程开关 SQ_7 动作，SQ_{7-2} 先断开，切断接触器 KM_3 的线圈回路，主轴电动机 M_1 断电；SQ_{7-1} 后接通，接触器 KM_2 的线圈得电，主轴电动机 M_1 反接制动；当变速手柄拉到第 2 道槽时，瞬动行程开关 SQ_7 已不受凸轮所压而复位，电动机停止运行；接着把变速手柄以较快的速度从第 2 道槽推向原来的位置，凸轮又短时

压下瞬动行程开关 SQ_7，使 SQ_{7-2} 断开，SQ_{7-1} 接通，接触器 KM_2 的线圈短时得电，使主轴电动机 M_1 反向转动一下，以利于变速后的齿轮啮合；变速手柄继续以较快的速度推到原来位置时，瞬动行程开关 SQ_7 复原，接触器 KM_2 的线圈断电，主轴电动机 M_1 停止运行，变速瞬动控制结束。

(2) 工作台进给电动机控制回路。

转换开关 SA_1 是长工作台和圆工作台的切换开关。当 SA_1 处于长工作台位置时，转换开关 SA_1 的触点 SA_{1-1}、SA_{1-3} 闭合，SA_{1-2} 断开；当 SA_1 处于圆工作台位置时，转换开关 SA_1 的触点 SA_{1-1}、SA_{1-3} 断开，SA_{1-2} 闭合。热继电器 FR_2 用于工作台进给电动机 M_2 的过载保护。SQ_6 为进给变速瞬动行程开关，与进给变速手柄联动。

当工作台作进给运动时，进给变速瞬动行程开关 SQ_6 的触点 SQ_{6-1} 断开、SQ_{6-2} 闭合。SA_1 处于长工作台位置。长工作台的运动有 6 个方向，即上、下、左、右、前、后，参看图 5.6 分别进行分析。

① 工作台的上下(垂直)进给和前后(横向)进给的控制。

工作台的上下(垂直)进给和前后(横向)进给是由工作台垂直与横向操纵手柄来控制的。操纵手柄的联动机构与行程开关 SQ_3 和 SQ_4 相连接。SQ_4 控制工作台向上及向后进给，SQ_3 控制工作台向下及向前进给。此手柄有 5 个位置，此 5 个位置是联锁的，各方向的进给不能同时接通。当工作台垂直进给到上限或下限位置时，床身导轨旁的挡铁和工作台底座上的挡铁，撞动十字手柄使其回到中间位置，行程开关动作，工作台便停止进给，从而实现垂直进给的终端保护。工作台的横向进给的终端保护也是利用装在工作台上的挡铁撞动十字手柄来实现的。当主轴电动机 M_1 的控制接触器 KM_3 动作之后，它的常开辅助触点 KM_3 把工作台进给电动机控制回路的电源接通，所以只有在主轴电动机 M_1 启动之后，进给运动和快速移动才能启动。

a. 工作台向上进给的控制：在主轴电动机 M_1 启动后，需要工作台向上进给运动时，将手柄向上扳，其联动机构一方面接通垂直传动离合器，为垂直进给做好准备；另一方面压下行程开关 SQ_4，其常闭触点 SQ_{4-2} 断开，而常开触点 SQ_{4-1} 闭合，接触器 KM_5 的线圈得电，KM_5 的主触点闭合，M_2 反转，拖动工作台向上进给。KM_5 的常闭触点断开，串联在 KM_4 的线圈回路中，起互锁作用。当手柄扳到中间挡位时，一方面断开垂直传动离合器，另一方面 SQ_4 不再受压，KM_5 断电，M_2 停止。

b. 工作台向后进给的控制：当手柄向后扳时，由联锁机构接通横向传动离合器，压下行程开关 SO_4，可使工作台向后进给。KM_5 线圈的接通回路与工作台向上进给时相同。

c. 工作台向下进给的控制：当手柄向下扳时，其联动机构一方面接通垂直传动离合器，为垂直进给做好准备；另一方面压下行程开关 SQ_3，使其常闭触点 SQ_{3-2} 断开，而常开触点 SQ_{3-1} 闭合，接触器 KM_4 的线圈得电，KM_4 的主触点闭合，M_2 正转，拖动工作台向下进给。KM_4 的常闭触点断开，串联在 KM_5 的线圈回路中，起互锁作用。

d. 工作台向前进给的控制：当手柄向前扳时，接通横向传动离合器，压下行程开关 SQ_3，实现工作台向前进给。KM_4 线圈的接通回路与工作台向下进给时相同。

② 工作台的左右(纵向)进给的控制。

工作台左右进给同样是依靠工作台进给电动机 M_2 来拖动的，由工作台纵向操纵手柄来控制，手柄有 3 个位置，即向右、向左、零位(中间位置)。当手柄扳到向右或向左进给方向时，手柄的联动机构压下行程开关 SQ_1 或 SQ_2，使接触器 KM_4 或 KM_5 动作，来控制电动机 M_2 的正反转。可通过调整安装在工作台两端的挡铁来调整工作台左右进给的行程，当工作台纵向进给到极限位置时，挡铁撞动工作台纵向操纵手柄，使它回到中间位置，工作台停止进给，从而实现纵向进给的终端保护。

a. 工作台向右进给的控制：主轴电动机 M_1 启动后，当手柄向右扳时，其联动机构一方面接通纵向传动离合器；另一方面压下行程开关 SQ_1，使其常闭触点 SQ_{1-2} 断开，而常开触点 SQ_{1-1} 闭合，接触器 KM_4 的线圈得电，KM_4 的主触点闭合，M_2 电动机正转，拖动工作台向右进给。当手柄扳到中间挡位时，一方面断开纵向传动离合器，另一面使 SQ_1 不受压，KM_5 断电，M_2 停止。

b. 工作台向左进给的控制：主轴电动机 M_1 启动后，当手柄向左扳时，其联动机构一方面接通纵向传动离合器；另一方面压下行程开关 SQ_2，使其常闭触点 SQ_{2-2} 断开，而常开触点 SQ_{2-1} 闭合，接触器 KM_5 的线圈得电，KM_5 的主触点闭合，M_2 电动机反转，拖动工作台向左进给。

③ 工作台的快速移动。

为了提高生产效率，X62W 型万能铣床在加工过程中，当需要调整长工作台位置时，要求工作台作快速移动；当正常铣削时，要求工作台以原进给速度(常速)移动。

工作台的快速移动也是由工作台进给电动机 M_2 来拖动的，在纵向、横向和垂直 6 个方向上都可以实现快速移动控制。其动作过程是：将 SA_1 扳到长工作台位置，启动主轴电动机 M_1，将进给操纵手柄扳到需要的位置，工作台按照选定的方向作进给移动；再按下快速移动按钮 SB_5 或 SB_6(SB_5 和 SB_6 为两地控制)，使接触器 KM_6 的线圈得电，KM_6 的主触点闭合，快速移动电磁铁 YA 的线圈通电，衔铁吸合；在电磁铁衔铁动作时，通过杠杆使摩擦离合器合上，减少中间传动装置，使工作台按原运动方向作快速移动；当松开快速移动按钮 SB_5 或 SB_6 时，电磁铁 YA 断电，摩擦离合器断开，快速移动停止，工作台仍按原进给速度及方向继续进给。因此，工作台快速移动是点动控制。

若要求快速移动在主轴电动机 M_1 不运行的情况下进行，可将转换开关 SA_5 扳到"停止"位置，然后将进给操纵手柄扳至需要的方向，按下主轴电动机启动按钮和快速移动按钮，工作台就可按选定的方向进行快速移动。

④ 进给变速控制(瞬时冲动)。

X62W 型万能铣床是通过机械方法改变变速齿轮传动比来获得不同的进给速度的。在改变工作台进给速度时，为了使齿轮易于啮合，也需要使工作台进给电动机瞬时冲动(瞬动)一下。其训练顺序是：将蘑菇形手柄向外拉出，转动蘑菇形手柄，转盘也跟着转动，把所需进给速度的标尺位数字对准箭头；然后再把蘑菇形手柄用力向外拉到极限位置，随即推回原位，变速结束。在把蘑菇形手柄拉到极限位置的瞬间，其联动杠杆瞬时压合行程开关 SQ_6，使 SQ_{6-2} 先断开，SQ_{6-1} 后接通，接触器 KM_4 得电，KM_4 的主触点闭合，M_2 正转。因为 KM_4 是瞬时通电，故工作台进给电动机 M_2 也只是瞬动一下，从而保证变速齿轮易于啮合。当手柄推回原位后，行程开关 SQ_6 复位，接触器 KM_4 断电，工作台进给电动机 M_2 瞬动结束。

注意：进给变速必须在主轴电动机 M_1 已经启动、SA_1 扳到长工作台位置、工作台静止状态下方可进行。

⑤ 圆工作台控制。

圆工作台运动指的是工作台绕自己的垂直中心转动。为了加工螺旋槽、弧形槽等，X62W 型万能铣床还附有圆工作台及传动机构，使用时将它安装在工作台和纵向进给传动机构上，其回转运动是由工作台进给电动机 M_2 经过传动机构来拖动的。

圆工作台工作时，先将转换开关 SA_1 扳到圆工作台位置，这时 SA_{1-2} 闭合，SA_{1-1} 和 SA1-3 断开；然后将工作台的进给操纵手柄扳到中间位置(零位)，此时行程开关 $SQ_1 \sim SQ_4$ 的常闭触点全部处于接通位置；这时按下主轴电动机启动按钮 SB_1 或 SB_2，主轴电动机 M_1 启动，工作台进给电动机 M_2 也因接触器 KM_4 的线圈得电而启动，并通过机械传动使圆工作台按照需要的方向移动。

由电气原理图可知，圆工作台不能反转，只能沿一个方向作回转运动。控制圆工作台运动的是交流接触器 KM_4，其线圈通路需要 $SQ_1 \sim SQ_4$ 四个行程开关的常闭触点闭合，所以若扳动工作台任一进给操纵手柄，则都将使圆工作台停止工作，这就保证了工作台的进给运动与圆工作台运动不可能同时进行。若按下主轴电动机停止按钮，主轴电动机停止运行，圆工作台也同时停止运动。

(3) 冷却泵电动机控制回路。

合上电源总开关 QS，将转换开关 SA_3 扳到"开"位置，接触器 KM_1 得电。M_1 的主触点闭合，冷却泵电动机 M_3 运行，通过传动机构将冷却液输送到机床切削部分，进行冷却。

3) 照明电路分析

机床局部照明电路由照明变压器 TL 供给 36 V 安全电压，转换开关 SA_4 为照明灯控制开关。

【技能训练】

1. 技能训练器材

① 钢丝钳、尖嘴钳、剥线钳、电工刀，一套/组。

② 接线板、万用表，一套/组。

③ 任务所需电气元件及设备清单见表 5.4。

表 5.4　电气元件及设备清单

代　号	名　称	型　号	数　量	备　注
KM_2、KM_3	交流接触器	CJ10-20/127 V	2	
KM_1、KM_4、KM_5、KM_6		CJ10-10/127 V	4	
TC	控制变压器	KB-150，380 V/127 V	1	
TL	照明变压器	KB-50，380 V/36 V	1	
SQ_1、SQ_2	行程开关	LX1-11K	2	
SQ_3、SQ_4		LX3-131	2	
SQ_6、SQ_7		LX1-11K	2	
QS	组合开关	HZ1-60/3　E26	1	
SA_1		HZ1-10/3　E16	1	
SA_3、SA_4		HZ10-10/2	2	
SA_5		HZ3-133　三极	1	

代　号	名　　称	型　号	数　量	备　注
SB$_3$、SB$_4$		LA2，5 A/500 V	2	红
SB$_1$、SB$_2$	按钮	LA2，5 A/500 V	1	绿
SB$_5$、SB$_6$		LA2，5A/500 V	2	黑
R	制动电阻	ZB2-1，45 Ω	2	
FR$_1$		JR0-20/3，整定电流 12.5 A	1	
FR$_2$	热继电器	JR16-20/3，整定电流 3.3 A	1	
FR$_3$		JR16-20/3，整定电流 0.4 A	1	
FU$_1$		RL1-60/35	3	
FU$_2$	熔断器	RL1-15/10	3	
FU$_3$		RL1-15/6	1	
FU$_4$		RL1-15/2	1	
KS	速度继电器	JY1-2 A/380 V	1	
YA	牵引电磁铁	MQ1-5141，380 V	1	拉力 15 kg
EL	低压照明灯	K-2，螺口	1	40 W/24 V

2．技能训练步骤

训练步骤 1：检查电气元件。

训练方法和训练要求参考本项目中的任务 1 有关内容。

训练步骤 2：绘制电气布置图及电气安装接线图。

训练方法：根据电气元件实际情况，确定电气元件位置，电气元件布置要整齐、合理，绘制电气布置图如图 5.7 所示(供参考)；绘制电气安装接线图。

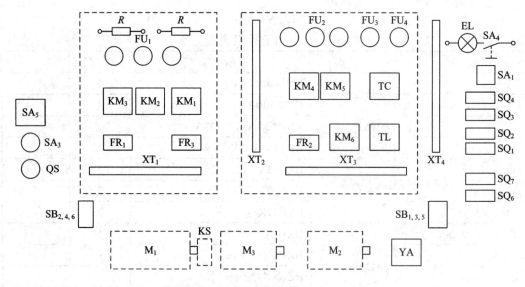

图 5.7　X62W 型万能铣床的电气布置图

训练要求：保证图面正确性，无漏画、错画现象；电气元件布置要整齐、合理。

训练步骤 3：安装与接线。

训练方法：安装与接线方法参考本项目中的任务 1 有关内容。

训练要求：按电气装配工艺要求实施安装与接线训练。

训练步骤 4：线路检查。

训练方法：线路检查方法参考本项目中的任务 1 有关内容。

训练要求：用手工法和万用表法检查线路，确保接线正确。

训练步骤 5：功能调试。

注意：只有在线路检查无误的情况下，才允许合上交流电源开关 QS。

训练方法：具体功能调试训练方法如下：

第 1 步：闭合 QS。

第 2 步：扳动 SA_4 开关，检查 EL 亮灭情况。

第 3 步：扳动 SA_3 开关，检查接触器 KM_1 通断电情况及电动机 M_3 运行情况。

第 4 步：主轴电动机 M_1 运行情况检查。将转换开关 SA_5 扳到中间"停止"位置，转换开关 SA_1 处于断开挡位，按下启动按钮 SB_1 或 SB_2，观察接触器 KM_3 通电并自锁情况；按下停止按钮 SB_3 或 SB_4，观察 KM_3 是否断电释放；手动使 SQ_7 动作和释放，观察接触器 KM_3、KM_2 先后断电通电情况。

第 5 步：工作台进给电动机 M_2 运行情况检查。在 KM_3 通电并自锁前提下，分别扳动工作台纵向操纵手柄、横向与垂直操纵手柄，观察接触器 KM_4、KM_5 通断电情况及电动机 M_2 正反转情况；分别按下按钮 SB_5 或 SB_6，观察接触器 KM_6 通电情况及快速移动电磁铁 YA 通电吸合情况；当工作台纵向操纵手柄、横向与垂直操纵手柄均在中间位置时，手动使 SQ_6 动作和释放，观察 KM_4 通断电情况及电动机 M_2 运行情况；将转换开关 SA_1 扳到圆工作台位置，观察 KM_4 通电情况及电动机 M_2 运行情况。

以上均正常时，将转换开关 SA_5 扳到主轴电动机所需的旋转方向开始运行训练。

训练要求：检查主轴电动机 M_1、工作台进给电动机 M_2、冷动泵电动机 M_3 的受控工作状态；监听接触器主触点分合的动作声音和接触器线圈运行的声音是否正常；反复试验数次，检查控制电路动作的可靠性。

训练步骤 6：故障现象及分析。

故障现象 1：主轴电动机 M_1 不启动，即按下启动按钮 SB_1 或 SB_2 后，主轴不转动。

分析与处理：首先检查控制回路电源是否正常，检查转换开关 SA_5 是否断开，然后根据 KM_3 的吸合情况决定检修控制回路还是检修主回路。

① KM_3 不吸合，检修控制回路。KM_3 线圈的接通回路为 $2 \rightarrow FU_3 \rightarrow 3 \rightarrow SQ_{7\text{-}2} \rightarrow 8 \rightarrow SB_4$ 常闭触点 $\rightarrow 11 \rightarrow SB_3$ 常闭触点 $\rightarrow 12 \rightarrow SB_1$ 或 SB_2 常开触点 $\rightarrow 13 \rightarrow KM_2$ 常闭触点 $\rightarrow 14 \rightarrow KM_3$ 线圈 $\rightarrow 6 \rightarrow FR_1$ 常闭触点 $\rightarrow 1$，重点检查 3 号线至 8 号线之间、KM_2 常闭触点是否可靠接通等。可根据其他动作缩小故障范围，例如，若冷却泵动作正常，则可判断 2 号线至 3 号线之间、6 号线至 1 号线之间没有问题等。使用万用表用电阻法或电压法测量电气元件和导线，逐步缩小故障范围，直至找到故障点。

② KM_3 吸合，检修主回路。主回路中有关主轴电动机 M_1 的完整回路为 U_4、V_4、W_4 $\rightarrow KM_3$ 常开主触点 $\rightarrow U_{11}$、V_{11}、$W_{11} \rightarrow SA_5 \rightarrow U_{31}$、$V_{31}$、$W_{31} \rightarrow FR_1$ 的发热元件 $\rightarrow U_1$、V_1、

W_1，重点检查 SA_5 是否扳到"正转"或"反转"位置。在检修主回路时，电压法要比电阻法来得快捷。

故障现象 2：按下停止按钮 SB_3 或 SB_4 后，主轴电动机 M_1 不能停车。

分析与处理：

① 由于主轴电动机 M_1 启动、制动频繁，容易使接触器 KM_3 的主触点产生熔焊，这时按下停止按钮 SB_3 或 SB_4 后，KM_3 的线圈已经断电，但触点熔焊致使 KM_3 的主触点仍处于接通状态，以致无法分断主轴电动机 M_1 的电源，此时只有切断总电源电动机 M_1 才能停止运行。

根据这一现象，即可断定是 KM_3 的主触点熔焊。

② 如果制动接触器 KM_2 的主触点中有一对接触不良，则当按下停止按钮 SB_3 或 SB_4 时，接触器 KM_3 释放，接触器 KM_2 动作，但由于接触器 KM_2 的主触点只有两相接通，所以主轴电动机 M_1 不会产生反向转矩，仍按原方向运行，速度继电器 KS 的常开触点 KS_1 或 KS_2 仍然接通，在这种情况下，只有切断进线电源才能使主轴电动机 M_1 停止。当按下停止按钮 SB_3 或 SB_4 后，只要 KM_3 能释放，KM_2 能吸合，就说明控制回路工作正常，但无反接制动，即可判定是此故障。

【技能考核评价】

本任务考核参照《中级维修电工国家职业技能鉴定考核标准》执行，时间定额为 30 小时，评分标准参考表 5.3。

任务 3　T68 型卧式镗床电气线路的安装、接线与调试训练

【任务引入】

在金属切削机床中，镗床在是一种精密加工设备，主要用于加工精度要求高的孔与孔间距要求精度高的工件，即主要用来进行钻孔、扩孔、铰孔和镗孔，它的加工范围非常广泛。本任务通过对 T68 型卧式镗床电气线路的学习，使学生了解 T68 型卧式镗床基本结构，能识读 T68 型卧式镗床的电气原理图，掌握 T68 型卧式镗床电气线路的安装、接线与调试方法。

【目的与要求】

1. 知识目标

① 了解 T68 型卧式镗床的基本结构。
② 熟悉 T68 型卧式镗床的电气原理图、电气布置图。
③ 掌握 T68 型卧式镗床的电气线路分析。

2. 技能目标

能根据相关图纸文件完成 T68 型卧式镗床电气线路的安装、接线与调试，能对 T68 型卧式镗床电气线路进行检查及维护，能排除 T68 型卧式镗床电气线路的一般性故障。

【知识链接】

镗床主要用于加工精确的孔和各孔间相互位置要求较高的零件，而这些零件的加工对于钻床来说是难以胜任的。T68 型卧式镗床是镗床中应用较广的一种，主要用于钻孔、镗孔、铰孔及加工端平面等，使用一些附件后，还可以车削螺纹。

1．T68 型卧式镗床基本结构与运动形式

T68 型卧式镗床的结构如图 5.8 所示，主要由床身、前立柱、主轴箱(镗头架)、工作台、后立柱和尾架等部分组成。

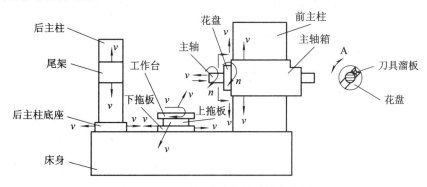

图 5.8　T68 型卧式镗床的结构示意图

T68 型卧式镗床的运动形式有三种：

·主运动：镗杆(主轴)旋转或平旋盘(花盘)旋转。

·进给运动：主轴轴向(进、出)移动、主轴箱(镗头架)的垂直(上、下)移动、花盘刀具溜板的径向移动、工作台的纵向移动。

·辅助运动：工作台的旋转运动、后立柱的水平移动和尾架垂直移动。

2．T68 型卧式镗床电路分析

T68 型卧式镗床的电气原理图如图 5.9 所示，分为主回路、控制回路及辅助电路三个部分。

1) 主回路分析

T68 型卧式镗床的主电路电气原理图如图 5.9(a)所示，它由主轴电动机和快速电动机两台电机组成。

主轴与进给电动机 M_1 采用△-YY 双速电机。高、低速的变换，由主轴孔盘变速机构内的行程开关 SQ_7 控制，其动作说明见表 5.5。

表 5.5　主电动机高、低速变换行程开关动作说明

位置 触点	主电动机低速	主电动机高速
SQ_7(11-12)	关	开

在主轴变速或进给变速时，主电动机需要缓慢转动，以保证变速齿轮进入良好啮合状态。主轴和进给变速均可在运行中进行，变速训练时，主电动机便做低速断续冲动，变速完成后又恢复运行。主轴变速时，电动机的缓慢转动是由行程开关 SQ_3 和 SQ_5 完成的，进给变速时是由行程开关 SQ_4 和 SQ_6 以及速度继电器 KS 共同完成的，见表 5.6。

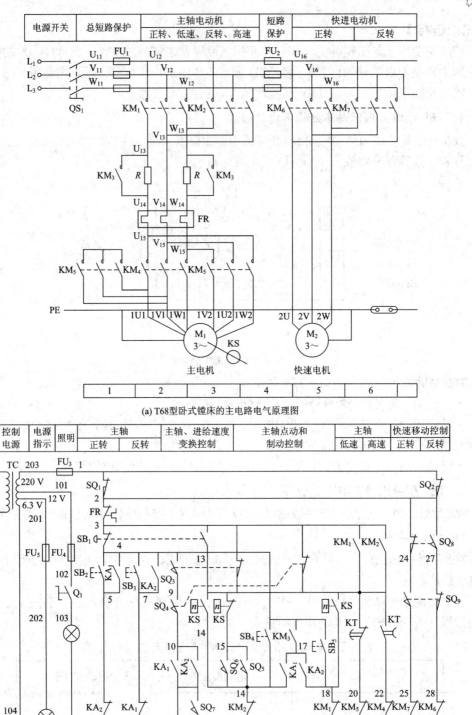

(a) T68型卧式镗床的主电路电气原理图

(b) T68镗床的电气控制线路原理图

图5.9 T68型卧式镗床的电气原理图

表 5.6　主轴变速和进给变速时行程开关动作说明

位置 触点	变速孔盘拉出 (变速时)	变速后变速孔 盘推回	位置 触点	变速孔盘拉出 (变速时)	变速后变速孔 盘推回
SQ$_3$(4-9)	−	+	SQ$_4$(9-10)	−	+
SQ$_3$(3-13)	+	−	SQ$_4$(3-13)	+	−
SQ$_5$(15-14)	+	−	SQ$_6$(15-14)	+	−

注：表中"＋"表示接通；"－"表示断开。

快速进给电动机 M$_2$ 由接触器 KM$_6$ 控制它正转电源的通断，KM$_7$ 控制它反转电源的通断。因电机 M$_2$ 短期工作，故不设过载保护。

2) 控制回路分析

(1) 主电动机的点动控制。

主电动机的点动有正向点动和反向点动，分别由按钮 SB$_4$ 和 SB$_5$ 控制。按下按钮 SB$_4$，接触器 KM$_1$ 线圈通电吸合，KM$_1$ 的辅助常开触点(3-13)闭合，使接触器 KM$_4$ 线圈通电吸合，三相电源经 KM$_1$ 的主触点，电阻 R 和 KM$_4$ 的主触点接通主电动机 M$_1$ 的定子绕组，接法为三角形连接，使电动机在低速下正向旋转。松开按钮 SB$_4$ 主电动机断电停止。反向点动与正向点动控制过程相似，由按钮 SB$_5$、接触器 KM$_2$、KM$_4$ 来实现。

(2) 主电动机的高低速、正反转控制。

当要求主电动机正向低速旋转时，行程开关 SQ$_7$ 的触点(11-12)处于断开位置，主轴变速和进给变速用行程开关 SQ$_3$(4-9)、SQ$_4$(9-10)均为闭合状态。按下 SB$_2$，中间继电器 KA$_1$ 线圈通电吸合，它有三对常开触点，KA$_1$ 常开触点(4-5)闭合自锁；KA$_1$ 常开触点(10-11)闭合，接触器 KM$_3$ 线圈通电吸合，KM3 主触点闭合，电阻 R 短接；KA$_1$ 常开触点(17-14)闭合和 KM$_3$ 的辅助常开触点(4-17)闭合，使接触器 KM$_1$ 线圈通电吸合，并将 KM$_1$ 线圈自锁。KM$_1$ 的辅助常开触点(3-13)闭合，接通主电动机低速用接触器 KM$_4$ 线圈，使其通电吸合。由于接触器 KM$_1$、KM$_3$、KM$_4$ 的主触点均闭合，故主电动机在全电压、定子绕组三角形联结下直接启动，低速运行。当要求主电动机为高速旋转时，行程开关 SQ$_7$ 的触点(11-12)、SQ$_3$(4-9)、SQ$_4$(9-10)均处于闭合状态。按下 SB$_2$ 后，一方面 KA$_1$、KM$_3$、KM$_1$、KM$_4$ 的线圈相继通电吸合，使主电动机在低速下直接启动；另一方面由于 SQ$_7$(11-12)的闭合，使时间继电器 KT(通电延时式)线圈通电吸合，经延时后，KT 的通电延时断开的常闭触点(13-20)断开，KM$_4$ 线圈断电，主电动机的定子绕组脱离三相电源，而 KT 的通电延时闭合的常开触点(13-22)闭合，使接触器 KM$_5$ 线圈通电吸合，KM$_5$ 的主触点闭合，将主电动机的定子绕组接成双星形后，重新接到三相电源，故从低速启动转为高速旋转。

主电动机的反向低速或高速的启动旋转过程与正向启动旋转过程相似，但是反向启动旋转所用的电器为按钮 SB$_3$、中间继电器 KA$_2$，接触器 KM$_3$、KM$_2$、KM$_4$、KM$_5$、时间继电器 KT。

(3) 主电动机正转时的反接制动。

设主电动机为低速正转时，电器 KA$_1$、KM$_1$、KM$_3$、KM$_4$ 的线圈通电吸合，KS 的常开触点 KS(13-18)闭合。按下 SB$_1$，SB$_1$ 的常闭触点(3-4)先断开，使 KA$_1$、KM$_3$ 线圈断电，

KA_1 的常开触点(17-14)断开，又使 KM_1 线圈断电，一方面使 KM_1 的主触点断开，主电动机脱离三相电源，另一方面使 KM_1(3-13)分断，使 KM_4 断电；SB_1 的常开触点(3-13)随后闭合，使 KM_4 重新吸合，此时主电动机由于惯性转速还很高，KS(13-18)仍闭合，故使 KM_2 线圈通电吸合并自锁，KM_2 的主触点闭合，使三相电源反接后经电阻 R、KM_4 的主触点接到主电动机定子绕组，进行反接制动。当转速接近零时，KS 正转常开触点 KS(13-18)断开，KM_2 线圈断电，反接制动完毕。

(4) 主电动机反转时的反接制动。

反转时的制动过程与正转制动过程相似，但是所用的电器是 KM_1、KM_4、KS 的反转常开触点 KS(13-14)。

(5) 主电动机工作在高速正转及高速反转时的反接制动过程可仿照上面内容自行分析。

在此仅指明：高速正转时反接制动所用的电器是 KM_2、KM_4、KS(13-18)触点；高速反转时反接制动所用的电器是 KM_1、KM_4、KS(13-14)触点。

(6) 主轴或进给变速时主电动机的缓慢转动控制。

主轴或进给变速既可以在停车时进行，又可以在镗床运行中变速。为使变速齿轮更好的啮合，可接通主电动机的缓慢转动控制电路。

当主轴变速时，将变速孔盘拉出，行程开关 SQ_3 常开触点 SQ_3(4-9)断开，接触器 KM_3 线圈断电，主电路中接入电阻 R，KM_3 的辅助常开触点(4-17)断开，使 KM_1 线圈断电，行程开关 SQ_3、SQ_5 的常闭触点 SQ_3(3-13)、SQ_5(15-14)闭合，接触器 KM_1、KM_4 线圈通电吸合，主电动机经电阻 R 在低速下正向启动，接通瞬时点动电路。主电动机转动转速达某一转时，速度继电器 KS 正转常闭触点 KS(13-15)断开，接触器 KM_1 线圈断电，而 KS 正转常开触点 KS(13-18)闭合，使 KM_2 线圈通电吸合，主电动机反接制动。当转速降到 KS 的复位转速后，则 KS 常闭触点 KS(13-15)又闭合，常开触点 KS(13-18)又断开，重复上述过程。这种间歇的启动、制动，使主电动机缓慢旋转，以利于齿轮的啮合。若孔盘退回原位，则 SQ_3、SQ_5 的常闭触点 SQ_3(3-13)、SQ_5(15-14)断开，切断缓慢转动电路。SQ_3 的常开触点 SQ_3(4-9)闭合，使 KM_3 线圈通电吸合，其常开触点(4-17)闭合，又使 KM_1 线圈通电吸合，主电动机在新的转速下重新启动。

进给变速时的缓慢转动控制过程与主轴变速相同，不同的是使用的电器是行程开关 SQ_4、SQ_6。

(7) 主轴箱、工作台或主轴的快速移动。

机床各部件的快速移动，是由快速手柄操纵快速移动电动机 M_2 拖动完成的。当快速手柄扳向正向快速位置时，行程开关 SQ_9 被压动，接触器 KM_6 线圈通电吸合，快速移动电动机 M_2 正转。同理，当快速手柄扳向反向快速位置时，行程开关 SQ_8 被压动，KM_7 线圈通电吸合，M_2 反转。

(8) 主轴进刀与开作台联锁。

为防止镗床或刀具的损坏，主轴箱和工作台的机动进给，在控制电路中必须互联锁，不能同时接通，它是由行程开关 SQ_1、SQ_2 实现。若同时有两种进给时，SQ_1、SQ_2 均被压动，切断控制电路的电源，避免机床或刀具的损坏。

3) 辅助电路分析

辅助电路包括照明灯电路与信号灯电路，由控制变压器 TC 的二次侧分别输出 12 V 和 6.3 V。

【技能训练】

1. 技能训练器材

① 钢丝钳、尖嘴钳、剥线钳、电工刀，一套/组。

② 接线板、万用表，一套/组。

③ T68 型卧式镗床电气元件明细见表 5.7。

表 5.7 T68 型卧式镗床电气元件明细表

代 号	名 称	型号与规格	件数	备 注
M_1	主轴电动机	JD02-51-4/2、5.5/8.5 kW	1	1460/2880 r/min
M_2	快速进给电动机	J02-32-4、3 kW	1	1430 r/min
QS_1	组合开关	HZ2-60/3、60 A、三极	1	
SA		HZ2-10/3、60 A、三极	1	
FU_1	熔断器	RL1-60/40	3	
FU_2		RL1-15/10	3	
FU_3、FU_4		RL1-15/4	2	
FU_5		RL1-15/2	1	
KM_1、KM_2 KM_4、KM_5	交流接触器	CJ0-40、线圈电压 220 V	4	
KM_6、KM_7 KM_3		CJ0-20、线圈电压 220 V	3	
KT	时间继电器	JS7-2A、线圈电压 220 V	1	定时间 3 s
KA_1、KA_2	中间继电器	JZ7-44、线圈电压 220 V	2	
TC	控制变压器	BK-300、380 V/220 V/12 V/6.3 V	1	
FR	热继电器	JR36-20 整定电流 20-30 A	1	
KS	速度继电器	JY-1、500 V、2 A	1	
R	电阻器	ZB-0.9、0.9 Ω	3	
SB_1～SB_5	按钮	LA2、380 V、5 A	5	
SQ_1	行程开关	LX1-11H	1	
SQ_3～SQ_6		LX1-11K	4	开启式
SQ_7		LX5-11	1	
SQ_8、SQ_9、SQ_2		LX3-11K	3	开启式
EL	机床工作灯	K-1 螺口	1	12V、40 W
HL	指示灯	DX1-0 白色	1	6.3 V、0.15 W

2. 技能训练步骤

训练步骤 1：检查电气元件。

训练步骤 2：绘制电气布置图及电气安装接线图。

训练方法：根据电气元件实际情况，确定电气元件位置，电气元件布置要整齐、合理，绘制电器布图；绘制电气安装接线图。

训练要求：保证图面正确性，无漏画、错画现象；电气元件布置要整齐、合理。

训练步骤 3：安装与接线。

训练方法：安装与接线方法参考本项目中的任务 1 有关内容。

训练要求：按电气装配工艺要求实施安装与接线训练。

训练步骤 4：线路检查。

训练方法：线路检查方法参考本项目中的任务 1 有关内容。

训练要求：用手工法和万用表法检查线路，确保接线正确。

训练步骤 5：功能调试。

训练步骤 6：故障排除。

故障现象 1：主轴电动机 M_1 不能正反点动、制动及主轴和进给变速冲动控制。

分析与处理：产生这种故障的原因，往往是控制电路的公共回路上出现故障。如果伴随着不能进行低速运行，则故障可能在控制线路 13-20-21-0 中有断开点，否则，故障可能在主电路的制动电阻 R 及引线上有断开点，若主电路仅断开一相电源，则电动机还会伴有缺相运行时发出的嗡嗡声。

训练方法：用电阻分阶法或电压法测量排除。

故障现象 2：主轴电机正转点动、反转点动正常，但不能正反转。

分析与处理：故障可能在控制线路 4-9-10-11-KM_3 线圈-0 中有断开点。

故障现象 3：主轴电机不能制动。

分析与处理：可能原因是：

① 速度继电器损坏；

② SB_1 中的常开触点接触不良；

③ 3、13、14、16 号线中有脱落或断开；

④ KM_2(14-16)、KM_1(18-19)触点不通。

故障现象 4：主轴电机点动、低速正反转及低速接制动均正常，但高、低速转向相反，且当主轴电机高速运行时，不能停机。

分析与处理：可能的原因是误将三相电源在主轴电机高速和低速运行时，都接成同相序所致，把 1U2、1V2、1W2 中任两根对调即可。

【技能考核评价】

本任务考核参照《中级维修电工国家职业技能鉴定考核标准》执行，评分标准参考表 5.2。

任务 4　继电-接触器控制线路的设计安装与调试

【任务引入】

在掌握了电动机相关知识、电气控制电路相关知识以后，了解和掌握电气控制系统设计知识是电工的必备技能。本任务通过对电气控制系统设计的学习，使学生了解电气控制系统设计线路的基本原则，熟悉电气控制系统设计的基本依据，掌握电气控制系统设计的内容。

【目的与要求】

1．知识目标

① 了解电气控制系统设计线路的基本原则。

② 熟悉电气控制系统设计的基本依据。

③ 掌握电气控制系统设计的内容与方法。

2．技能目标

能根据相关要求独立完成电气控制系统的设计任务。

【知识链接】

电气控制系统设计要满足生产机械加工工艺的要求、线路要安全可靠、训练和维护方便、设备投资少等要求。

1．设计线路的基本原则

由于电气控制线路是为整个机械设备和工艺过程服务的，所以在设计前要深入现场收集有关资料，进行必要的调查研究。电气控制线路的设计应遵循的基本原则是：

(1) 最大限度地满足生产机械和工艺对电气控制的要求。

(2) 确保控制线路工作的可靠性、安全性。

(3) 应具有必要的保护环节。故障的情况下，应能保证训练人员、电器设备、生产机械的安全，并能有效地抑制事故的扩大。保护措施：过载、短路、过流、过压、失压、联锁和行程等保护；设置合闸、断开、事故、安全等的指示信号。

(4) 在满足生产要求的前提下，控制线路应力求简单、经济。

① 正确选择线路和环节。尽量选用标准的、常用的，或经过实际考验过的线路和环节。

② 尽量缩短连接导线的数量和长度。注意电气柜、训练台和限位开关之间的连接线。

③ 正确选用电器。尽量缩减电器的数量，采用标准件，并尽可能选用相同型号。

④ 应减少不必要的触点以简化线路。在控制线路图设计完成后，宜将线路化成逻辑代数式计算，以便得到最简化的线路。

(5) 力求训练维护、检修方便。

2．电气控制系统设计的基本依据

(1) 用户供电电网的种类、电压、频率和容量。生产的主要技术性能，即机械、液压和气动系统的特征。

(2) 电力拖动方面的主要技术指标。如生产机械运动部件的特征，负载特征，对电动机启动、反转、调速和制动的要求等。

(3) 电气控制特征。如电气控制的基本方式和自动控制的动作顺序要求，电气保护及联锁条件等。有关训练方面的要求，如控制台，控制柜面板的布置，训练按钮的设置，测量仪表的设置以及信号指示、报警、照明等方面的具体要求。

3．电气控制系统设计的基本任务、内容

电气控制系统设计的基本任务是根据控制要求设计、编制出设备制造和使用维修过程中所必需的图纸、资料等。电气控制系统设计的内容主要包含原理设计与工艺设计两个部分：

(1) 原理设计内容。

① 拟订电气设计任务书。

② 确定电力拖动方案，选择电动机。

③ 设计电气控制原理图，计算主要技术参数。

④ 选择电气元件，制订元器件明细表。

⑤ 编写设计说明书。

(2) 工艺设计内容。

① 设计电气总布置图、总安装图与总接线图。

② 设计组件布置图、安装图和接线图。

③ 设计电气箱、训练台及非标准元件。

④ 列出元件清单。

⑤ 编写使用维护说明书。

4．电气控制原理电路设计

电气控制原理电路设计的方法有分析设计法和逻辑设计法。

1) 分析设计法

所谓分析设计法，就是根据生产工艺的要求去选择适当的基本控制环节或经过考验的成熟电路按各部分的联锁条件组合起来并加以补充和修改，综合成满足控制要求的完整线路。当找不到现成的典型环节时，可根据控制要求边分析边设计，将主令信号经过适当的组合与变换，在一定条件下得到执行元件所需要的工作信号。由于这种设计方法是以熟练掌握各种电气控制线路的基本环节和具备一定的阅读分析电气控制线路的经验为基础，所以又称为经验设计法。一般应注意以下几个问题：

(1) 尽量缩减电器的数量。

采用标准件和尽可能选用相同型号的电器。设计线路时，应减少不必要的触头以简化线路，提高线路的可靠性，如图 5.10 所示。

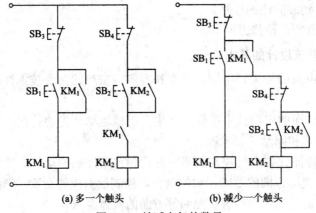

(a) 多一个触头 (b) 减少一个触头

图 5.10　缩减电气的数量

(2) 尽量缩短连接导线的数量和长度。

设计线路时，应考虑到各电气元件之间的实际接线，特别要注意电气柜、操作台和位置开关之间的连接线。按钮通常是安装在操作台上，而接触器则安装在电气柜内，所以若按此线路安装时，由电气柜内引出的连接线势必要两次引接到训练台上的按钮处。因此，合理的接法应当是把启动按钮和停止按钮直接连接，而不经过接触器线圈，如图 5.11 所示。

(3) 正确连接电器的线圈。

在交流控制电路的一条支路中不能串联两个电器的线圈。

(4) 正确连接电器的触头。

同一个电器的常开和常闭辅助触头靠得很近，如果连接不当，将会造成线路工作不正常。在一般情况下，将共用同一电源的所有接触器、继电器以及执行电器线圈的一端，均接在电源的一侧，而这些电器的控制触头接在电源的另一侧。如图 5.12 所示。

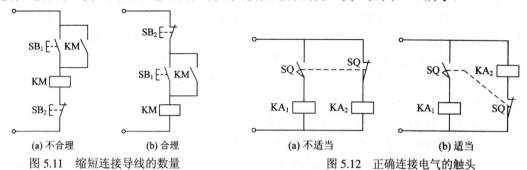

(a) 不合理　　　　(b) 合理　　　　　　　　(a) 不适当　　　　　(b) 适当

图 5.11　缩短连接导线的数量　　　　　　　图 5.12　正确连接电气的触头

(5) 在满足控制要求的情况下，应尽量减少电器通电的数量。

(6) 应尽量避免采用许多电器依次动作才能接通另一个电器的控制线路。

(7) 在控制线路中应避免出现寄生回路。

在控制线路的动作过程中，非正常接通的线路会产生寄生回路。在设计线路时要避免出现寄生回路。因为它会破坏电气元件和控制线路的动作顺序。如图 5.13 所示线路是一个具有指示灯和过载保护的正反转控制线路。在正常工作时，能完成正反转启动、停止和信号指示。但当热继电器 FR 动作时，线路就出现了寄生回路。这时虽然 FR 的常闭触头已断开，由于存在寄生回路，仍有电流沿图 5.13 中虚线所示的路径流过 KM$_1$ 线圈，使正转接触器 KM$_1$ 不能可靠释放，起不到过载保护作用。

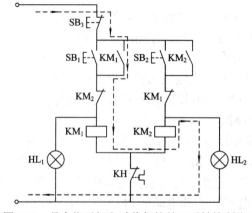

图 5.13　具有指示灯和过载保护的正反转控制线路

(8) 保证控制线路工作可靠和安全。

为了保证控制线路工作可靠，最主要的是选用可靠的电气元件。

(9) 线路应具有必要的保护环节，保证即使在误训练情况下也不致造成事故。

一般应根据线路的需要选用过载、短路、过流、过压、失压、弱磁等保护环节，必要时还应考虑设置合闸、断开、事故、安全等指示信号。

2) 逻辑设计法

逻辑设计法是利用逻辑代数这一数学工具来进行电路设计，即根据生产机械的拖动要求及工艺要求，将执行元件需要的工作信号以及主令电器的接通与断开状态看成逻辑变量，并根据控制要求将它们之间的关系用逻辑函数关系式来表达，然后再运用逻辑函数基本公式和运算规律进行简化，使之成为需要的最简"与、或"关系式，根据最简式画出相应的电路结构图，最后再作进一步的检查和完善，即能获得需要的控制线路。

任何控制线路，控制对象与控制条件之间都可以用逻辑函数式来表示，所以逻辑法不仅能用于线路设计，也可以用于线路简化和读图分析。逻辑代数读图法的优点是各控制元件的关系能一目了然，不会读错和遗漏。缺点是这种方法设计难度较大，整个设计过程较复杂，还要涉及一些新概念，因此，在一般常规设计中，很少单独采用。

设计方法和步骤如下：

(1) 根据给出的条件列出真值表，并写出相应的逻辑代数式。

(2) 运用逻辑代数的基本公式和定律进行化简。

(3) 根据化简后的逻辑代数式画出对应的电路图。

(4) 对电路作出进一步完善，并进行必要的校验。

【技能训练】

1．技能训练器材

① 电工通用工具、万用表、兆欧表、钳形电流表。

② 380 V、Y 形接法或自定电动机、配线板、HZ10-25/3 组合开关、CJ10-10 线圈电压 380 V 或 CJ10-20、线圈电压 380 V 交流接触器、JR16-20/3D 热继电器、JS7-4A、线圈电压 380 V 时间继电器、RL1-60/20 A 熔断器、LA10-3H 或 LA4-3H 三联按钮，接线端子排等。

2．技能训练步骤

训练任务：某机床需用两台电动机拖动。根据机床特点，要求两地控制，M_1 先启动，M_2 经 3 min 后启动；停车时逆序停止;两台电动机都应具有短路保护、过载保护、失压保护和欠压保护，试设计一个符合要求的电路图，并按图进行安装与调试。

训练步骤 1：理解试题和检查电气元件→设计电路图→元器件摆放→元器件固定→布线→检查线路→盖上行线槽→空载试运转→带负载试运转→断开电源，整理现场。

训练步骤2：设计电路图。

顺序启动都有一个重要特点，即后启动的控制电路的支路中必须串接上先启动的 KM 常开触头。这样即可保证电动机 M_1 与 M_2 的先后顺序启动。逆序停止在先启动的 KM_1 支路上多增加了一个 KM_2 的常开触头，它并联在先启动支路的停止按钮两端，这个并联的常开触头起到在 KM_2 线圈通电工作时(即电动机 M_2 工作时)，停止按钮 SB_1 是不能发挥停止作用的。由于这个 KM$_2$ 常开并联触头的存在，就决定了停止时，必须是 M$_2$ 停止后 M$_1$ 才能停止。两地控制线路有一个重要的接线原则，那就是控制同一台电动机的几个启动按钮相互并联接在控制电路中。几个停止按钮要相互串联接于控制电路中，如图 5.14 所示为设计电路参考草图。综合设计时，允许带电工手册、物资购销手册作为选择元器件时参考。所设计的电路要满足机械设备对电气控制线路的要求和保护要求。在满足工艺要求的前提下，力求使控制线路简单、合理、正确和安全，训练和维修要方便。

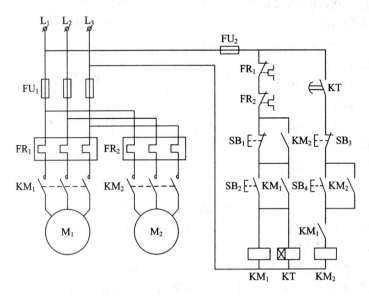

图 5.14　设计电路参考草图

训练步骤 3：元器件摆放。根据设计的电路图，首先确定交流接触器位置，进行水平放置，然后逐步确定其他元器件。元器件布置要整齐、匀称、合理。

训练步骤 4：安装与接线方法参考本项目中的任务 1 有关内容。

训练要求：按电气装配工艺要求实施安装与接线训练。

训练步骤 5：线路检查。

训练方法：线路检查方法参考本项目中的任务 1 有关内容。

训练要求：用手工法和万用表法检查线路，确保接线正确。

训练步骤 5：功能调试。

自检以后不接负载的空载试运转。空载试运转时接通三相电源，合上电源开关，用试电笔检查熔断器出线端，氖管亮表示电源接通。依次按动 M$_1$、M$_2$ 启动按钮，观察接触器动作是否正常，两地控制都应经反复几次训练，正常后方可进行带负载试运转。带负载试运转前拉下电源开关，接通电动机检查接线无误后，再合闸送电，启动电动机。当电动机平稳运行时，用钳形电流表测量三相电流是否平衡。断开电源，先拆除三相电源线，再拆除电动机线，整理现场。

【技能考核评价】

本任务考核参照《中级维修电工国家职业技能鉴定考核标准》执行，评分标准参考表 5.8。

表 5.8　评分标准参考表

考核内容	考核要求	评分标准	配分	扣分	得分
电路设计	① 根据提出的电气控制要求，正确绘出电路图； ② 按所设计的电路图，列出主要材料单	① 主电路设计 1 处错误，扣 5 分； ② 控制电路设计 1 处错误，扣 5 分； ③ 主要材料单有误，每处扣 1 分	40		
元件安装	① 按图纸的要求，正确利用工具和仪表，熟练地安装电气元器件； ② 元件在配电板上布置要合理，安装要准确、紧固； ③ 按钮盒不固定在板上	① 元件布置不整齐、不匀称、不合理，每只扣 1 分； ② 元件安装不牢固、安装元件时漏装螺钉，每只扣 1 分； ③ 损坏元件，每只扣 1 分	10		
布线	① 要求美观、紧固、无毛刺，导线要敷入线槽； ② 电源和电动机配线、按钮接线要接到端子排上，进出线槽的导线要有端子标号，引出端要用别径压端子	① 电动机运行正常，但未按电路图接线，扣 1 分； ② 布线不敷入线槽，不美观，主电路、控制电路每根扣 0.5 分； ③ 接点松动、接头露铜过长、反圈、压绝缘层，标记线号不清楚、遗漏或误标，引出端无别径压端子，每处扣 0.5 分； ④ 损伤导线绝缘或线芯，每根扣 0.5 分	25		
通电试验	在保证人身和设备安全的前提下，进行通电试验	① 时间继电器及热继电器整定值错误各扣 1 分； ② 主、控电路配错熔体，每个扣 1 分； ③ 1 次试车不成功扣 3 分，2 次试车不成功扣 5 分，3 次试车不成功扣 10 分	25		
定额时间	4 日	每超过 1 min，扣 2 分			
备注		除定额时间外，各项内容的最高扣分不得超过其配分数			
开始时间		结束时间		总评分	

项目六

常用电子仪器仪表的使用

国家职业标准技能内容与要求:

　　初级工能够正确采用安全措施保护自己,保证工作安全,能够根据工作内容合理选用工具、量具,能够进行多股铜导线的连接并恢复其绝缘,能够进行明、暗线的安装并根据用电设备的性质和容量,选择常用电气元件及导线规格;能够根据工作内容正确选用材料;中级工能够根据工作内容正确选用仪器、仪表。

　　本项目由实际问题入手,通过对功率表、单双臂电桥、晶体管测试仪、示波器和接地电阻测试仪的应用,使学生获取所需知识,提高动手能力,为今后从事电气、电子及通信行业的工作打下坚实基础。

任务 1　功率表的选择和使用

【任务引入】

　　功率是表征电信号特性的一个重要参数,电功率包括有功功率、无功功率和视在功率。而测量电功率的仪表称为功率表,也叫做瓦特表。未作特殊说明时,功率表一般是指测量有功功率的仪表。本任务通过对功率表结构及工作原理的学习,要求学生掌握功率表的选择及使用方法。

【目的与要求】

1. 知识目标
① 了解功率表的结构。
② 理解功率表的工作原理。
③ 掌握功率表的选择及使用方法。

2. 技能目标
能熟练地使用功率表测有功功率值。

【知识链接】

1. **电动式功率表的结构及工作原理**
电动式功率表的结构如图 6.1 所示。它的固定部分是由两个平行对称的线圈 1 组成,这两个线圈可以彼此串联或并联连接，从而可得到不同的量限。可动部分主要有转轴和装在轴上的可动线圈 2、指针 3、空气阻尼器 4，产生反抗力矩和将电流引入动圈的游线 5 组成。电动式功率表的接线如图 6.2 所示，图中固定线圈串联在被测电路中，流过的电流就是负载电流，因此，这个线圈称为电流线圈。可动线圈在表内串联一个电阻值很大的电阻 R 后与负载电流并联，流过线圈的电流与负载的电压成正比，而且差不多与其相同，因而这个线圈称为电压线圈。固定线圈产生的磁场与负载电流成正比，该磁场与可动线圈中的电流相互作用，使可动线圈产生一力矩，并带动指针转动。在任一瞬间，转动力矩的大小总是与负载电流以及电压瞬时值的乘积成正比，但由于转动部分有机械惯性存在，因此偏转角决定于力矩的平均值，也就是电路的平均功率，即有功功率。

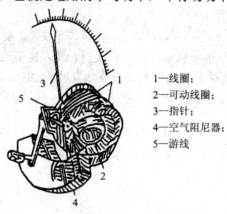

1—线圈；
2—可动线圈；
3—指针；
4—空气阻尼器；
5—游线

图 6.1　电动式功率表的结构

由于电动式功率表是单向偏转，偏转方向与电流线圈和电压线圈中的电流方向有关。为了使指针不反向偏转，通常把两个线圈的始端都标有"*"或"±"符号，习惯上称之为"同名端"或"发电机端"，接线时必须将有相同符号的端钮接在同一根电源线上。当弄不清电源线在负载哪一边时，针指可能反转，这时只需将电压线圈端钮的接线对调一下，或将装在电压线圈中改换极性的开关转换一下即可。

图 6.2(a)、(b)所示的两种接线方式，都包含功率表本身的一部分损耗。图 6.2(a)比较适用于负载电阻远大于电流线圈电阻(即电流小、电压高、功率小的负载)的测量。如在日光灯实验中镇流器功率的测量，其电流线圈的损耗就要比负载的功率小得多，功率表的读数就基本上等于负载功率。图 6.2(b)连接方法比较适用于负载电阻远小于电压线圈电阻及大电流、大功率负载的测量。

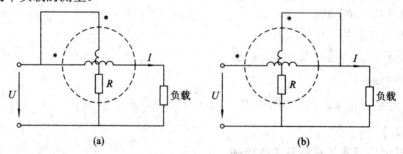

图 6.2　功率表的两种接线方式

使用功率表时，不仅要求被测功率数值在仪表量限内，而且要求被测电路的电压和电流值也不超过仪表电压线圈和电流线圈的额定量限值，否则会烧坏仪表的线圈。因此，选择功率表量限，就是选择其电压和电流的量限。

2．功率表的读数

由于功率表的电压线圈量限有几个，电流线圈的量限一般也有两个，如图 6.3 所示。

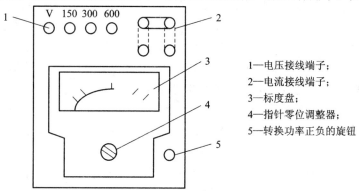

1—电压接线端子；
2—电流接线端子；
3—标度盘；
4—指针零位调整器；
5—转换功率正负的旋钮

图 6.3　功率表前面板示意图

若实验室所设计的日光灯电路实验的功率表电流量限为 0.5～1 A，电流量程换接片按图 6.3 中实线的接法，即为功率表的两个电流线圈串联，其量限为 0.5 A；如换接片按虚线连接，即功率表两个电流线圈并联，量限为 1 A。表盘上的刻度为 150 格。

如功率表电压量限选 300 V，电流量限选 1 A 时，我们用这种额定功率因数为 1 的功率表去测量，则每格 $=\dfrac{300\,\text{V}\times1\,\text{A}}{150}=2\,\text{W}$，即实数的格数乘以 2 才为实际被测功率值。

【技能训练】

1．技能训练器材

螺丝刀、万用表、功率表、实训台。

2．技能训练步骤

训练步骤 1：用单相功率表测量三相异步电动机的功率。

训练要求：绘出接线图。

注意：功率表接线时切勿接错，注意安全。

按如下步骤进行测量：调零→正确选择量程→正确接线→正确读数→功率表保养。

训练步骤 2：调零。

训练要求：仪表指针如不在零位上，可利用表盖上的调零器将指针调至零位上。

训练步骤 3：正确选择功率表的量程。

训练要求：选择功率表的量程就是选择功率表中的电流量程和电压量程。使用时应使功率表中的电流量程不小于负载电流，电压量程不低于负载电压，而不能仅从功率量程来考虑。例如，两只功率表，量程分别是 1 A、300 V 和 2 A、150 V，由计算可知其功率量程均为 300 W，如果要测量负载电压为 220 V、电流为 1 A 的负载功率时应逸用 1 A、300 V 的功率表，而 2 A、150 V 的功率表虽功率量程也大于负载功率，但是由于负载电压高于功率表所能承受的电压 150 V，故不能使用。所以，在测量功率前要根据负载的额定电压和额定电流来选择功率表的量程。

训练步骤 4：正确连接测量线路。

训练要求：参照图 6.3 进行正确连线。仪表使用时应放置水平位置，尽可能远离强电流导线和强磁性物质，以免增加仪表误差。

训练步骤 3：读数。

训练要求：正确读数。一般安装式功率表为直读单量程式，表上的示数即为功率数。但便携式功率表一般为多量程式，在表的标度尺上不直接标注示数，只标注分格。在选用不同的电流与电压量程时，每一分格都可以表示不同的功率数。在读数时，应先根据所选的电压量程 U、电流量程 I 以及标度尺满量程时的格数 &，求出每格瓦数(又称为功率表常数)C，然后再乘上指针偏转的格数，就可得到所测功率 P。

训练步骤 4：拆除接线并保养。

注意：根据所需测量范围将仪表接入线路，在通电前必须对线路中的电流或电压大小有所估计，避免过高超载，以免仪表遭到损坏。

瓦特表测量时如遇仪表指针反方向偏转时，应改变换向开关的极性。可使指针正方向偏转，切忌互换电压接线，以免使仪表产生附加误差。

【技能考核评价】

功率表应用的考核评价见表 6.1。

表 6.1 功率表应用的考核

考核要求	配分	评 分 标 准	扣分	得分
选择功率表量程	30	① 正确选择电流量程(15 分)； ② 正确选择电压量程(15 分)		
连接测量线路	50	① 电流线圈的连接(15 分)； ② 电压线圈的前接和后接选择(20 分)； ③ 电压线圈的连接(15 分)		
读数	10	① 正确读功率表常数(5 分)； ② 正确读功率数(5 分)		
安全、文明操作	10	违反 1 次，扣 5 分		
定额时间	10 min	每超过 5 min，扣 10 分		
开始时间		结束时间	总评分	

任务 2　直流单臂电桥的使用

【任务引入】

直流单臂电桥(又称为惠斯通电桥)是一种可以精确测量电阻的仪器。在测中值电阻及其他电学实验中应用广泛。本任务通过对直流单臂电桥结构及测量原理的学习，要求学生掌握直流单臂电桥的测量方法。

【目的与要求】

1. 知识目标

① 了解直流单臂电桥的用途、外形与结构。

② 理解直流单臂电桥的测量原理。

2. 技能目标

能熟练地使用直流单臂电桥测量电阻。

【知识链接】

直流单臂电桥，又称惠斯登电桥，适用于测量 $1 \sim 9.999$ MΩ 的电阻。

如图 6.4 所示。图中 ac、cb、bd 和 da 四条支路称为电桥的四个桥臂，其中一个桥臂接被测电阻 R_x，其余三个桥臂接标准电阻或可调标准电阻。在电桥的一个对角线上接入检流计 P 作为指零仪，另一对角线上接入直流电源 E。

接通按钮开关 SB 后，调节标准电阻 R_2、R_3 和 R_4，使检流计 P 指示为零，这时电桥平衡，c、d 两点电位相等，故有

$$U_{ac} = U_{ad}, \quad U_{cb} = U_{db}$$

即

$$I_1 R_x = I_4 R_4, \quad I_2 R_2 = I_3 R_3$$

由于电桥平衡时 $I_p = 0$，所以 $I_1 = I_2$，$I_3 = I_4$，将以上两式相比，得

$$\frac{R_x}{R_2} = \frac{R_4}{R_3}$$

在已知三个桥臂电阻的情况下，被测电阻可由下式计算

$$R_x = \frac{R_2}{R_3} \cdot R_4$$

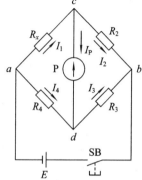

图 6.4 直流单臂电桥原理图

式中，R_2/R_3 称为比率臂。电阻 R_4 称为比较臂。在测量时，可根据被测电阻的估计值选择一定的比率臂，经调节比较臂的电阻使电桥平衡，则比较臂的数值乘以比率臂的倍数，就是被测电阻的阻值。可见，用电桥测量电阻时根据电桥平衡原理，将被测电阻与已知标准电阻进行比较来确定被测电阻的阻值。只要 R_2、R_3、R_4 足够精确，测量准确度就比较高。直流单臂电桥的准确等级，按国家标准规定有 0.01、0.02、0.05、0.1、0.2、0.5 和 2.0 级共七种。

图 6.5 所示为 QJ23 型直流单臂电桥的内部线路与面板示意图。面板左上角的转盘是 R_2/R_3 的比率臂，共有七个固定的比例，即 ×0.001、×0.01、×0.1、×1、×10、×100、×1000 共七挡，由转换开关换接。面板右边四个转盘是比较臂 R_4，每个转盘都由九个完全相同的电阻组成，分别构成可调电阻的个位、十位、百位和千位，总电阻 9999 Ω，因此比较臂可以得到从 0～9999 范围内的任意电阻值，最小步进值为 1 Ω。

QJ23 型电桥的检流计上装有锁扣，以便在电桥使用完毕后将可动部分锁住，防止悬丝在搬动过程中振坏。如需使用外附检流计，应用连接片将内附检流计短路，然后将外附检流计接在注有"外接"字样的两个端钮上。

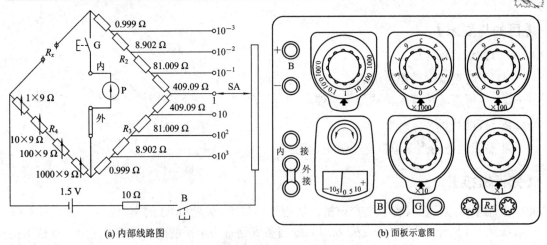

图 6.5　QJ23 直流单臂电桥的内部线路与面板示意图

面板上标有 "R_x" 字样的两个端钮用来接入被测电阻。当使用外接电源时从面板左上角的两个端钮接入。

QJ23 型电桥的测量范围是 1～9 999 000 Ω。在测量不同范围的电阻时，比率臂的位置(倍率)和测量的相对误差的关系如表 6.2 所示。

表 6.2　比率臂的位置(倍率)和测量的相对误差的关系

倍　率	R_x/Ω	相对误差
×0.1、×1、×10	10^2～99 990	±0.2%
×0.01	10～99.99	±0.5%
×100	10^5～999 900	±0.5%
×0.001	1～9.999	±1%
×1000	10^6～9 999 000	±1%

由上表可见，QJ23 型电桥在 100～99990 Ω 的基本量程内，误差不超过 ±0.2%。

【技能训练】

1. 技能训练器材

① 螺丝刀、万用表、尖嘴钳。

② 直流单臂电桥、导线若干、电阻等。

2. 技能训练步骤

训练任务：变压器绕组直流电阻测量。

训练步骤：

① 使用前先将检流计上的锁扣打开，调节调零器把指针调到零位。

② "R_x" 端钮与被测电阻的连接应采用较粗较短的导线，并将漆膜刮净，接头拧紧，避免采用线夹。因为接头接触不良将使电桥的平衡不稳定，严重时还可能损坏检流计。

③ 估计被测电阻的大小，选择适当的桥臂比率，使比较臂的四挡都能被充分利用。这样容易把电桥调到平衡，并能保证测量结果的有效数字。如被测电阻 R_x 约为几欧时，应选

用 × 0.001 的比率，电桥平衡时若比较臂的读数为 6435，则被测电阻 $R_x = 0.001 × 6435 = 6.435\ \Omega$。假如桥臂比率选择在 × 1 挡，则电桥平衡时只能读到一位数 6，这样 $R_x = 1 × 6 = 6\ \Omega$，读数误差很大，失去了电桥精确测量的意义。同理，被测电阻为几十欧时，比率臂应选 × 0.01，依此类推。

④ 在测量电感线圈的直流电阻(如电机或变压器绕组的电阻)时，应先按下电源按钮 B，再按下接通检流计的按钮 G；测量完毕应先断开检流计按钮 G，再断开电源 B，以免被测线圈的自感电动势造成检流计的损坏。

⑤ 电桥线路接通后，如果检流计指针向"+"方向偏转，则需增加比较臂电阻；如果指针向"–"方向偏转，则应减小比较臂电阻。

⑥ 发现电池电压不足时应更换，否则将影响电桥的灵敏度。当采用外接电源时必须注意极性，将电源的正、负极分别接到"+""–"端钮，且不要使电源电压超过电桥说明书上规定值，否则有可能烧坏桥臂电阻。

⑦ 电桥使用完毕应先切断电源，然后拆除被测电阻，再将检流计锁扣锁上，以防搬动过程中振坏检流计。对于没有锁扣的检流计应将按钮"G"断开，它的常闭接点会自动将检流计短路，从而使可动部分得到保护。

注意：

① 仪器使用完毕后将 B、G 按键放松，电源开关拨向"关"。

② 在测量感抗负载的电阻(如电机、变压器等)时，必须先接电源按钮，然后按检流计按钮，断开时，先放开 G，再放开 B。

③ 在测量时，被测电阻的接线电阻要小于 $0.002\ \Omega$，当测量小于 $10\ \Omega$ 的被测电阻值时，要扣除接线电阻所引起的误差。

④ 使用时，测量盘 × 1000，不允许置于"0"位。

【技能考核评价】

直流单臂电桥的考核评价见表 6.3。

表 6.3　直流单臂电桥的考核

考核内容	配分	评 分 标 准	扣分	得分
仪表使用准备	30	① 指针调零(10 分)； ② 电阻的连接(20 分)		
测量方法	40	① 估计电阻值，选择比率臂(10 分)； ② 测量步骤(20 分)； ③ 比率臂调整(10 分)		
读数	20	① 读数时指针位置(10 分)； ② 读数准确性(10 分)		
安全、文明操作	10	违反 1 次，扣 5 分		
定额时间	20 min	每超过 5 min，扣 10 分		
开始时间		结束时间		总评分

任务3　直流双臂电桥的使用

【任务引入】

直流双臂电桥(又称为凯尔文电桥)是采用凯尔文线路宽量程的携带式精密型直流电桥。适宜工矿企业、科研单位的实验室及车间现场或野外工作场所对直流低电阻作精确测量。是电线电缆行业规程指定产品。本任务通过对直流双臂电桥结构及测量原理的学习，要求学生掌握直流单臂电桥的测量方法。

【目的与要求】

1．知识目标

① 了解直流双臂电桥的用途、外形与结构。

② 理解直流双臂电桥的测量原理。

2．技能目标

能熟练地使用直流双臂电桥测量电阻。

【知识链接】

直流双臂电桥又称为凯尔文电桥，它是用来测量 1 Ω以下小电阻的常用仪器。若用直流单臂电桥测量很小的电阻，则由于连接导线电阻和接触电阻的影响，将造成很大的测量误差。双臂电桥却能消除上述影响，取得比较准确的测量结果。

双臂电桥是在单臂电桥的基础上构成的，其原理电路如图 6.6 所示。被测电阻 R_x 和标准电阻 R_4 共同组成一个桥臂，标准电阻 R_n 和 R_3 组成另一个桥臂，并用一根粗导线(电阻 r 很小)将 R_x 和 R_n 连接起来。R_x 和 R_n 都各有一对电流端钮 C_1、C_2 和 C_{n1}、C_{n2} 及一对电位端钮 P_1、P_2 和 P_{n1}、P_{n2}，电流端钮在电位端钮外侧，用电位端钮把 R_x 和 R_n。接入桥臂，这种接法有利于消除连接导线电阻和接触电阻对测量的影响。

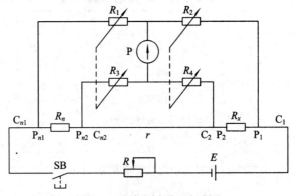

图 6.6　双臂电桥原理电路图

桥臂电阻 R_1、R_2、R_3 和 R_4 都是阻值不低于 10 Ω的标准电阻，而且采用机械联动的调节装置，使得在调节电桥平衡的过程中比值 R_3/R_1 与 R_4/R_2 始终保持相等。于是经推导可得

$$R_x = \frac{R_2}{R_1} \cdot R_n \tag{6.1}$$

式中，比值 R_2/R_1 称为双臂电桥的倍率。由此可见，被测电阻 R_x 只取决于倍率和标准电阻 R_n，而与接线电阻 r 无关。

为什么双臂电桥能消除接线电阻和接触电阻的影响呢？从图 6.6 可见，电流端钮 C_{n1} 和 C_1 的接触电阻以及它们与电源连接导线的电阻都串联在电源电路中，只对电源输出的电流有影响，但不影响电桥的平衡。电流端钮 C_{n2} 和 C_2 接触电阻的影响可归并到连线电阻 r 中，从式(6.1)可知，r 的大小不对被测电阻值产生影响。此外，电位端钮 P_{n1}、P_{n2}、P_1、P_2 的接触电阻和连接导线电阻可以分别归并到 R_1、R_3、R_2 和 R_4 中，而这四个电阻的阻值均不小于 10 Ω，从而使电位端钮的接触电阻和连接导线电阻的影响变得微不足道。综上所述，双臂电桥可以较好地消除接线电阻和接触电阻的影响，因而测量小电阻时，可以取得较高的准确度。

图 6.7 所示为 QJ103 型直流双臂电桥的电路原理图以及面板示意图。它的桥臂电阻 R_1、R_2、R_3 和 R_4 做成固定比值形式，倍率 R_2/R_1 有×0.01、×0.1、×1、×10、×100 五挡，R_3/R_1 和 R_4/R_2 在每一挡都是相等的。标准电阻 R_n 的数值可在 0.01～0.11 Ω 之间连续调节。倍率旋钮和 R_n 的调节旋钮都装在面板上。当电桥被调节平衡时，根据式(6.1)将倍率乘以标准电阻 R_n 的读数，就可求得被测电阻的大小。

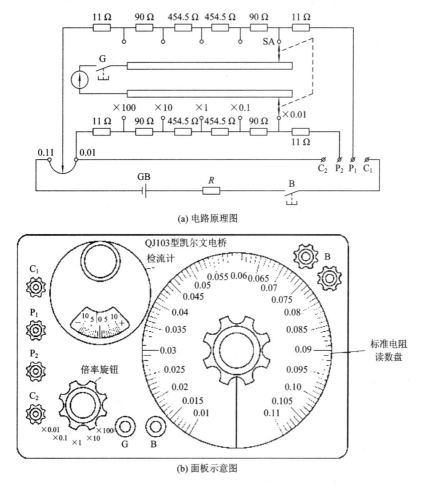

(a) 电路原理图

(b) 面板示意图

图 6.7　QJ103 型直流双臂电桥的电路原理图以及面板示意图

QJ103 型电桥比率臂的倍率与相对误差的关系见表 6.4。

表 6.4　QJ103 型电桥比率臂的倍率与相对误差的关系

倍率	R_x/Ω	相对误差
× 0.01	0.0001～0.0011	± 20%
× 0.1	0.0011～0.011	± 2%
× 1	0.01～0.11	± 2%
× 10	0.1～1.1	± 2%
× 100	1～11	± 2%

由上表可见，该电桥的测量范围为 10^{-4}～11 Ω，在其基本量程 0.0011～11 Ω 的范围内，测量误差为 ± 2%。

【技能训练】

1．技能训练器材

① 螺丝刀、万用表、尖嘴钳。

② 直流双臂电桥、导线若干、电阻等。

2．技能训练步骤

训练任务：测量三相异步电动机定子绕组的直流电阻。

训练步骤 1：断开三相异步电动机接线盒内的连接片，测量每个绕组的直流电阻。

训练步骤 2：

① 在电池盒内装入电池，此时电桥就能正常工作。如用外接直流电源时，应预先全部取出盒内的电池。

② 等稳定后(约 5 分钟)调节检流计指针在零位。

③ 将被测电阻按四端连接法，接在电桥相应的 C_1、P_1、P_2、C_2 接线柱上。

④ 估计被测电阻值大小，选择适当的倍率，先按"G"按钮再接"B"按钮。调节滑线盘读数，使检流计指针在零位置上。

⑤ 被测电阻 R_x 按下式计算：

$$R_x(被测电阻值) = K(倍率读数) \times R(标准电阻读数)$$

注意：

① 在测量时，应先按"G"按钮，再按下"B"按钮，断开时应先"B"后"G"。

② 测量 0.1 Ω 以下阻值时，"B"按钮应间歇使用。

③ 测量 0.1 Ω 以下阻值时，C_1、P_1、C_2、P_2 接线柱与被测电阻之间的链接导线电阻为 0.005～0.01 Ω。测量其他阻值时，连接导线电阻不可大于 0.05 Ω。

④ 电桥使用完毕后，"B"与"G"按钮应松开。电桥用后，电池应取出。

【技能考核评价】

直流双臂电桥的考核评价见表 6.5。

表 6.5　直流双臂电桥的考核

考核内容	配分	评 分 标 准	扣分	得分
仪表使用准备	30	① 指针调零(10 分)； ② 电阻的连接(20 分)		
测量方法	40	① 估计电阻值，选择比率臂(10 分)； ② 测量步骤(20 分)； ③ 比率臂调整(10 分)		
读数	20	① 读数时指针位置(10 分)； ② 读数准确性(10 分)		
安全、文明操作	10	违反 1 次，扣 5 分		
定额时间	20 min	每超过 5 min，扣 10 分		
开始时间		结束时间		总评分	

任务 4　接地电阻测量仪的使用

【任务引入】

接地电阻测量仪是测量各种装置接地电阻的仪器；它适用于电力、铁路、邮电、矿山、通信等行业，还可以测量土壤电阻率及地电压。本任务通过对接地电阻测量仪基本概念及原理的学习，要求学生掌握接地电阻测量仪的使用方法。

【目的与要求】

1．知识目标

① 了解接地和接地电阻的有关概念。

② 理解接地电阻测量仪的基本原理。

2．技能目标

能熟练地使用接地电阻测量仪。

【知识链接】

ZC-8 型接地电阻测量仪。

1．接地和接地电阻

把电气设备的某些部分与接地体用接地线连接起来称为接地。接地体是埋入地中并直接与土壤接触的金属导体，接地线是电气设备与接地体的连接线。接地体和接地线统称接地装置。

接地的目的是为了保证电气设备的正常工作和人身安全。为了达到这个目的，接地装置必须十分可靠，其接地电阻也必须保证在一定范围之内。例如，容量为 $100\,kV\cdot A$ 以上的变压器中性点接地装置的接地电阻不应大于 $4\,\Omega$，零线重复接地电阻不大于 $10\,\Omega$ 等。如果接地电阻不符合要求，则既不能保证安全，反而会造成安全的错觉。因此，定期测量接地电阻是安全用电的重要保证。

接地装置的接地电阻包括接地线电阻、接地体电阻、接地体和土壤之间的接触电阻和接地体与零电位点(大地)之间的土壤电阻。在这些电阻中，接地线和接地体的电阻很小，可以略去不计。

接地电阻的测量方法很多，有电流电压法、电桥法、补偿法等。下面介绍的 ZC-8 型接地电阻测量仪是根据补偿法原理制成的。

2．ZC-8 型接地电阻测试仪

1) 补偿法测量接地电阻的原理

用补偿法测接地电阻的电路原理见图 6.8(a)，图中 E' 为待测接地体，P' 和 C' 分别为电位辅助电极和电流辅助电极，它们分别设在距接地体 E' 不小于 20 m 和 40 m 处。被测接地电阻 R_x 是接地体 E' 和电位辅助电极 P' 之间的电阻，而不包括辅助电极 C' 的电阻 R_C。

交流发电机输出电流 I，流经电流互感器 TA 一次绕组到接地体 E'，经大地和辅助电流电极 C' 构成一个闭合回路。当接地电流流入地中后，是由接地体向四周散射的，离开接地体愈远，电流通过的截面越大，电流密度就愈小，到达一定距离(15～20 m)时，电流密度小到可以认为等于零。因此，在电流途径单位长度上的电压降是不同的。离接地体愈近，单位长度上的压降愈大；反之，离接地体愈远，单位长度上的压降也愈小。到距离接地体 20 m 处(P' 所在处)，电位可认为等于零。电位分布如图 6.8(b)所示。其中接地电流在接地电阻 R，上的压降为 IR_x，流经 C' 的接地电阻 R_C 时同样形成压降 IR_C。

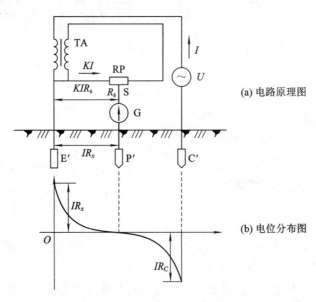

(a) 电路原理图

(b) 电位分布图

图 6.8　补偿法测接地电阻的原理电路

若电流互感器变流比为 K，则二次侧电流为 KI，流经电位器 RP 的压降为 KIR_S(R_S 是电位器左端与滑动触点之间的电阻)。调节 RP 使检流计指示为零，则有

$$IR_x = KIR_S$$

故
$$R_x = KR_S$$

由此可见,被测接地电阻值,可由变比 K 和电位器电阻 R_S 来确定,而与辅助电极 C' 的接地电阻 R_C 无关。

2) ZC-8 型接地电阻测量仪的工作原理

图 6.9 所示为 ZC-8 型接地电阻测量仪的原理电路图。图示电路中有四个端钮,其中 P_2 和 C_2 应短接后接至被测接地极。有的测量仪是三个端钮,P_2、C_2 已在内部连通并引出一个端钮 E,则将 E 直接接至被测接地极即可。电位辅助电极探针插在离被测接地极 20 m 处,用导线接到仪器的 P_1 端钮,电流辅助电极探针接在仪器的 C_1 端钮,两探针间应保持 20 m 的距离。

考虑到被测接地电阻大小不同,仪器有 0～1 Ω、0～10 Ω 和 0～100 Ω 三个量程,用联动的转换开关 S 同时改变互感器二次侧的并联电阻和检流计的并联电阻,即可改变量程。如互感器 TA 一次绕组的电流为 I_1,二次绕组流经 R_S 的电流为 I_2,则分流电阻 R_1～R_3 的选择可以使得转换开关置于"1"挡时,$I_2 = I_1$,即 $K = 1$;置于"2"挡时,$I_2 = I_1/10$,即 $K = 1/10$;置于"3"挡时,$I_2 = I_1/100$,即 $K = 1/100$。

调节仪表面板上电位器 R_S 的旋钮使检流计指零,可由读数盘上读得 R_S 的值,则被测接地电阻为

$$R_x = KR_S$$

图中电阻 R_5～R_8 为检流计的分流器,是为了保证检流计的灵敏度不变而设定的。

接地电阻的测量应采用交流电源因为土壤的导电主要依靠地下电解质的作用,如果采用直流测量会

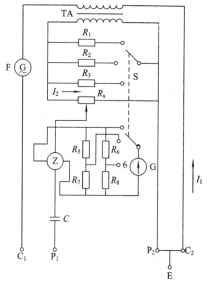

图 6.9　ZC-8 型接地电阻测量仪

产生极化电动势,得不到正确的结果。但是用作指零仪的检流计是磁电系的,所以仪表备有机械整流器或相敏整流器,以便将交流发电机的交流电压整流为检流计所需的直流电压。图中电容 C 是用来隔断地中直流杂散电流的。

【技能训练】

1．技能训练器材

ZC-8 型接地电阻测量仪。

2．技能训练步骤

训练任务:测量 35 kV 避雷器接地装置的接地电阻。

训练步骤 1:拆开接地装置与避雷器之间的连接线。

训练步骤 2:测量前先将仪表调零,然后接线。

训练要求:对三端钮式测量仪接线如图 6.10(a) 所示,将电位探针 P' 插在被测接地极 E' 和电流探针 C' 之间。三者成一直线且彼此相距 20 m。再用导线将 E'、P'、C' 连接在仪器的相应端钮 E、P、C 上。对于四端钮测量仪,其接线如图 6.10(b) 所示。

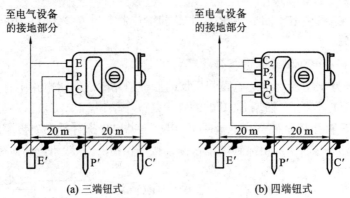

(a) 三端钮式　　　　　　　　　　(b) 四端钮式

图 6.10　测量仪接线图

训练步骤 3：将仪表放平，检查检流计指针是否指在红线上。

训练步骤 4：先将倍率开关置于最大的倍数，一面缓慢摇动发电机手柄，一面转动"测量标度盘"，使检流计指针处于中心红线位置上。当检流计接近平衡时，加快摇动手柄，使发电机转速达到其额定转速(120 r/min)，再转动"测量标度盘"使指针稳定地指在红线位置。这时即可读取 R_S 的数值。

训练步骤 5：如果"测量标度盘"的读数小于 1 Ω，则应将倍率开关置于倍数较小的挡，并重新测量和读数。

训练步骤 6：结果分析清理现场。

训练要求：接地电阻一般不大于 10 Ω；拆除测量电流探针、电压探针和引线。

训练步骤 7：安全及其他。

恢复原接地连接线。

电气设备的接地电阻，按要求在一年中任何时候都不能大于规定的数值。因此接地电阻的测量工作都选择在土壤导电率最低的时期进行。冬季最冷或夏季最干燥的时候土壤的导电率最低，所测接地电阻小于规定值才算真正符合要求。

【技能考核评价】

接地电阻测量仪的考核评价见图 6.6。

表 6.6　接地电阻测量仪的考核

考核内容	配分	评 分 标 准	扣分	得分
调零及接线	40	① 使用前调零(15 分)； ② 正确接线(25 分)		
测量方法	40	① 测量步骤的正确性(20 分)； ② 倍率调整(20 分)		
读数	10	读数正确性(10 分)		
安全、文明操作	10	违反 1 次，扣 5 分		
定额时间	20 min	每超过 5 min，扣 10 分		
开始时间		结束时间	总评分	

任务 5　双踪示波器的使用与维护

【任务引入】

双踪示波器是将电压信号转化为可见的光信号投影在显示屏上的装置,主要由示波管、放大器、扫描和触发系统组成。其中示波管由电子枪、Y 偏转板、X 偏转板、荧光屏组成。本任务通过对双踪示波器面板基本结构及其基本原理的学习,要求学生掌握双踪示波器的调节和使用方法。

【目的与要求】

1．知识目标

① 了解 YB4328 双踪示波器面板的基本结构。

② 了解 YB4328 双踪示波器的基本原理。

2．技能目标

能熟练地使用双踪示波器。

【知识链接】

1．示波器的面板结构

示波器是一种用来展示和观测电信号的电子仪器,它可以直接测量信号电压的大小和周期,因此,一切可以转化为电压的电学量、非电学量(如电流、电功率、阻抗、温度、位移、压力、磁场等)以及它们随时间变化的过程都可用示波器来观测。由于电子射线的惯性小,又能在荧光屏上显示出可见的图像,所以特别适用于观测瞬时变化的过程,这是示波器重要的优点。

示波器种类、型号很多,功能也不同。数字电路实验中使用较多的是 20 MHz 或者 40 MHz 的双踪示波器。这些示波器用法大同小异。如图 6.11 所示,本节以 YB4328 的示波器为例,从概念上介绍其面板按钮的基本功能以及在数字电路实验中的常用功能。

YB4328 面板按钮介绍如下:

1) 荧光屏

荧光屏是示波管的显示部分。屏上水平方向和垂直方向各有多条刻度线,指示出信号波形的电压和时间之间的关系。水平方向指示时间,垂直方向指示电压。水平方向分为 10 格,垂直方向分为 8 格,每格又分为 5 份。垂直方向标有 0%、10%、90%、100%等标志,水平方向标有 10%、90%标志,供测直流电平、交流信号幅度、延迟时间等参数使用。根据被测信号在屏幕上占的格数乘以适当的比例常数(V/DIV，TIME/DIV)能得出电压值与时间值。

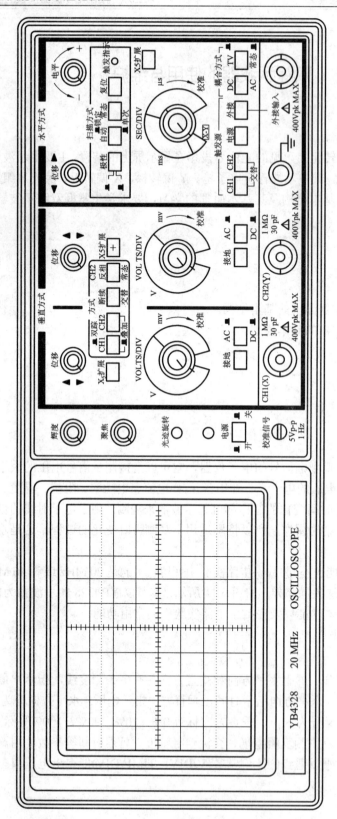

图 6.11　YB4328 面板按钮

2) 示波管和电源系统

① 电源(Power)：示波器主电源开关。当此开关按下时，电源指示灯亮，表示电源接通。

② 辉度(Intensity)：旋转此旋钮能改变光点和扫描线的亮度。观察低频信号时可小些，高频信号时大些。一般不应太亮，以保护荧光屏。

③ 聚焦(Focus)：聚焦旋钮调节电子束截面大小，将扫描线聚焦成最清晰状态。

④ 标尺亮度(Illuminance)：此旋钮调节荧光屏后面的照明灯亮度。正常室内光线下，照明灯暗一些好。室内光线不足的环境中，可适当调亮照明灯。

2．垂直偏转因数和水平偏转因数

1) 垂直偏转因数选择(VOLTS/DIV)和微调

在单位输入信号作用下，光点在屏幕上偏移的距离称为偏移灵敏度，这一定义对 X 轴和 Y 轴都适用。灵敏度的倒数称为偏转因数。垂直灵敏度的单位是为 cm/V，cm/mV 或者 DIV/mV，DIV/V，垂直偏转因数的单位是 V/cm，mV/cm 或者 V/DIV，mV/DIV。实际上因习惯用法和测量电压读数的方便，有时也把偏转因数当灵敏度。

双踪示波器中每个通道各有一个垂直偏转因数选择波段开关。一般按 1、2、5 方式从 5 mV/DIV 到 5 V/DIV 分为 10 挡。波段开关指示的值代表荧光屏上垂直方向一格的电压值。例如波段开关置于 1 V/DIV 挡时，如果屏幕上信号光点移动一格，则代表输入信号电压变化 1 V。

每个波段开关上往往还有一个小旋钮，微调每挡垂直偏转因数。将它沿顺时针方向旋到底，处于"校准"位置，此时垂直偏转因数值与波段开关所指示的值一致。逆时针旋转此旋钮，能够微调垂直偏转因数。垂直偏转因数微调后，会造成与波段开关的指示值不一致，这点应引起注意。许多示波器具有垂直扩展功能，当微调旋钮被拉出时，垂直灵敏度扩大若干倍(偏转因数缩小若干倍)。例如，如果波段开关指示的偏转因数是 1 V/DIV，采用 ×5 扩展状态时，垂直偏转因数是 0.2 V/DIV。

在做数字电路实验时，在屏幕上被测信号的垂直移动距离与+5 V 信号的垂直移动距离之比常被用于判断被测信号的电压值。

2) 时基选择(TIME/DIV)和微调

时基选择和微调的使用方法与垂直偏转因数选择和微调类似。时基选择也通过一个波段开关实现，按 1、2、5 方式把时基分为若干挡。波段开关的指示值代表光点在水平方向移动一个格的时间值。例如在 1 μs/DIV 挡，光点在屏上移动一格代表时间值 1 μs。

"微调"旋钮用于时基校准和微调。沿顺时针方向旋到底处于校准位置时，屏幕上显示的时基值与波段开关所示的标称值一致。逆时针旋转旋钮，则对时基微调。旋钮拔出后处于扫描扩展状态。通常为 ×10 扩展，即水平灵敏度扩大 10 倍，时基缩小到 1/10。例如在 2 μs/DIV 挡，扫描扩展状态下荧光屏上水平一格代表的时间值为

$$2\,\mu s \times \frac{1}{10} = 0.2\,\mu s$$

TDS 实验台上有 10 MHz、1 MHz、500 kHz、100 kHz 的时钟信号，由石英晶体振荡器和分频器产生，准确度很高，可用来校准示波器的时基。

示波器的标准信号源 CAL，专门用于校准示波器的时基和垂直偏转因数。例如 COS5041 型示波器标准信号源提供一个 $VP-P=2$ V，$f=1$ kHz 的方波信号。

示波器前面板上的位移(Position)旋钮调节信号波形在荧光屏上的位置。旋转水平位移旋钮(标有水平双向箭头)左右移动信号波形，旋转垂直位移旋钮(标有垂直双向箭头)上下移动信号波形。

3. 输入通道和输入耦合选择

1) 输入通道选择

输入通道至少有三种选择方式：通道 1(CH1)、通道 2(CH2)、双通道(DUAL)。选择通道 1 时，示波器仅显示通道 1 的信号。选择通道 2 时，示波器仅显示通道 2 的信号。选择双通道时，示波器同时显示通道 1 信号和通道 2 信号。测试信号时，首先要将示波器的地与被测电路的地连接在一起。根据输入通道的选择，将示波器探头插到相应通道插座上，示波器探头上的地与被测电路的地连接在一起，示波器探头接触被测点。示波器探头上有一双位开关，此开关拨到"×1"位置时，被测信号无衰减送到示波器，从荧光屏上读出的电压值是信号的实际电压值。此开关拨到"×10"位置时，被测信号衰减为 1/10，然后送往示波器，从荧光屏上读出的电压值乘以 10 才是信号的实际电压值。

2) 输入耦合方式

输入耦合方式有三种选择：交流(AC)、地(GND)、直流(DC)。当选择"地"时，扫描线显示出"示波器地"在荧光屏上的位置。直流耦合用于测定信号直流绝对值和观测极低频信号。交流耦合用于观测交流和含有直流成分的交流信号。在数字电路实验中，一般选择"直流"方式，以便观测信号的绝对电压值。

4. 触发

被测信号从 Y 轴输入后，一部分送到示波管的 Y 轴偏转板上，驱动光点在荧光屏上按比例沿垂直方向移动；另一部分分流到 X 轴偏转系统产生触发脉冲，触发扫描发生器，产生重复的锯齿波电压加到示波管的 X 偏转板上，使光点沿水平方向移动，两者合一，光点在荧光屏上描绘出的图形就是被测信号图形。由此可知，正确的触发方式直接影响到示波器的有效训练。为了在荧光屏上得到稳定的、清晰的信号波形，掌握基本的触发功能及其训练方法是十分重要的。

1) 触发源(Source)选择

要使屏幕上显示稳定的波形，则需将被测信号本身或者与被测信号有一定时间关系的触发信号加到触发电路。触发源选择确定触发信号由何处供给。通常有三种触发源：内触发(INT)、电源触发(LINE)、外触发(EXT)。

内触发使用被测信号作为触发信号，是经常使用的一种触发方式。由于触发信号本身是被测信号的一部分，在屏幕上可以显示出非常稳定的波形。双踪示波器中通道 1 或者通道 2 都可以选作触发信号。

电源触发使用交流电源频率信号作为触发信号。这种方法在测量与交流电源频率有关的信号时是有效的。特别在测量音频电路、闸流管的低电平交流噪音时更为有效。

外触发使用外加信号作为触发信号，外加信号从外触发输入端输入。外触发信号与被测信号间应具有周期性的关系。由于被测信号没有用作触发信号，所以何时开始扫描与被测信号无关。

正确选择触发信号对波形显示的稳定、清晰有很大关系。例如在数字电路的测量中，对一个简单的周期信号而言，选择内触发可能好一些，而对于一个具有复杂周期的信号，且存在一个与它有周期关系的信号时，选用外触发可能更好。

2) 触发耦合(Coupling)方式选择

触发信号到触发电路的耦合方式有多种，不同情况下应选择不同的耦合方式，目的是为了使触发信号稳定、可靠。这里介绍比较常用的几种。

交流(AC)耦合又称电容耦合。它只允许用触发信号的交流分量触发，触发信号的直流分量被隔断。通常在不考虑直流分量时使用这种耦合方式，以形成稳定触发。但是如果触发信号的频率小于 10 Hz，会造成触发困难。

直流(DC)耦合不隔断触发信号的直流分量。当触发信号的频率较低或者触发信号的占空比很大时，使用直流耦合较好。

低频抑制(LFR)触发时触发信号经过高通滤波器加到触发电路，触发信号的低频成分被抑制；高频抑制(HFR)触发时，触发信号通过低通滤波器加到触发电路，触发信号的高频成分被抑制。此外还有用于电视维修的电视(TV)同步触发。这些触发耦合方式各有自己的适用范围，需在使用中去体会。

3) 触发电平(Level)和触发极性(Slope)

触发电平调节又叫做同步调节，它使得扫描与被测信号同步。电平调节旋钮调节触发信号的触发电平。一旦触发信号超过由旋钮设定的触发电平时，扫描即被触发。顺时针旋转旋钮，触发电平上升；逆时针旋转旋钮，触发电平下降。当电平旋钮调到电平锁定位置时，触发电平自动保持在触发信号的幅度之内，不需要电平调节就能产生一个稳定的触发。当信号波形复杂，用电平旋钮不能稳定触发时，用释抑(Hold Off)旋钮调节波形的释抑时间(扫描暂停时间)，能使扫描与波形稳定同步。

极性开关用来选择触发信号的极性。拨在"+"位置上时，在信号增加的方向上，当触发信号超过触发电平时就产生触发。拨在"−"位置上时，在信号减少的方向上，当触发信号超过触发电平时就产生触发。触发极性和触发电平共同决定触发信号的触发点。

5. 扫描方式(Sweep Mode)

扫描有自动(Auto)、常态(Norm)和单次(Single)三种扫描方式。

• 自动：当无触发信号输入，或者触发信号频率低于 50 Hz 时，扫描为自激方式。

• 常态：当无触发信号输入时，扫描处于准备状态，没有扫描线。触发信号到来后，触发扫描。

• 单次：单次按钮类似复位开关。单次扫描方式下，按单次按钮时扫描电路复位，此时准备好(Ready)灯亮。触发信号到来后产生一次扫描。单次扫描结束后，准备灯灭。单次扫描用于观测非周期信号或者单次瞬变信号，往往需要对波形拍照。

6. 示波器的工作原理

示波器是利用电子示波管的特性，将人眼无法直接观测的交变电信号转换成图像，显示在荧光屏上以便测量的电子测量仪器。它是观察数字电路实验现象、分析实验中的问题、测量实验结果必不可少的重要仪器。示波器由示波管和电源系统、同步系统、X 轴偏转系统、Y 轴偏转系统、延迟扫描系统、标准信号源组成。

7. 示波器的使用注意事项

① 选择合适的电源，并注意机壳接地，用前必须加热。

② 示波器使用之前要先用标准信号进行校准。在测量中，"波形幅度"和"扫描速度"的微调开关应放在"校准位置"。

③ 示波器测量前，应首先估算被测信号的幅度大小。若不明确波形的幅度，应将示波器的偏转因数开关置于最大挡，避免因电压过高而损坏示波器。

④ 示波器测量时所选择的偏转因数开关和扫描时间因数开关要能使波形在垂直 Y 轴方向上占到 2~6 格(DIV)，水平 X 轴方向上则使波形的一个周期占 2~3 格(DIV)，这样得到的波形较易观察。

⑤ "辉度"要适中，不要过亮。注意荧光屏上光点不要长期停留在一点，特别是暂时不观测波形时，更应该将"辉度"调暗。

⑥ 示波器使用完，要将电源关掉，同时将各按钮开关弹出，恢复最初状态，以延长示波器的使用寿命。

⑦ 示波器测量前要先进行仪器的确认和校准。测量时，示波器的功能开关应打在相应的位置，以保证被测波在荧光屏上的可视性、完整性和清晰度。

【技能训练】

1. 技能训练器材

YB4328 双踪示波器、信号发生器。

2. 技能训练步骤

训练步骤 1：用示波器测量交流电压。

训练要求：

(1) 用信号发生器产生一个交流电压信号。

(2) 选择输入通道。

测量信号时，首先要将示波器与被测电路接地。然后选择 CH1 通道，并将示波器探头插到 CH1 通道插座上。探头上有一双位衰减开关，应将此开关拨到"×1"位置，此时被测信号无衰减送到示波器，从荧光屏上读出的电压值是信号的实际电压值。若将此开关拨到"×10"位置，被测信号峰值将衰减 10 倍，从荧光屏上读出的电压值乘以 10 才是信号的实际电压值。

(3) 功能开关初始状态的设置。

触发方式开关选择"AUTO"挡；电平调节器调至锁定位置；触发源开关选择"INT"挡；内触发选择开关置于"CH1"挡；垂直方式开关选择"CH1"挡。

(4) 校准示波器。

为减少测量误差，示波器在使用之前要先进行较准。将 CH1 通道的探头连接至校准信号输出端，此校准信号是一个峰值为 0.5 V，频率为 1 kHz 的方波，由示波器的标准信号发生器产生。随后，选择扫描时间因数开关为"0.5 ms/DIV"或"1 ms/DIV"挡，偏转因数开关为"0.5 V/DIV"或"0.1 V/DIV"挡，从而使校准信号在荧光屏上出现在一个周期内，水平 X 轴方向占 2 DIV(格)或 1 DIV(格)，垂直 Y 轴方向占 1 DIV(格)或 5 DIV(格)，便于观察。此外，时间因数开关和偏转因数开关上的微调开关均应调至"校准位置"，且均不能被拉出。然后打开电源开关，并将输入耦合开关置于"DC"挡。此时，荧光屏上会出现一个峰值为 0.5 V，频率为 1 kHz 的方波。

　　如果没有波形出现，则调"辉度"调节器。如果"辉度"调到最大时，荧光屏仍无波形出现，则考虑波形是否被调到荧光屏以外，可用左右手同时调节 X 轴和 Y 轴位移调节器，直至将波形移动到荧光屏的中间位置，随后再将"辉度"调至适中位置。如果出现的波形太粗，模糊不清，可调节"聚集"调节器，使光迹线变细小，从而使波形清晰起来。

　　经过以上的测试，如出现的波形正确，则说明该示波器 CH1 通道能正常工作。否则，此示波器不能作为测量工具。

　　(5) 示波器的测量过程。

　　① 用直接测量法。直接测量法就是直接从屏幕上测量出被测电压波形的高度，然后换算成电压值；定量测试电压时，一般把 Y 轴灵敏度开关的微调旋钮转至"校准"位置上，这样，就可以从"V/DIV"的指示值和被测信号占取的纵轴坐标值直接计算被测电压值，因此直接测量法又称为标尺法。

　　直接测量法简单易行，但误差较大，产生误差的因素有读数误差、视觉误差和示波器的系统误差(衰减器、偏转系统，示波管边缘效应)等。

　　② 用示波器测量交流电压。Y 轴输入耦合开关置于"AC"位置，可以显示出输入波形的交流成分；如交流信号的频率很低时，则应将 Y 轴输入耦合开关置于"DC"位置。

　　将被测波形移至屏幕的中心位置，用"V/DIV"开关将被测波形控制在屏幕有效工作范围内，按坐标分度尺的分度读取整个波形在 Y 轴方向的度数 H，则被测电压的峰-峰值 V_{p-p} 等于"V/DIV"开关指示值与 H 的乘积，如果使用探头测量时，应把探头的衰减量计算在内，即把上述计算数值乘以 10。

　　训练步骤 2：用示波器测量直流电压

　　训练要求：

　　(1) 将 Y 轴输入耦合开关置于"⊥"位置，触发方式开关置于"自动"位置，使屏幕显示一水平扫描线，此扫描线便为零电平线。

　　(2) 将 Y 轴输入耦合开关置于"DC"位置，加入被测电压，此时，扫描线在 Y 轴方向产生跳变位移 H，被测电压即为"V/DIV"开关指示值与 H 的乘积。

　　训练步骤 3：利用示波器进行时间和周期的测量。

　　训练要求：

　　示波器中的扫描发生器能产生与时间呈线性关系的扫描线，因而可以用荧光屏的水平刻度来测量波形的时间参数，如周期性信号的重复周期、脉冲信号的宽度、时间间隔、上升时间(前沿)和下降时间(后沿)、两个信号的时间差等；测量时，要先将示波器的扫描时间因数开关"T/DIV"的"微调"旋钮转到校准位置，显示的波形在水平方向分度所代表的时间按"T/DIV"开关的指示值才能直接计算，从而准确地求出被测信号的时间参数。

　　测量时间时，设两点间的水平距离为 D(单位是 DIV)，则两点间所表示的时间为

$$t = D \quad (\text{T/DIV})$$

　　测量周期时，设周期间的水平距离为 D' (单位是 DIV)，则周期为

$$t = D' \qquad (\text{T/DIV})$$

训练步骤 4：利用示波器测量脉冲的参数。

训练要求：

用双踪示波器测量脉冲波形参数时，由于其 Y 轴电路中有延迟电路，使用内触发方式能很方便地测出脉冲波形的上升沿和下降沿的时间。测量上升沿时可调整脉冲幅度，使其占 5 DIV，并使 10%和 90%电平处于网格上，这时很容易读出上升沿的时间；测量脉冲宽度时，可将脉冲幅度调整为占 6 DIV，这时 50%电平也恰在网格线上；测量脉冲幅度时，适当调整"V/DIV"，使显示的波形较大，很容易读出刻度值。

另外还需指出，由示波器读出的上升时间包括示波器本身的上升时间，要求示波器本身的上升时间应小于被测脉冲上升时间的 1/3，否则将会带来很大误差。

【技能考核评价】

双踪示波器的考核评价见表 6.7。

表 6.7　双踪示波器的考核

考核内容	配分	评 分 标 准	扣分	得分
测量前的准备	40	① 输入通道的选择(15 分)； ② 功能开关初始状态的设置(15 分)； ③ 示波器的校准(10 分)		
测量过程	30	① 正确使用示波器探笔(15 分)； ② 会测量各种可量电量(15 分)		
读数	20	① 探笔衰减量(5 分)； ② 读数正确性(15 分)		
安全、文明操作	10	违反 1 次，扣 5 分		
定额时间	20 min	每超过 5 min，扣 10 分		
开始时间		结束时间	总评分	

任务 6　晶体管特性图示仪的使用与维护

【任务引入】

晶体管特性图示仪是一种专用示波器，它能直接观察各种晶体管特性曲线及曲线簇。可用来测定晶体管的集电极、基极、发射极的输入、输出特性、转换特性等，还可以测定二极管、稳压管、可控硅、场效应管及数字集成电路的特性，用途广泛。本任务通过对晶体管特性仪面板功能及其基本训练步骤的学习，要求学生掌握晶体管特性仪的使用方法。

【目的与要求】

1. 知识目标

① 熟悉 XJ4810 型晶体管特性图示仪面板功能。

② 掌握 XJ4810 型晶体管特性图示仪基本训练步骤。

2．技能目标

能熟练地使用晶体管特性仪。

【知识链接】

　　晶体管测量仪器是以通用电子测量仪器为技术基础，以半导体器件为测量对象的电子仪器。用它可以测试晶体三极管(NPN 型和 PNP 型)的共发射极、共基极电路的输入特性、输出特性；测试各种反向饱和电流和击穿电压，还可以测量场效管、稳压管、二极管、单结晶体管、可控硅等器件的各种参数。下面以 XJ4810 型晶体管特性图示仪为例介绍晶体管图示仪的使用方法。

1．XJ4810 型晶体管特性图示仪面板功能介绍

　　XJ4810 型晶体管特性图示仪面板如图 6.12 所示。

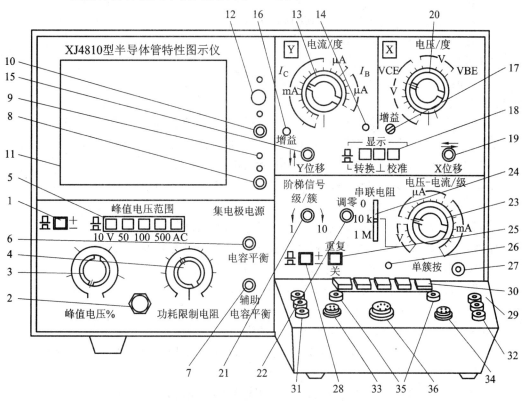

图 6.12　XJ4810 型晶体管特性图示仪面板

1(集电极电源极性按钮)：极性可按面板指示选择。

2(集电极峰值电压保险丝)：1.5 A。

3(峰值电压%)：峰值电压可在 0～10 V、0～50 V、0～100 V、0～500 V 之间连续可调，面板上的标称值是近似值，作参考用。

4(功耗限制电阻)：它是串联在被测管的集电极电路中，限制超过功耗，亦可作为被测半导体管集电极的负载电阻。

5(峰值电压范围)：分 0～10 V/5 A、0～50 V/1 A、0～100 V/0.5 A、0～500 V/0.1 A 四挡。当由低挡改换高挡观察半导体管的特性时，须先将峰值电压调到零值，换挡后再按需

要的电压逐渐增加，否则容易击穿被测晶体管。

AC挡的设置专为二极管或其他元件的测试提供双向扫描，以便能同时显示器件正反向的特性曲线。

6(电容平衡)：由于集电极电流输出端对地存在各种杂散电容，都将形成电容性电流，因而在电流取样电阻上产生电压降，造成测量误差。为了尽量减小电容性电流，测试前应调节电容平衡，使容性电流减至最小。

7(辅助电容平衡)：是针对集电极变压器次级绕组对地电容的不对称，而再次进行电容平衡调节。

8(电源开关及辉度调节)：旋钮拉出，接通仪器电源，旋转旋钮可以改变示波管光点亮度。

9(电源指示)：接通电源时灯亮。

10(聚焦旋钮)：调节旋钮可使光迹最清晰。

11(荧光屏幕)：示波管屏幕，外有坐标刻度片。

12(辅助聚焦)：与聚焦旋钮配合使用。

13(Y轴选择(电流/度)开关)：具有22挡四种偏转作用的开关。可以进行集电极电流、基极电压、基极电流和外接的不同转换。

14(电流/度 ×0.1倍率指示灯)：灯亮时，仪器进入电流/度 ×0.1倍工作状态。

15(Y移位及电流/度倍率开关)：调节迹线在垂直方向的移位。旋钮拉出，放大器增益扩大10倍，电流/度各挡 I_C 标值 ×0.1，同时指示灯14亮。

16(Y轴增益)：校正Y轴增益。

17(X轴增益)：校正X轴增益。

18(显示开关)：分转换、接地、校准三挡，其作用分别是：

转换：使图像在Ⅰ、Ⅲ象限内相互转换，便于由NPN管转测PNP管时简化测试训练。

接地：放大器输入接地，表示输入为零的基准点。

校准：按下校准键，光点在X、Y轴方向移动的距离刚好为10度，以达到10度校正目的。

19(X轴移位)：调节光迹在水平方向的移位。

20(X轴选择(电压/度)开关)：可以进行集电极电压、基极电流、基极电压和外接四种功能的转换，共17挡。

21("级/簇"调节)：在0～10的范围内可连续调节阶梯信号的级数。

22(调零旋钮)：测试前，应首先调整阶梯信号的起始级零电平的位置。当荧光屏上已观察到基极阶梯信号后，按下测试台上选择按键"零电压"，观察光点停留在荧光屏上的位置，复位后调节零旋钮，使阶梯信号的起始级光点仍在该处，这样阶梯信号的零电位即被准确校正。

23(阶梯信号选择开关)：可以调节每级电流大小注入被测管的基极，作为测试各种特性曲线的基极信号源，共22挡。一般选用基极电流/级，当测试场效应管时选用基极源电压/级。

24(串联电阻开关)：当阶梯信号选择开关置于电压/级的位置时，串联电阻将串联在被测管的输入电路中。

25(重复开关按键)：弹出为重复，阶梯信号重复出现；按下为关，阶梯信号处于待触发状态。

　　26(阶梯信号待触发指示灯)：重复按键按下时灯亮，阶梯信号进入待触发状态。

　　27(单簇按键开关)：单簇的按动其作用是使预先调整好的电压(电流)/级，出现一次阶梯信号后回到等待触发位置，因此可利用它瞬间作用的特性来观察被测管的各种极限特性。

　　28(极性按键)：极性的选择取决于被测管的特性。

　　29(测试台)：其结构如图 6.13 所示。

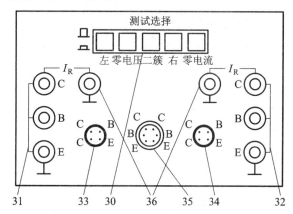

图 6.13　XJ4810 型半导体管特性图示仪测试台

　　30(测试选择按键)：

　　① "左""右""二簇"：可以在测试时任选左右两个被测管的特性，当置于"二簇"时，即通过电子开关自动地交替显示左右二簇特性曲线，此时"级/簇"应置适当位置，以利于观察。二簇特性曲线比较时，请不要误按单簇按键。

　　② "零电压"键：按下此键用于调整阶梯信号的起始级在零电平的位置，见 22 项。

　　③ "零电流"键：按下此键时被测管的基极处于开路状态，即能测量 I_{CEO} 特性。

　　31、32(左右测试插孔)：插上专用插座(随机附件)，可测试 F_1、F_2 型管座的功率晶体管。

　　33、34、35(晶体管测试插座)。

　　36(二极管反向漏电流专用插孔(接地端))。

　　在仪器右侧板上分布有如图 6.14 所示的旋钮和端子。

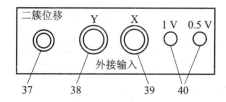

图 6.14　XJ4810 型半导体管特性图示仪右侧板

　　37(二簇移位旋钮)：在二簇显示时，可改变右簇曲线的位置，更方便于配对晶体管各种参数的比较。

　　38(Y 轴信号输入)：Y 轴选择开关置外接时，Y 轴信号由此插座输入。

　　39(X 轴信号输入)：X 轴选择开关置外接时，X 轴信号由此插座输入。

　　40(校准信号输出端)：1 V、0.5 V 校准信号由此二孔输出。

2．测量方法

(1) 按下电源开关，指示灯亮，预热 15 分钟后，即可进行测试。

(2) 调节辉度、聚焦及辅助聚焦，使光点清晰。

(3) 将峰值电压旋钮调至零，峰值电压范围、极性、功耗电阻等开关置于测试所需位置。

(4) 对 X、Y 轴放大器进行 10 度校准。

(5) 调节阶梯调零。

(6) 选择需要的基极阶梯信号，将极性、串联电阻置于合适挡位，调节级/簇旋钮，使阶梯信号为 10 级/簇，阶梯信号置重复位置。

(7) 插上被测晶体管，缓慢地增大峰值电压，荧光屏上即有曲线显示。

【技能训练】

1．技能训练器材

XJ4810 型晶体管特性图示仪、晶体管、稳压管、二极管、可控硅等。

2．技能训练步骤

训练步骤：晶体管 h_{FE} 和 β 值的测量。

训练要求：

以 NPN 型 3DK2 晶体管为例，查手册得知 3DK2 h_{FE} 的测试条件为 $U_{CE}=1\,V$、$I_C=10\,mA$。将光点移至荧光屏的左下角作座表零点。仪器部件的置位详见表 6.8。

表 6.8 3DK2 晶体管 h_{FE}、 β 测试时仪器部件的置位

部　件	置位	部　件	置位
峰值电压范围	0～10 V	Y 轴集电极电流	1 mA /度
集电极极性	+	阶梯信号	重复
功耗电阻	250 Ω	阶梯极性	+
X 轴集电极电压	1 V/DIV	阶梯选择	20 μA

逐渐加大峰值电压就能在显示屏上看到一簇特性曲线，如图 6.15 所示。读出 X 轴集电极电压 $U_{CE}=1\,V$ 时最上面一条曲线(每条曲线为 20 μA，最下面一条 $I_B=0$ 不计在内)I_B 值和 Y 轴 I_C 值，可得

$$h_{FE}=\frac{I_C}{I_B}=\frac{8.5\,mA}{200\,\mu A}=\frac{8.5}{0.2}=42.5$$

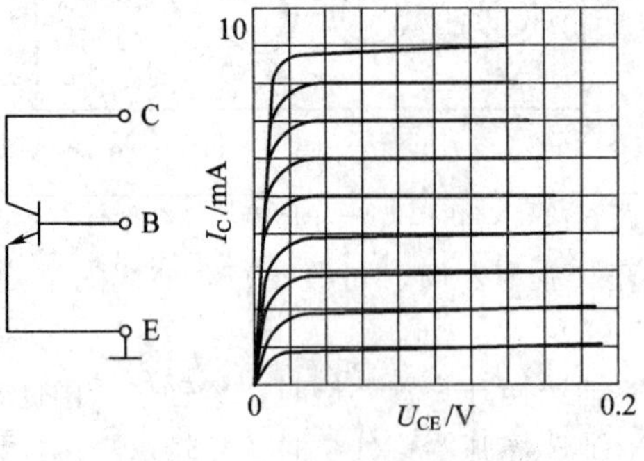

图 6.15 晶体三极管输出特性曲线

若把 X 轴选择开关放在基极电流或基极源电压位置，即可得到如图 6.16 所示。的电流放大特性曲线。即

$$\beta = \frac{\Delta I_C}{\Delta I_B}$$

PNP 型三极管 hFE 和 β 的测量方法同上，只需改变扫描电压极性、阶梯信号极性、并把光点移至荧光屏右上角即可。

$$\text{BV}_{CEO} = 60 \text{ V} \qquad (I_C = 200 \text{ μA})$$

$$\text{BV}_{EBO} = 8.8 \text{ V} \qquad (I_C = 100 \text{ μA})$$

PNP 型晶体管的测试方法与 NPN 型晶体管的测试方法相似。

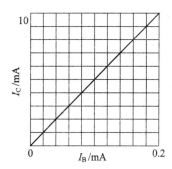

图 6.16　电流放大特性曲线

【技能考核评价】

晶体管特性仪的考核评价见表 6.9。

表 6.9　晶体管特性仪的考核

考核内容	配分	评 分 标 准	扣分	得分
使用准备	40	① 是否预热(15 分)； ② 光点清晰(15 分)； ③ 调节开关置于测量位置(10 分)		
测量过程	30	① 校准(10 分)； ② 调零(10 分)； ③ 选择合适挡位(10 分)		
结果显示	20	呈现完整特性曲线(20 分)		
安全、文明操作	10	违反 1 次，扣 5 分		
定额时间	20 min	每超过 5 min，扣 10 分		
开始时间		结束时间	总评分	

电气线路测绘

国家职业标准技能内容与要求：

　　中级工能够测绘一般复杂程度机械设备的电气部分。高级工能够测绘 X6132 型铣床等较复杂机械设备的电气原理图、接线图及列出电气元件明细表；能够测绘电子线路并绘出其原理图。

　　维修电工在工作过程中，若原有机床的电气控制电路图遗失或损坏，或引进和国外设备，由于不是技术引进，没有设备的技术资料和设备的电气原理图，这些都给电气设备及控制电路的检修带来很多不便，所以有必要了解和掌握机床电气控制原理图的测绘方法，并根据实物测绘机床电气控制原理图。

任务 1　CA6140 型普通车床的电气安装接线图和电气控制原理图的测绘

【任务引入】

　　由于 CA6140 型普通车床使用时间较长，原有电气控制电路图纸缺失，要对 CA6140 型普通车床进行电气测绘，测绘出电气原理图，以便后期维修。本任务通过对 CA6140 型普通车床电气线路的测绘，使学生掌握电气线路图的测绘方法与技能。

【目的与要求】

　　1. 知识目标

　　① 测绘 CA6140 型普通车床电气控制电路，并绘制电气原理图。

　　② 熟悉 CA6140 型普通车床的控制要求。

　　2. 技能目标

　　① 正确使用测量工具进行测量。

　　② 按照国家电气绘图规范及标准，正确给出电路图。

【知识链接】

　　电气线路测绘的原则与基本方法。

1. 了解被测绘设备电路板的基本情况

电气线路测绘是根据现有的电气线路、机械控制线路和电气装置进行现场测绘，然后经过整理后绘出安装接线图和线路控制原理图。在测绘前，先要全面了解测绘对象，了解原线路的控制过程、控制顺序、控制方法、布线规律、连接形式等有关内容，根据测绘需要准备相应的测量工具和测量仪器等。

2. 电气线路测绘基本原则

测绘时一般先测绘主线路，后测绘控制线路。先测绘输入端，再测绘输出端。先测绘主干线，再依次按节点测绘各支路。先简单后复杂，最后要一个回路一个回路地进行。徒手绘制草图时，为了便于绘出线路的原理图，可对被测对象绘制安装接线示意图，即用简明的符号和线条徒手画出电气控制元件的位置关系、连接关系、线路走向等，可不考虑遮盖关系。

3. 绘制机床电气设备控制线路图的步骤

1) 测绘前的调查

① 了解机床的基本结构及运动形式，有哪些运动属于电气控制的，有哪些运动是机械传动的，哪些属于液压传动的，液压传动时、电磁阀的动作情况如何；另外，电气控制中哪些需要联锁、限位及所需的各种电气保护等。

② 在熟悉机械动作情况的同时，让机床的训练者开动机床，展示各运动部件的动作情况，了解哪些是正反转控制，哪些是顺序控制，哪台电动机需制动控制等，有些电器功能不清楚时、可通过试车确认。

③ 根据各部件的动作情况，在电气控制箱(盘)中观察各电气元器件的动作情况根据动作情况按绘制方法绘制电气控制电路图。

2) 测绘方法

(1) 位置图。

接线图—电路图法。这是测绘电气原理图的最基本方法，绘制步骤如下：

① 将生产设备停电，并使所有电气元器件处于正常(不受力)状态。

② 按实物画出设备的电气布置图，一般电器位置分为三个部分，即控制箱(柜)，电动机和设备本体上的电器。

③ 画出所有电器内部功能示意图，在所有接线端子处均标线号，画出实物接线图。

④ 根据实物接线图和绘制原则画出电气原理图。

(2) 查对法。

在调查了解的基础上，分析判断生产设备控制线路中采用的基本控制环节，并画出线路草图，再与实际控制线路进行查对，对不正确的地方加以修改，最后绘制出完整的电气原理图。

采用此法绘图需要绘制者有一定的基础，既要熟悉各种电气元器件在系统中的作用及连接方法，又要对系统中各种典型环节的画法有比较清楚的了解。

(3) 综合法。

根据对生产设备中所用电动机的控制要求及各环节的作用，采用上述两种方法相结合进行绘制，如先用查对法画出草图，再按实物测绘检查、核对、修改，画出完整的电气原理图。

3) 绘图注意事项

绘制接线图时应注意以下几点：

① 接线图应表示出各电器的实际位置，同一电器的各元器件要画在一起。

② 要表示出各电动机、电器之间的电气连接，可以用线条表示(也可用去线号表示)，凡是导线走向相同的可以合并画成单线，控制板内和板外各元器件之间的电气连接是通过接线端子来进行的。电动机、电器的电气连接图如图 7.1 所示。

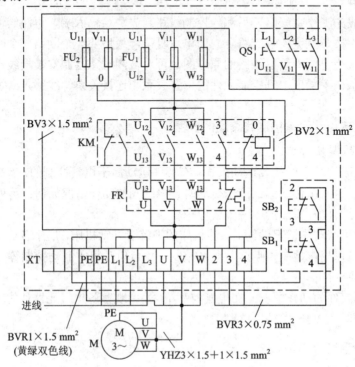

图 7.1　电动机、电器的电气连接图

③ 接线图中元器件的图形和文字符号以及端子的编号应与原理图一致，以便对照检查。

④ 接线图应标明导线和走线管的型号、规格、尺寸、根数。

4) 绘图顺序

绘制电路图时，先绘制主运动、辅助运动及进给运动的主电路的电路图；再绘制主运动、辅助运动及进给运动的控制电路图。

5) 给图编号

将绘制的电路图按实物编号。

6) 实操检验

将绘制好的控制电路图对照实物进行实际训练，检查绘制的电气控制电路图的训练控制与实际训练的电器动作情况是否相符，如果与实际训练情况相符，就完成了电气电路图的绘制。否则须进行修改，直到与实际动作相符为止。

【技能训练】

1. 技能训练器材

① 万用表、钳形电流表、尖嘴钳、斜口钳、螺丝刀、剥线钳、试电笔。

② CA6140 型普通车床，纸、笔、绘图工具，绝缘鞋，工作服。

2．技能训练步骤

训练任务：测绘 CA6140 型普通车床电气控制系统。

训练步骤 1：测绘安装接线图。

① 搞清 CA6140 型普通车床的动作控制功能。主轴转动、冷却泵、刀架快速移动，分别由三台电动机拖动。

② 熟悉电气控制箱的位置。电气控制在主轴转动箱的后下方，主轴控制在溜板箱的正前方，刀架快速移动控制在中拖板右侧训练手柄上，机床电源开关和冷却泵控制在机床左前方。

③ 打开电气控制箱门，可看到机床控制板上各电器的位置分布，进行电气测绘。

④ 按照国标电气图形符号、文字代号等画出电气安装接线图，然后将各电器上连线的线号依次标注在图中，没有线号的线用万用表测量确认连接关系后补充新线号，经整理后就绘出如图 7.2 所示的 CA6140 型普通车床电气安装接线草图。

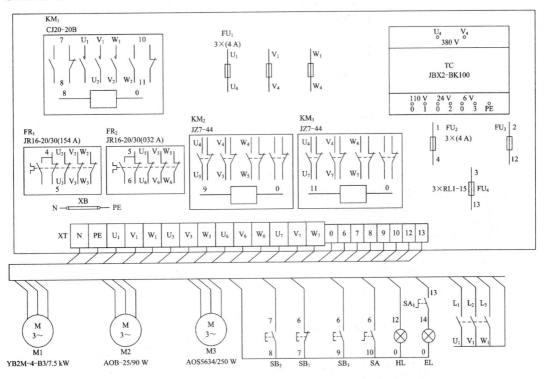

图 7.2　CA6140 型普通车床电气安装接线草图

训练步骤 2：测绘主电路。

① 三相交流电源 L_1、L_2、L_3 通过电源开关 QS 引入端子排 U、V、W，分别接到接触器 KM_1 和熔断器 FU_1 上，从接触器 KM_1 出来后接到热继电器 FR_1，再到端子排 U_1、V_1、W_1 与主轴电机 M_1 连接。由此得到了主轴电动机 M_1 主线路。

② 采用同样方法顺着主线和线号可得到刀架快速移动电动机 M_3 和冷却泵电机 M_2 的主线路。

训练步骤3：测绘控制电路。

① 经由变压器 110 V 电压端引出 1 号线，接 FU₂，出线端由 4 号线串联主轴热继电器以及 5 号线的冷却泵热继电器。

② 6 号线分三路分别接到主轴停止按钮 SB₁、刀架快速移动按钮 SB₃ 和冷却泵控制开关 SA 上。

③ 主轴启动按钮 SB₂ 经端子排 7 号线与主轴停止按钮 SB₁ 的另一端相连，SB₂ 另一端经端子排 8 号线接 KM₁ 的线圈，KM₁ 的自锁触点与 SB₂ 接点并联。其测绘草图如图 7.3(a) 所示。刀架快速移动是通过控制开关 SB₃ 另一端经端子排 9 号线和接触器 KM₃ 的线圈相连，其测绘草图如图 7.3(b) 所示。对冷却泵的控制是通过控制开关 SA 与接触器 KM₁ 的常开触点串联后到接触器 KM₂ 的线圈，其测绘草图如图 7.3(c) 所示。通电指示灯 HL 直接接至熔断器 FU₃ 端，照明灯 EL 通过开关 SA₂ 接至熔断器 FU₄。公共控制回路线是 0 号线。

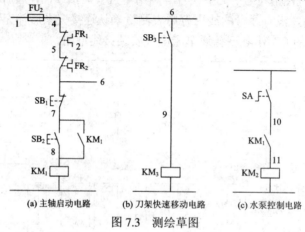

图 7.3 测绘草图

④ 经整理后，绘出 CA6140 型普通车床电气原理图，见图 7.4。

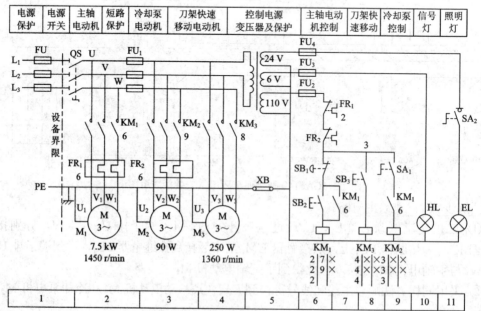

图 7.4 CA6140 型普通车床电气原理图

【技能考核评价】

CA6140 型普通车床接线图和原理图测绘的考核评价见表 7.1。

表 7.1　CA6140 型普通车床接线图和原理图测绘的考核

序号	考核内容	考核要求	评分标准	配分	扣分	得分
1	绘制接线图	利用万用表、电工工具等测量工具正确测量机械设备各电气控制线路，然后按国家电气绘图规范及标准，正确绘出电气接线图	① 不能熟练利用测量工具进行测量，扣 2 分； ② 测量步骤不正确，每次扣 2 分； ③ 绘制电气接线图时，符号错 1 处，扣 1 分； ④ 绘制电气接线图时，接线图错 1 处，扣 2 分； ⑤ 绘制电气接线图不规范或不标准，扣 5 分	15		
2	绘制电路图	依据上面绘出的电气接线图，按国家电气绘图规范及标准，正确绘出电路图	① 绘制电路图时，符号错 1 处扣 1 分； ② 绘制电路图时，电路图错 1 处扣 2 分； ③ 绘制电路图不规范及不标准，扣 5 分	15		
3	简述原理	依据绘出的电路图，正确简述电气控制线路的工作原理	① 缺少一个完整独立部分的电气控制线路的动作，扣 5 分； ② 在简述每一个独立部分电气控制线路的动作时不完善，每处扣 2 分； ③ 简述电气动作过程错误，扣 10 分	10		
安全、文明操作	10		违反 1 次，扣 5 分			
定额时间			每超过 5 min，扣 10 分	总评分		
开始时间		结束时间		考评员签字		

任务 2　X6132 型铣床电气安装接线图和电气原理图的测绘

【任务引入】

X6132 型铣床是工农业生产中经常碰到的一种典型机床，随着使用时间的推移，原有电气控制电路图纸缺失，因此要对 X6132 型铣床进行电气测绘，测绘出电气原理图，以便后期维修。本任务通过对 X6132 型铣床电气线路的测绘，使学生掌握电气线路图的测绘方法与技能，并掌握 X6132 型铣床的工作原理。

【目的与要求】

1. 知识目标

① 测绘 X6132 型铣床电气控制电路，并绘制电气原理图。

② 熟悉 X6132 型铣床的控制要求。

2. 能力目标

① 正确使用测量工具进行测量。

② 按照国家电气绘图规范及标准，正确绘制出电路图。

【知识链接】

1) 测绘步骤

(1) 绘制主电路的线路图。

(2) 绘制控制电路的线路图。

(3) 将绘制的原理图按实物编号。

(4) 将绘制好的电气控制原理图对照实物检查。

2) 电气线路测绘注意事项

(1) 电气线路测绘前要检验被测设备或装置是否有电，不能带电作业。确实需要带电测量的，必须采取必要的防范措施。

(2) 避免大拆大卸，对去掉的线头要做好记号或记录。

(3) 两人以上协同训练时，要注意协调一致，防止发生事故。

(4) 由于测绘判断的需要，确定要开动机床或设备时，一定要断开执行元件或请熟练的训练工训练，同时需要有人负责监护。对于可能发生的人身或设备事故，一定要有防范措施。

(5) 测绘中若发现有掉线或接线错误时，首先做好记录，不要随意把掉线接到某个电气元件上，应照常进行测绘工作，待原理图出来后再去解决问题。

【技能训练】

1. 技能训练器材

① 万用表、钳形电流表、尖嘴钳、斜口钳、螺丝刀、剥线钳、试电笔等。

② X6132 型铣床，纸、笔、绘图工具，绝缘鞋，工作服。

2. 技能训练步骤

训练任务：X6132 型铣床电气线路的测绘。

训练步骤 1：测绘安装接线图。

① X6132 型铣床的电气控制元件数量较多，电气控制装置在机床床身两侧的配电箱中，机床控制按钮在两处均可训练。

② 左侧配电箱门打开，看到控制变压器、熔断器、主轴控制接触器、热继电器等。在端子排上的连线有左侧按钮站和右侧配电箱。电源开关和主轴换向开关安装在门上。

③ 右侧配电箱门打开，看到整流桥、工作台控制接触器、热继电器和水泵控制热继电器。圆工作台转换开关和水泵控制开关安装在门上。端子排的连线到升降台和前按钮训练站，还有来自左侧配电箱的。

④ 先绘制草图，再根据草图绘制出标准图。绘制草图前要理清左右侧配电箱的连线关系。绘草图时，先把机床所有的电器分布和位置画出来，然后将各电器上连线的线号依序标注在图中，对某些没有经过端子排的连线要特别注意不要遗漏，从而完成草图的绘制。最后整理草图，绘制出 X6132 的安装接线图。

训练步骤 2：测绘主电路。

主电路的测绘应从电源线开始，顺着主线往下查。左侧配电箱是机床主轴控制部分，右侧配电箱是工作台控制部分，工作台的电源也是从左侧配电箱过来的，查的顺序应是从左至右。测绘主线路图的方法见图 7.5，按照上面的走线，用图形符号表示出来，就得到如图 7.6 所示的 X6132 型铣床电气主电路原理图。

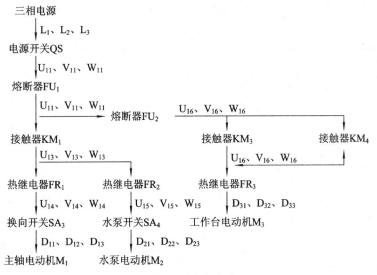

图 7.5　测绘主电路

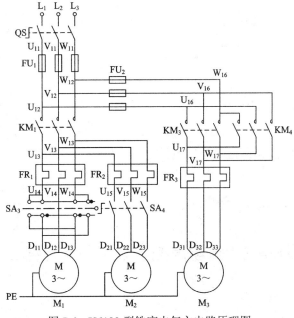

图 7.6　X6132 型铣床电气主电路原理图

训练步骤 3：测绘控制电路

① 控制线路的电源均是由控制变压器二次侧提供的，因此查线也要从控制变压器 TC 的二次绕组开始进行查测。

② 测量控制变压器 TC110V 绕组回路。该绕组回路是整个机床控制线路的核心，线路较复杂，测绘时以控制接触器为中心，向两边测绘。测量顺序如下：

a．主轴控制回路。

b．快速控制回路。

c．工作台控制回路。

将以上所述用图形符号连接起来，就得到控制线路图。

③ 最后将前面所作的图归纳到一起，经标准化后，就绘出全部线路，如图 7.7 所示。

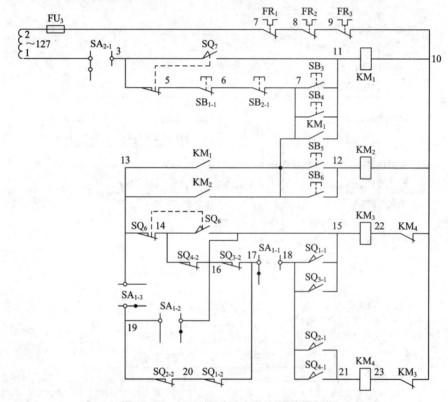

图 7.7　X6132 型铣床电气控制线路原理图

训练步骤 4：试结合 X6132 型铣床测绘电路分析其工作原理。

【技能考核评价】

参考本项目任务 1 中的评分标准。

任务 3　测绘声控器电路印制电路板

【任务引入】

电子电路的维修是电工的基本技能之一，而电子电路的原理图是维修电子电路的基本分析工具。电路图可能随时间的推移遗失或损坏，因此需要对电路进行测绘。本任务通过测绘声控器电子线路，使学生掌握电子线路图的测绘方法与技能，并掌握声控器电子线路的工作原理。

【目的与要求】

1. 知识目标

① 测绘声控器电子线路和声控电源电子线路，并绘制电路图和简述工作原理。

② 熟悉测绘电子线路的要求。

2. 能力目标

① 正确使用测量工具进行测量。

② 按国家电子绘图规范及标准，正确绘出电路图。

【知识链接】

1. 印制板电路图基本知识

按照其用途的不同，印制板电路图一般有三种：一种是为制作电路板提供拍照制版的图样，称为布线图；一种是为装配人员提供的图样，称为装配图；还有一种是为用户维修提供的图样，称为混合图，即它是布线图和装配图两者的组合。

1) 印制板布线图

印制板布线的铜箔线路一般有 4 种表示方式：双轮廓线；双轮廓线内涂色(焊孔不涂色)；双轮廓线内画剖面线；单线表示(印制导线的宽度小于 1 mm 或宽度一致时的表示方法)。4 种表示方式如图 7.8 所示。

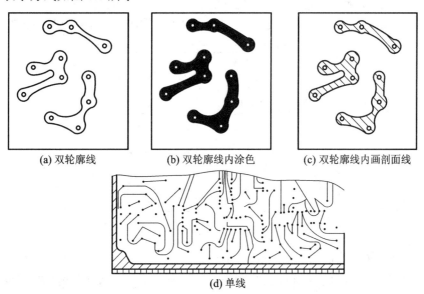

(a) 双轮廓线　　　　(b) 双轮廓线内涂色　　　　(c) 双轮廓线内画剖面线

(d) 单线

图 7.8　印制板布线图的 4 种类型

2) 印制板装配图

印制板装配图反映出电路原理图中各种元器件和组件在印制板上的分布状况和具体位置。装配图一般可以采用图纸表示的方式画出各元器件的分布和他们之间的连接情况。也可以用直接标注元器件位号的方式在线路板上标出元器件的实际位置。如图 7.9 所示的某印制板装配图，在图中标出了外轮廓尺寸和 4 个安装孔尺寸，较复杂的元件采用了简化外形画法并标注了安装要求。电阻、电容、晶体管这些简单的元器件采用了图形符号，从图形符号上可以看出电解电容、晶体管等元器件安装时的极性。

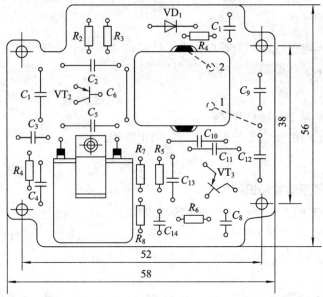

图 7.9　印制板电路装配图

3) 印制板混合图

印制板混合图实际上是布线图和装配图的统一。通常用两种颜色绘制，一种颜色表示印制板正面(装配图)，另一种颜色表示印制板的反面(布线图)。如图 7.10 是印制板混合图。

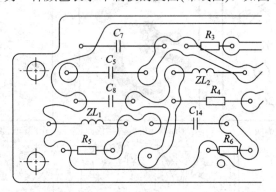

图 7.10　印制板电路混合图

2. 印制电路图测绘过程

在实际工作中，我们手中往往只有印制板电路图或印制电路板实物，在缺少电路原理图的情况下，一般需要根据现有的印制电路图测绘出电路原理图。

图 7.11 是一张印制电路图。显然，印制电路图上的元器件排列、分布不像电路原理图那么有规律，似乎有点"乱"，给电路功能的分析和各元器件作用的判断带来了困难。这时就需要采用一定的方法和技巧将印制电路图测绘成电路原理图。

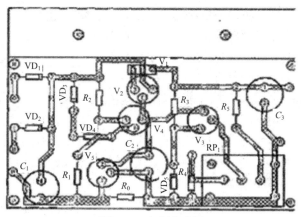

图 7.11　印制电路图

1) 画出电路原理图草图

① 将印制电路图上的所有元器件用其相应的图形符号表示，所有图形符号应符合 GB/T 4728 系列标准。如电位器 RP_1 在图 7.11 中用简化外形的画法，而在绘制电路原理图时必须用电位器的图形符号表示。

② 将印制电路图上的所有印制导线用连接线代替。

③ 将所有焊盘用连接点代替，相交的印制导线处也用连接点代替，如图 7.12(a)所示。

④ 画出电路原理图的草图。

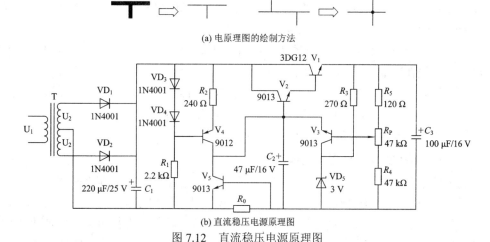

图 7.12　直流稳压电源原理图

2) 测绘元器件

在绘出了电路板走线图后，要逐一将电路板上元器件用相应的符号画到图中相应位置，并标出它们的编号、型号、参数等。对于不同的元器件其测绘方法有所不同。

① 电阻、电容、二极管、晶体管、变压器一般在电路板上都标有相应元器件的符号、编号、容量值等主要参数，记录下这些参数即可。如果电路板上没有标出相应元器件的参数，通过检查元器件上的参数标志，再根据元器件相关的知识，判断其他参数。如果元器件上没有标志，就要将其焊下，用万用表或其他仪表测量其有关参数。

② 集成电路。一般在电路板上标有集成电路的符号、编号、型号等主要参数，记录下

这些参数即可。如果电路板上没有这些参数，通过检查集成电路的标识型号，可得到集成电路的相关参数。有些集成电路的标识没有了，就要通过仪器、仪表和集成电路周围相关的元器件来帮助判断其功能，再通过对集成电路知识的了解和对这类电路工作原理的了解来判断其型号，或合适的替代型号。

③ 其他元器件的种类很多，有许多元器件虽然外形非常相似，但其功能可能完全不同，对于这种情况，如果在电路板上标有它的符号、编号、容量值等主要参数，记录下这些参数即可。如果元器件上有型号，也能得到它的参数。如果没有有关的标志，只能靠我们对这种电路的理解并借助相关的仪器来判断其类型和有关参数，找出合适的替代元器件。

3）绘制出正确的电原理图

对草图进行整理，绘制成规范的便于识读的电原理图。在整理过程中，可以从以下几个方面着手：

① 根据电路绘制的需要，两个连接点以及他们之间的连线(即连接点之间是导线连接)可以简略用一个连接点表示。

② 根据元器件和单元电路明显特征来查找并整理。例如，容量、体积较大的滤波电容；集成电路；带散热片的功率管；4 个二极管组成的整流电路以及变压器等。在图 7.11 中，我们发现 $VD_1 \sim VD_4$ 这 4 个二极管相互连接，可以判断他们可能是整流电路。又如，图中的 V_1 上预留了放置散热片的位置，则 V_1 可能是调整管，与之相连的 V_2 和 V_1 可能构成了复合管。

③ 寻找地线。地线往往是印制电路板上面积较大的印制导线。如图 7.11 中下方第一条印制导线为地线。

④ 查找输入和输出端。按照信号从左往右的传输方向，输入线一般在印制电路图的左边，输出线一般在印制电路图的右边。

⑤ 按照电路的功能绘制电路原理图。绘制时，元器件分布均匀，线条要清晰、挺直。

⑥ 按照国标规定，给每个元器件或零部件标注相应的文字符号。

最后完成的电路原理图如图 7.12(b)所示。

3．印制电路板实物测绘成电原理图的方法

印制电路板是将各种元器件整齐有序地排列在一定尺寸大小的薄型绝缘板(如环氧树脂纤维板)上，各元件的连接线尤其是一些公用线，不是采用普通导线，而是一面敷有铜箔的电路板简称印制板。指导这些印制板加工制作、焊接与维修的图样就称为印制板电路图。如图 7.13 所示是印制板反面(焊接面)的铜箔线路实物图和正面(元器件插装面)的元器件实物图。显然，印制板电路图必须反映出元器件实际安装和接线情况。

(a) 印制板反面　　　　　　　　(b) 印制板正面

图 7.13　印制电路板实物图

如果我们手中的是线路板实物，而要求得到电路原理图，就是要完成对未知电子备件的反设计。必须首先获知该备件的连线表，然后才能依据元器件数据库的相关知识绘制出电路原理图，进而通过技术分析和设计形成替代方案，实现反设计。对未知电路板的测绘使用的常用办法主要有如下三种：

1) 用手工测绘法进行测绘

用万用表的欧姆挡对印制电路板上的各外露焊点和元器件管脚进行连接测试，即首先测第一个焊点(或管脚)和第二、第三个焊点(或管脚)之间的电阻，直至测量完所有焊点和管脚，从而得到第一个焊点或管脚在电路板上的连接图。用同样的方法，再测第二个焊点(或管脚)与第三、第四个焊点(或管脚)之间的电阻，直至测量完所有焊点和管脚，得到第二个焊点或管脚在电路板上的连接图。依次类推，可以得到电路板上各焊点和元器件管脚的连接关系(即网络图)。

2) 扫描测绘法进行测绘

这种方法相对比较先进，先用扫描仪将实物板子扫描后产生图像文件(黑白 bmp 文件)，然后再通过特殊软件转换成印刷板文件(即 bmp 转 pcb 文件)，将 pcb 文件导入到设计文件中，最后按照导入的扫描图像放置元件封装和铜箔线，连线过程好比"描红"，这种方法在转换软件出来后开始广泛使用，效率相对较高。

3) 采用固定针床的办法进行测绘

对于每种电路板设计专门的测试针床，将专用针床与被测电路板的所有接点可靠接触，在计算机测试软件的控制下，通过专门的通道控制器可在较短时间内完成测试工作，而且能完成对多层电路板的测绘。但这种方式要求为每种被测对象设计一个专门的针床和测试软件，投入成本高、周期长。我们这里采用万用表进行电路的测绘。

4. 用手工测绘法进行测绘的具休步骤

(1) 记录线路板实物的原始数据。拿到线路板实物后，首先最好用数码相机拍下印制线路板实物的原图，照片要反映出实物的外形、与其他器件的连接以及印制线路板上各元器件位置等具体情况。接着在纸上记录好所有元器件的型号、参数以及位置，尤其是二极管、三极管的极性，IC 缺口的方向等。

(2) 测定 PCB 的尺寸和外形。

(3) 画出线路板的元器件装配图。给所有元器件编上统一代号，绘出仪器的元器件装配图(包括散件分布图、面板装配图、印制电路图)。

(4) 查出电源正负端位置。凡是与电源正端相连的散件焊点、印制电路结点均用彩笔画成红色，凡与电源负端相连的所有焊点、结点均画成绿色。

(5) 用万用表的欧姆挡查清散件间的相互连接线及其与印制板引出脚的连线，并画在装配图上。

(6) 绘出电路草图。为防止出现漏查和重查现象，每查一个结点(或焊点)，必须把此点相连的所有元件、引线查完后再查下一个点。边画边查，同时用铅笔将装配图上已查过的点、元件勾去。

(7) 复查。草图画完后再将草图与装配图对照检查一遍，看有无错漏之处。

(8) 将草图整理成标准电路图。

(9) 测量记录 PCB 布线情况。

由实物还原电路原理图对于理解电路工作原理和工作情况很有帮助，但对于复杂的电路板，特别是多层板，直接还原电路原理图是非常困难的，这时通常需要借助计算机的帮助，利用扫描仪扫描电路板，多层板还要设法分层，然后再利用抄板软件如 Quickpcb，得到各层的 PCB 文件，在需要的情况下再由 PCB 文件还原电路原理图。这一过程对于被分析的线路板无疑是破坏性的。此处仅限于讨论由实物直接分析还原简单的原理图。

5．用扫描测绘法进行测绘的具体步骤

(1) 首先在本子纸上记录好所有元器件的型号、参数，以及位置以备后用，尤其是二极管、三极管的方向，IC 缺口的方向。最好用数码相机拍两张元器件位置的照片，现在的 PCB 上面的二极管三极管有些不注意根本看不到。

(2) 拆掉所有器件，并且将焊盘孔里的锡用吸锡器等去掉。用酒精等洗板液将 PCB 清洗干净，再用水砂纸将底层轻微打磨(双面板的话还要将顶层也作同样处理)，打磨到铜膜发亮，目的是增强焊盘、导线与其他部位的对比度。

(3) 放入扫描仪，启动 PHOTOSHOP，用彩色方式将铜箔层扫入。这一步非常关键，是扫描抄板是否成功的关键所在。扫描仪扫描的时候需要稍调高一些扫描的像素，以便得到较清晰的图像。调整画布的对比度、明暗度，使有铜膜的部分和没有铜膜的部分对比强烈，然后将此图转为黑白色，检查线条是否清晰，如果不清晰，则重复本步骤。如果清晰，将图存为黑白 BMP 格式文件 *.BMP(或 *.BMP，顶层)，如果发现图形有问题还可以用 PHOTOSHOP 进行修补和修正。

(4) 用特殊软件将底层的 BMP 格式的文件 BOT.BMP 转为 PROTEL 格式文件*.PCB(将 TOP 层 BMP 转化为*.PCB)。

(5) 建立设计(项目文件)，将转换成"*.PCB"导入进来。双击此文件进入 PCB 设计环境。打开测绘文件，将板子图像转到中间层，照此转换图在顶层上放置元件，在底层画铜箔线，依样画出电路，最后再把中间层删除。

【技能训练】

1．技能训练器材

① MF-47 万用表或自定、钳形电流表、尖嘴钳、斜口钳、螺丝刀、剥线钳、试电笔等。
② 声控电子线路板，纸、笔、绘图工具，绝缘鞋，工作服。

2．技能训练步骤

训练任务：测绘声控器电路。

训练步骤 1：熟悉声控器的控制要求。

训练方法与要领：当拍手(或其他方式)发出声响时，话筒接收到声波转换成相应的电信号，控制继电器的开或关。声控器的基本组成是由声电转换、信号放大、执行电路以及电源电路等组成。

训练步骤 2：绘制电子元器件摆放图。

训练方法与要领：依照实物图 7.14，绘制电子元器件摆放图。依照电路板上的电子元器件布置，绘制电子元器件布置草图。

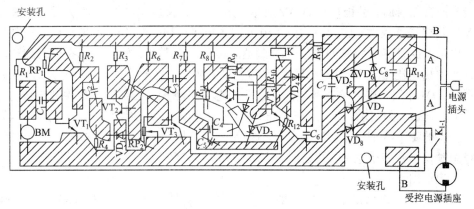

图 7.14　声控器印制电路板图

训练步骤 3：测量线路及元件连接关系。

训练方法与要领：测量时，判断出电子线路板上的信号处理流程方向。根据电路的整体功能，找出整个电路的总输入端和总输出端，即可判断出电路的信号处理流程方向。例如，声控器的话筒 BM 输入处为总输入端，继电器 K_1 输出处为总输出端。从总输入端到总输出端即为信号处理流程方向。以主要元器件为核心，将电路分解为若干个单元电路。一般来讲，晶体管、集成电路等是各单元电路的核心元器件。因此，可以以晶体管或集成电路等主要元器件为标志，按照信号处理流程方向将电路图分解为若干个单元电路。分析主通道各单元电路的基本功能及其相互间的接口关系。为此测量分析电路时，应首先分析主通道各单元电路的功能，以及各单元电路间的接口关系。在进行测量时，正确使用测量工具逐段核对连线检查线路，并能迅速有效地进行判断。

训练步骤 4：绘制并核对电子线路接线图。

训练方法与要领：根据测量的结果绘制电子线路接线图草图，并逐段核对。按国家电气绘图规范及标准，正确绘出电子线路图。参考电路图如图 7.15 所示。

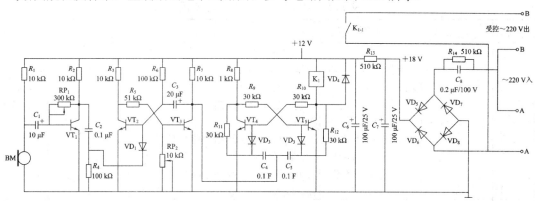

图 7.15　声控器电路图

训练步骤 5：工作原理分析。

训练方法与要领：驻极体话筒则是声电转换器；三极管 VT_1 是共发射极放大电路；VT_2、VT_3 是整形电路，它实际上是一个单稳态触发器；VT_4、VT_5 构成双稳态触发器，作继电器的推动电路；继电器 K_1 是执行电路；二极管 $VD_5 \sim VD_8$ 以及电容 $C_6 \sim C_8$ 等构成电源电路。

当有声音信号时，驻极体话筒 BM 接收到声波并转换成相应的电信号，经 C_1 耦合至三极管 VT_1 基极进行放大。放大后的信号由 VT_1 集电极输出，经 C_2、R_4 微分后，其中的正脉冲被二极管 VD_1 阻断，负脉冲通过 VD_1 到达三极管 VT_2 基极，触发单稳态电路翻转，三极管 VT_3 集电极电压 Uc_3，从 12 V 下跳为 0 V。Uc_3 的电压变化经 C_4、R_{11} 微分后，负脉冲通过二极管 VD_2 加到三极管 VT_4 基极，触发双稳态电路翻转，三极管 VT_5 由截止转为导通，继电器 K_1 吸合，触点闭合，使接在 B-B 端的家用电器电源接通而工作。在单稳态触发器处于暂稳态的 1～4 s 时间里，声音信号不再起作用，从而保证了双稳态触发器可靠翻转。当单稳态触发器暂态结束回复稳态时，三极管 VT_3 集电极电压 Uc_3 的正跳变，被二极管 VD_2 阻断，不起作用。

当再次(1～4 s 以后)发出声音信号时，单稳态触发器输出经 C_5、R_{12} 微分后，负脉冲通过二极管 VD_3 加到三极管 VT_5 基极，触发双稳态电路再次翻转，VT_5 截止，继电器 K_1 释放，触点断开，关闭了家用电器的电源。二极管 VD_4 的作用，是防止在 VT_5 截止的瞬间，继电器线圈产生的自感反电势击穿 VT_5。

电源电路采用电容降压整流电路。C_8 是降压电容，220 V 交流电源中的绝大部分电压都降在 C_8 上。经 C_8 降压后的交流电压，经二极管 VD_5～VD_8 桥式整流后，再由 C_6、C_7、R_{13} 滤除交流成分，最后输出 12 V 直流电压供电路工作。R_{14} 是泄放电阻，当切断电源后，R_{14} 为 C_8 提供放电回路。

训练步骤 6：分析调试方法。

训练方法与要领：调解静态工作点，插上电源插头，用旋具调节微调电阻 RP_1，使 VT_1 集电极电压为 7 V。调灵敏度，在受控电源插座上插上 1 盏灯，拍一下手，台灯应开(或关)。如控制距离太短，用旋具将微调电阻 RP_2 向增大阻值的方向调节，以提高灵敏度。

【技能考核评价】

电子线路图测绘的考核评价见表 7.2。

表 7.2　电子线路图测绘的考核

序号	考核内容	考核要求	评分标准	配分	扣分	得分
1	绘制电路图	利用万用表、电工工具等测量工具正确测量电子线路，然后，按国家电气绘图规范及标准，正确绘出电子线路电路图	① 不会熟练利用测量工具进行测量，扣 5 分； ② 测量步骤不正确，每次扣 5 分； ③ 绘制电子线路电路图时，符号错 1 处扣 4 分； ④ 绘制电子线路电路图时，电路图错 1 处扣 5 分； ⑤ 绘制电子线路电路图时，不规范及不标准扣 15 分；	35		
2	简述原理	依据绘出的电子线路电路图，正确简述电子线路工作原理	① 简述电子线路工作原理时，实质错误，错 1 次扣 5 分； ② 简述电子线路工作原理时，有 1 处不完善扣 5 分； ③ 简述电子线路原理错误，扣 15 分	35		

序号	考核内容	考核要求	评分标准	配分	扣分	得分
3	简述调试方法	依据电子线路图及电子线路的工作原理,正确简述电子线路的调试方法	① 缺少一个调试步骤扣10分; ② 在每一个调试步骤中,调试方法不完善扣5分	20		
安全、文明操作		10	违反1次,扣5分	10		
定额时间			每超过5 min,扣10分	总成绩		
开始时间			结束时间		考评员签字	

项目八

设备大修工艺的编制与检修

国家职业标准技能内容与要求：

初级工能够拆卸、检查、修复、装配、测试 30 kW 以下三个异步电动机和小型变压器；中级工能够正确分析检修、排除 55 kW 以下的交流异步电动机、60 kW 以下的直流电动机及各种特种电机的故障；高级工能够编制一般机械设备的电气修理工艺。

　　设备是企业形成生产能力的物质基础，为最大限度地发挥设备在生产和生活中的重要作用，在实际运行中，应遵循预防为主，使用、维护和计划检修相结合；修理、改造和更新相结合；技术管理和经济管理相结合；专业管理与分散管理相结合的原则做好设备的计划管理。三相异步电动机具有构造简单、坚固耐用、维修方便、运行可靠、价格低廉等特点，因此在各种动力拖动装置中得到广泛应用。为保证三相异步电动机能长期、安全、经济、可靠地工作，对三相异步电动机进行正确安装、运行监视和定期维护是非常必要的，对预防故障的发生也有非常重要的意义。

任务一　X6132 型铣床电气大修工艺的编制

【任务引入】

　　某厂机械加工车间有一台 X6132 型铣床，投入使用时间已有十余年，电气线路已严重老化，影响到正常的生产任务。电气图纸受潮发霉，无法使用。现要对该机床进行大修。本任务通过对 X6132 型铣床电气大修工艺的编制学习，使学生掌握设备大修工艺的编制方法。

【目的与要求】

　　1. 知识目标

　　① 熟悉 X6132 型铣床的控制要求及工作原理。了解触电、触电伤害及触电原因。

　　② 正确了解目前 X6132 型铣床故障现象。

　　③ 按照国家电气大修工艺要求标准编制大修工艺。

　　2. 技能目标

　　掌握电气控制系统测绘、装配及技术改造的技能，具备对设备大修、改造的能力。

【知识链接】

1. 编制一般机械设备的电气大修工艺

机床电器大修是工作量最大的一种计划修理。大修时，将对电气系统的全部或大部分元器件进行解体、修理、更换和调整，从而全面消除机床存在的隐患、缺陷，恢复电气系统达到所规定的性能和精度。另外，常常利用大修时机对设备某部分进行更新及实施某些新技术改造措施。

1) 大修工艺规程

用于规定机床电器的修理程序，元器件的修理、调整方法，系统调试的方法及技术要求等，以保证达到电器大修的质量标准。

2) 大修工艺的步骤

① 阅读设备使用说明书，熟悉电气系统的原理及结构。

② 查阅设备档案，包括设备安装验收记录、故障修理记录，全面了解电气系统的技术状况。

③ 现场了解设备状况和存在的问题以及生产、工艺对电气的要求。其中包括训练系统的可靠性；各仪器、仪表、安全联锁装置、限位保护是否齐全可靠；各器件的老化和破损程度以及线路的缺损情况。

④ 针对现场了解摸底及预检情况，提出大修修理方案、主要电器的修理工艺以及主要更换元器件的名称、型号、规格和数量，填写电器修理技术任务书，与机械修理技术任务书汇总一起报送主管部门审查、批准，以便做好生产技术准备工作。

⑤ 所修设备的复杂系数可由《机械动力设备修理复杂系数手册》查得。

⑥ 编写大修工艺包括内容；整机及部件的拆卸程序及拆卸过程中应检测的数据和注意事项；主要电气设备、电气元件的检查、修理工艺以及应达到的质量标准；电气装置的安装程序、工艺以及应达到的技术要求；系统的调试工艺和应达到的性能指标；需要的仪器、仪表和专用工具应另行注明；试车程序及需要特别说明的事项；施工中的安全措施。

2. 一般机械设备电器修理质量标准

1) 外观质量

① 所有电气设备应外表清洁，安装稳固，易于拆卸、修理和调整。

② 所有电气设备、元件应按图样要求配备齐全。

③ 机床电气设备应有可靠的接地线，其截面积应与相线截面积相同或不小于 4 mm^2。

2) 外部配线

① 全部配线必须整齐、清洁，绝缘无破损，更换的导线规格和型号应符合图样规定。导线的绝缘强度必须符合国家、部、局规定的耐压试验标准。绝缘电阻应不低于 1 MΩ。

② 电线管应整齐、可靠固定，管与管应采用管接头连接，终端应有管帽。

③ 敷设在易受机械损伤部位的导线应采用铁管或金属软管保护，在发热体上方或旁边的导线应加耐热磁管保护，其余部位的导线可采用塑料管保护。

④ 连接活动部分的导线(如箱门、活动刀架等部位)应采用多股软线。多根导线应用线绳或尼龙绳绑扎，并留有足够的弯曲活动长度，使线束在活动中不受拉力，并采取防护措

施以防止线束磨伤、擦伤。

⑤ 主回路、控制回路特别是接地线所用导线的颜色应有区别；导线端头都应有线号；备用线数量应符合图样要求。

⑥ 压接导线端头的螺栓应有平垫和弹簧垫。

3）电器柜

① 盘面平整，油漆完好，柜门合拢严密，门锁灵活。

② 柜内电器应符合常用电器通用修理质量标准，并牢靠固定，对易振和怕振的电器和导线，应有防松、防振措施。

③ 柜内电气布置应按图样要求，附件无缺损。

④ 柜内配线横平竖直。成排成束的导线应用线夹可靠地固定，线夹与导线间应绝缘良好。

⑤ 导线的敷设应不妨碍电器的拆卸，线端应用线号，字码清楚。

⑥ 主回路和控制回路的导线颜色应尽可能有区别，但接地线应与其他导线的颜色有明显的区别，应使用黄绿色。

⑦ 各导电部分对地绝缘阻值不应小于 $1\ M\Omega$。

⑧ 控制柜的电器和电气部件以及在设备上分散安装的电器，都应有清晰耐久的标志，并与原理图上的代号一致。

4）电器仪表

表盘玻璃干净、完整，盘面刻度、字码清楚。表针动作灵活，计量正确。

【技能训练】

1. 技能训练工具与器材

① 实训工具：万用表、钳形电流表、尖嘴钳、偏口钳、螺丝刀、剥线钳、试电笔等。

② 实训器材：X6132 型铣床，纸、笔、绘图工具，绝缘鞋，工作服。

2. 技能训练步骤

训练步骤 1：了解设备目前状况。

训练要求：填写机床大修前情况记录表，见表 8.1。该表经动力科现场复查，填写补充情况后，即可作为大修申请表。

表 8.1 设备大修前的基本情况记录

主要状态	① 距上次大修已 8 年，且超过大修周期； ② 自 1983 年购买至今已使用 20 多年，电控装置陈旧、落后； ③ 进给运动与快速进给运动之间转换，仍采用电磁铁控制，噪声大、耗能、电磁铁易损坏且更换困难； ④ 主轴制动采用串电阻反接制动，方式落后； ⑤ 控制线路混乱，线路编号含糊、脱落，电线老化，故障频发；控制进给电动机正反转接触器经常损坏； ⑥ 右侧电器柜门关合不严，常有铁屑进入； ⑦ 机械加工精度低； ⑧ 机床外壳油漆变色或脱落

续表

需改装或 补充附件	① 建议机床与电控装置结合大修； ② 进给转换和主轴制动建议改造为电磁离合器控制				
申请部门：					
生产组长：		机械员：		主管	×年×月×日
动力科补充 病态	① 纵向进给手柄和十字进给手柄机械磨损严重，导致行程开关压合不上或过压合； ② 机械管线老化； ③ 主轴电动机输出功率不够				
鉴定结论	电气设备更新大修，部分电气设备需进行改造。机械进行大修，修复精度，更换磨损件并配合电气改造				
技术组	动力组	动力组	动力组	修理工段	主管

训练步骤 2：根据机床状态填写大修项目分析表，见表 8.2。

表 8.2 设备大修项目分析

设备编号	061-009		设备名称	万能铣床	型号	X6132
制造单位	北京第一机床厂		复杂系数			
序号	项目	大修前情况	大修方案(一)	大修方案(二)	估计费用	工时定额
1	配电箱	电器陈旧、电线老化	更新	更新		
2	配电管线	电线老化	更新	更新		
3	电磁铁	常损坏	改用电磁离合器	更新		
4	线路	主轴电动机控制不利	改用电磁离合器制动	不改动		
5	床身导轨	精度差				
6	机械调试		全过程	全过程		
7	电气调试		全过程	全过程		

训练步骤 3：制订设备大修方案，见表 8.3。

表 8.3 设备大修方案

设备编号	061-009	设备名称	万能铣床	型号	X6132
制造单位	北京第一机床厂	复杂系数			
序号	项目	大修方案	估计费用	工时定额	
1	配电箱	更新			
2	配电管线	更新			
3	电磁铁	改造			
4	线路	重新设计			
批准人：					

训练步骤4：技术与计划准备。

训练要求：根据设备改造情况，绘制图样，并编写电气设备缺损明细表，见表8.4。根据现有的电气线路、机械控制线路和电气装置进行现场测绘，经过整理，测绘出安装接线图和电气控制原理图。

表8.4　电气设备缺损明细

类别	序号	图号备注	电气设备名称	数量	制造方法				备注
					修理	新制	外购	库存	

主修技术人员：　　　　　　　　　　　备件技术员：

训练步骤5：修理施工安排。

训练要求：

根据各项修理的内容和本企业的修理工时定额，确定各分块工作的劳动工时定额，以便配备相应的劳动力。

训练步骤6：调试试车和完工验收。

训练要求：调试试车并完工验收后应填写验收单，见表8.5。最后，还要填写修理后小结，见表8.6。

表8.5　电气设备大修质量验收单

设备编号	061-009	设备名称	万能铣床	型号	X6132
制造单位	北京第一机床厂	复杂系数			

电气图样号：　　　　　　　　　　　图册编号：

序号	检查项目	检查员意见
1		
2		
3		
4		
⋮		
结论		

车间验收：　　　　负责技术员：　　　　　　检验员：

　　　　　　　　　　　　　　　　　×年×月×日

表 8.6　设备修理后小结(摘电气部分)

设备编号	061-009	设备名称	万能铣床	型号	X6132
纪要	大修 X6132 型万能铣床电气部分全面恢复，并经过调试、性能测试和两个月的使用，运行情况良好				
整修内容	修理内容及要求见表 8.1，全面进行整修，全部达到修理要求				
性能测试情况	① 主轴电动机运行良好，制动灵活； ② 进给电动机上进、快进转换灵活，无噪声； ⑤ 各项控制动作全部正常				
主修工人：	主修技术员：				

【技能考核评价】

X6132 型铣床大修检验标准见表 8.7。

表 8.7　X6132 型铣床大修检验标准

考核内容	大 修 内 容	配分	扣分	得分
X6132 型铣床电气大修	检查电气及线路是否有老化及绝缘损伤的地方	5		
	清扫电器及导线上的油污和灰尘	5		
	拆开配电板各元件和管线并进行清扫	5		
	拆开旧的各电气开关，清扫各电气元件的灰尘和油污	5		
	拧紧各线段接触点的螺钉，要求接触良好	5		
	更换老化和损伤的电器、线段及不能使用的电气元件	5		
	除去电器锈迹，并进行防腐处理	5		
	重新整定热继电器，检验仪表	5		
	对制动二极管或电阻进行清扫和数据测量	5		
	测量接地是否良好，测量绝缘电阻	5		
	油漆开关箱，并对所有附件进行防腐处理	5		
	核对图纸	5		
电气完好标准	各电气开关线路清洁整齐无损伤，各保护装置信号装置完好	5		
	各接触点接触良好，床身接地良好，电动机、电器绝缘良好	5		
	试验中各开关动作灵敏可靠，符合图纸要求	5		
	开关和电动机声音正常无过热现象，交流电动机三相电流平衡	5		
	零部件完整无损，符合要求	5		
	图纸资料齐全	5		
安全、文明操作		10		
定额时间				
开始时间		结束时间		总评分

任务二　按工艺规程进行交流异步电动机的拆装、接线和调试

【任务引入】

对电动机进行定期保养，维护和检修时，首先要掌握电动机的拆装方法。如果拆装方法不当，就会造成电动机部件损坏，从而引发新的故障。因此，正确拆装电动机是确保维修质量的前提。本任务通过对三相异步电动机结构、铭牌、分类和拆装工艺的学习，使学生全面认识三相异步电动机，掌握三相异步电动机拆装方法。

【目的与要求】

1．知识目标

① 了解三相异步电动机的结构，能正确地选择电动机的防护形式。

② 熟悉三相异步电动机的接线盒，掌握接线板的接线要求及接线形式。

③ 熟悉三相异步电动机的铭牌，掌握电动机的型号及主要技术数据。

2．技能目标

能熟练地对小型三相异步电动机进行拆装。

【知识链接】

在对三相异步电动机进行维修和维护时，经常需要拆装电动机，如果拆装训练不当，就会损坏零部件。因此，只有掌握正确的拆卸与装配技术，才能保证电动机的正常运行和维修质量。

1) 三相异步电动机的结构

三相异步电动机主要由定子和转子两个基本部分组成。图 8.1 所示为一台封闭式笼型三相异步电动机结构图。

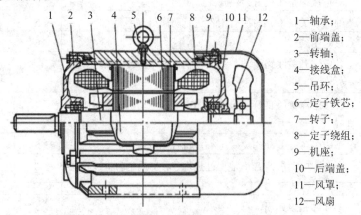

1—轴承；
2—前端盖；
3—转轴；
4—接线盒；
5—吊环；
6—定子铁芯；
7—转子；
8—定子绕组；
9—机座；
10—后端盖；
11—风罩；
12—风扇

图 8.1　封闭式笼型三相异步电异步电动机结构图

2) 三相异步电动机的铭牌

铭牌是三相异步电动机的重要标志，是安装和维修电动机的重要依据，如图 8.2 所示为三相异步电动机的铭牌。

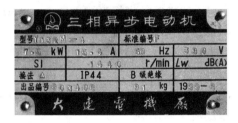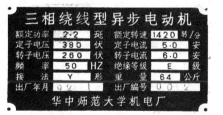

图 8.2　三相异步电动机的铭牌

(1) 型号。

国家标准 GB 4831—1984《电机产品型号编制方法》中规定，中小型交流异步电动机的型号一般应由 6 个部分组成。下面以型号为 YD2-160M2-2/4WF 的电动机为例，按前后顺序介绍这 6 个部分的具体规定和有关内容。

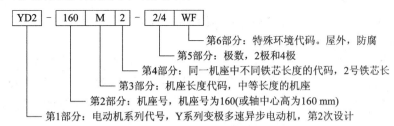

① 第 1 部分为电动机系列代号，第 1 个字母一般为"Y"，普通单速电动机则只用这一个字母，其他系列的电动机则在"Y"的后面加上表示其特征的 1～3 个字母。例如，本例的"YD"中的"D"表示多速电动机。若这些字母后面紧跟一个阿拉伯数字，则该数字为本系列电动机的设计序号，本例为第 2 代。

② 第 2 部分为机座号，以中心高表示，单位为毫米。本例为 160，即中心高为 160 mm。中心高越大，电动机容量越大，因此三相异步电动机按容量分类与中心高有关。三相异步电动机按机座号的大小分大型、中型、小型、微型共 4 个等级，如表 8.8 所示。在同样的中心高度下，机座长则铁芯长，相应的电动机容量较大。

③ 第 3 部分为机座长度代码，一般分 3 个档次，即长、中、短，分别用 L、M、S 表示，如表 8.9 所示。本例为 M，表示中等长度的机座。对于只有一种长度的机座，如中心高为 80 mm 的电动机则可无此部分。

④ 第 4 部分为同一机座中不同铁芯长度的代码，用数字 1、2、3…表示，机座代码越大，铁芯越长，功率越大。本例为 2 号铁芯长度。当只有一种长度时，此部分可不出现。

表 8.8　按机座号划分三相异步电动机的大型、中型、小型、微型

等级	微型	小型	中型	大型
长度号	< 63	63～315	315～630	> 630

表 8.9　三相异步电动机的机座长度代码

分级	长	中	短
代码	L	M	S
英文单词	Long	Middle	Short

Y 系列电动机及其派生产品,此代码作为机座长度代码的脚标形式出现,如 Y160M$_2$-4;无机座长度代码的,作为中心高(机座号)的脚标形式出现,如 Y80$_2$-4。

⑤ 第 5 部分为极数,用数字形式给出该电动机定子磁场的极数,如 2 极、4 极等。当电动机为多速电动机时,用"/"将各极数分开,例如,本例为 2/4。

⑥ 第 6 部分为特殊环境代码,用特定的字母表示该电动机可适用的特殊工作环境,见表 8.10,本例为 WF,即为户外防腐型。一般电动机无此部分。

表 8.10　三相异步电动机适用的特殊环境代码

通用的特殊环境	高原	船(海)	户外	化工防腐	热带	温热带	干热带
代码	G	H	W	F	T	TH	TA

(2) 额定功率 P_N。

额定功率是电动机在额定运行时,轴上输出的机械功率,一般用千瓦(kW)做单位,不足 1 kW 的有时用瓦(W)做单位。

注意:额定功率 P_N 是机械功率,而不是电动机从电源侧输入的电功率。我国标准中确定的中小型电动机功率选取档次推荐值为(单位为 kW):0.18、0.25、0.37、0.55、0.75、1.1、1.5、2.2、3、4、5.5、7.5、11、15、18.5、22、30、37、45、55、75、90、110、132、160、185、200、220、250、280、315、335 等。

(3) 额定电压 U_N。

额定电压是保证电动机正常工作时所需要的电压,一般指加在定子绕组上的线电压,单位为 V 或 kV。我国的低压电动机一般为 380 V,高压电动机有 3 kV、6 kV 和 10 kV 等。电动机所用实际电源电压一般应为额定电压值的 95%~105%,有要求时可放宽到 90%~110%。当可采用两种电压时,用"/"隔开,如 220/380 V。

注意:额定电压是指加在定子绕组上的线电压,而不是相电压,千万注意区分。

(4) 额定电流 I_N。

额定电流是电动机在额定电压和额定频率下输出额定功率时,定子绕组中的线电流,单位为 A 或 kA。一般估算认为对于额定电压为 380 V 左右的电动机,额定电流约等于额定功率千瓦数的 2 倍。例如,额定功率为 15 kW,则额定电流为 2 × 15 = 30 A。这种关系比较适用于 10~30 kW 的电动机,较小的电动机要适当增大一些,如 2.1 倍,较大的电动机要适当减小一些,如 1.9 倍。

(5) 额定频率 f_N。

额定频率是保证定子同步转速为额定值的电源频率,单位为 Hz。对于普通交流电动机,我国使用的频率是 50 Hz。世界上其他地区使用 50 Hz 的还有东南亚、大洋洲、欧洲和非洲等,另外一些国家和地区(如北美洲和日本)则使用 60 Hz。

(6) 额定转速 n_N。

额定转速是电动机在额定电压、额定频率和额定功率的情况下,电动机的转速,单位为 r/min。

(7) 接法。

三相异步电动机的两种接法如图 8.3 所示。

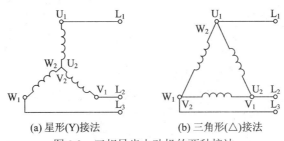

(a) 星形(Y)接法　　　(b) 三角形(△)接法

图 8.3　三相异步电动机的两种接法

注意： 电动机接线盒内有一块赶接线板，三相绕组的 6 个线头排成上下两排，并规定下排 3 个接线桩自左至右排列的编号为 1(U_1)、2(V_1)、3(W_1)，上排 3 个接线桩自左至右排列的编号为 6(W_2)、4(U_2)、5(V_2)。将三相绕组接成星形接法或三角形接法，制造和维修时均应按这个序号排列，如图 8.4 所示。

(a) 星形接法　　　　　(b) 三角形接法

图 8.4　电动机接线盒内的接法

(8) 绝缘等级。

绝缘等级是指电动机绕组所用的绝缘材料的绝缘等级，它决定了电动机绕组的允许温升。电动机的允许温升与绝缘等级的关系如表 8.4 所示。绝缘等级是由电动机所用的绝缘材料决定的。按耐热程度不同，将电动机的绝缘等级分为 A、E、B、F、H、C 等几个等级，它们允许的最高温度如表 8.11 所示。普通电动机常用 B 和 F 两个等级，个别要求较高的使用 H 级。

表 8.11　电动机的允许温升与绝缘等级的关系

绝缘等级	A	E	B	F	H	C
绝缘材料允许的最高温度/℃	105	120	130	155	180	>180
电动机的允许温升/℃	60	75	80	100	125	>125

(9) 工作制。

工作制是指电动机在工作时承受负载的情况，包括启动、加载运行、制动、空转或停转等时间安排。国家标准中规定了 10 种工作制，分别用 S1～S10 表示。其中，S1 为长期工作制，S2 为短时工作制，S3 为断续工作制。

(10) 温升。

电动机的温升是指该电动机按其工作制的要求加满载或规定的负载运行到热稳定状态时，其绕组的温度与环境温度的差值。

(11) 防护等级。

防护等级是指电动机外壳(含接线盒等)防护电动机电路部分及旋转部件(光滑的轴除外)的能力。在铭牌中以 IPxy 的方式给出防护等级，其中，IP 是防护等级代码，x 代表防护固体的能力，y 代表防液体的能力。

【技能训练】

1. 技能训练器材

① 三相异步电动机(型号为 Y90S-4，1.1 kW)，一台/组。

② 套筒式扳手或活扳手，一套/组。

③ 木锤(木榔头)、铁锤(铁榔头)、木楞，各一把/组。

④ 电工工具、扁铲，一套/组。

2. 技能训练步骤

训练提示：在搬动电动机时，应注意安全，不要碰伤手脚；在抽出转子的过程中，注意不要碰伤定子绕组。

训练步骤 1：记录铭牌。

训练要求：实训电动机的铭牌如图 8.5 所示，认真观察并记录铭牌信息，填写表 8.12。

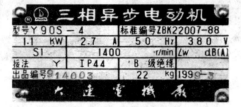

图 8.5　实训电动机的铭牌

表 8.12　三相异步电动机铭牌记录表

型　　号	额定功率	额定电压	额定电流	额定转速	额定频率	标准编号	噪声级
型　　号	接　法	绝缘等级	防护等级	工作制	生产厂名	出厂编号	生产日期

训练步骤 2：测量中心高及机座。

训练要求：用卷尺测量电动机转轴的中心至底脚平面的高度，测量电动机机座的 A、B 尺寸(长与宽)，核对测量值是否与铭牌信息一致，填写表 8.13。

训练步骤 3：电动机的拆卸。

训练要求：记录电动机拆卸的顺序及铁芯数据，填写表 8.13，核对测量值是否与电工手册数据一致。按照电气钳工的工艺要求进行拆卸，具体拆卸过程如下。

表 8.13　三相异步电动机数据记录表

定子外径	定子内径	转子外径	转子内径	空气间隙	中心高
定子槽数	定子长度	转子槽数	转子长度	定子轭高	AB 尺寸

① 拆卸风罩。

训练方法：松开风罩螺钉，取下风罩，如图 8.6 所示。

(a) 松开风罩螺钉　　　　　　　　　(b) 取下风罩

图 8.6　拆卸风罩

② 拆卸风扇。

训练方法：用尖嘴钳把转轴尾部风扇上的定位卡圈取下，如图 8.7(a)所示；用长杆螺丝刀插入风扇与后端盖的气隙中(要卡到轴面上)，向后端盖方向用力，将风扇撬下，如图 8.7(b)所示。

(a) 取定位卡簧　　　　　　　　　(b) 取风扇

图 8.7　拆卸风扇

③ 拆卸前端盖。

训练方法：拆下前端盖的安装螺栓，如图 8.8(a)所示；用扁铲沿止口(机座端面的边缘)四周轻轻撬动，再用铁锤轻轻敲打端盖和机座的接缝处，拆下前端盖，如图 8.8(b)所示。

(a) 拆前端盖的安装螺栓　　　　　　　　　(b) 撬动前端盖

图 8.8　拆卸前端盖

注意：拆端盖时，通常应先拆除负荷侧的端盖，即先拆除前端盖。为便于装配时复位，在端盖与机座接缝处的任意位置做好标记。

④ 拉出转子。

训练方法：拆下后端盖的安装螺栓，一名训练者握住轴伸出端，另一名训练者用手托住后端盖和转子铁芯，将转子从定子中缓慢拉出，如图 8.9 所示。

(a) 拆下后端盖的安装螺栓　　　　　　　　　(b) 拉出转子

图 8.9　拉出转子

注意：拆除后端盖前应先在转子与定子气隙间塞进薄纸垫，避免卸下后端盖拉出转子时擦伤硅钢片和绕组。

⑤ 拆卸后端盖。

训练方法：把木楞垫放在后端盖的内侧边缘上，用铁锤击打木楞，同时将木楞沿后端盖四周移动，卸下后端盖，如图 8.10 所示。

(a) 用铁锤击打木楞　　　　　　　　(b) 卸下后端盖

图 8.10　拆卸后端盖

训练步骤 4：电动机的装配。

训练要求：记录电动机装配的顺序。三相异步电动机装配的顺序与拆卸的顺序恰好相反，即先拆卸的部分后安装，最后拆卸的部分先安装，具体装配过程如下。

① 装后端盖。

训练方法：将轴伸出端朝下垂直放置，在后端盖上垫上木楞，用铁锤敲打后端盖靠近轴承的部位，敲击点应沿圆周均匀布置，以保证轴承与轴承室的同轴度，用力应适当。

② 穿入转子。

训练方法：把转子对准定子内膛中心，小心地往里放， 后端盖要对准与机座的标记，旋上后端盖的安装螺栓，但不要拧紧。

③ 安装前端盖。

训练方法：将前端盖放正后，先用铁锤轻轻敲击，使其与轴承产生一定的配合；再用铁锤沿圆周方向对角一上一下或一左一右地敲击前端盖，使其进入，对角地轮流着将所有安装螺栓旋紧，如图 8.11 所示。注意察看端盖与机座端面的配合是否紧密，若有缝隙则应调整安装螺栓。

(a) 放正前端盖　　　　　　　　(b) 旋紧安装螺栓

图 8.11　安装前端盖

④ 安装风扇。

训练方法：用木榔头将风扇敲打装在电动机后轴伸上；用定位卡圈将风扇卡住。用手拨动扇叶或盘动轴伸，观察风扇是否有轴向摆动或蹭端盖现象。

⑤ 安装风罩。

训练方法：安装风罩，各螺钉应受力均匀。盘动轴伸，观察是否有扇叶蹭风罩现象。

⑥ 装配质量检查。

训练方法：用手盘动转轴，如图8.12(a)所示，使转子转动，应无滞停感(俗称"死点")，要转动灵活，无蹭、扫膛和其他异常声音，如图8.12(b)所示。

(a) 用手盘动转轴　　　　　　　　(b) 检查转子有无异常声音

图8.12　装配质量检查

注意：电动机装配不当，对运行影响很大。电动机拆卸后，由于装配不当，可能产生定转子气隙不均匀、定转子铁芯轴向不对中心、轴承松动等问题，都会影响正常运行，需要重新进行装配。

① 定转子气隙不均匀。由于装配时端盖平面与轴不垂直(往往由于拧紧螺栓顺序不当所致)造成定转子气隙不均匀。它会引起电磁场不均匀，运动时，电动机发生振动，空载电流增大，温度升高，声音也不正常，易造成扫膛，使定子内膛局部产生高温，电动机槽表面绝缘材料由于高温老化变脆。如果长期轻微扫膛，则转子外壁与定子内壁会失圆，亦产生电磁场不均匀，都会影响电动机正常运行。

② 定转子铁芯轴向不对中心。由于定转子压装定位不当造成定转子铁芯轴向不对中心。在这种情况下，电动机产生偏向拉力，发生振动，降低出力，还会出现电流不均匀及电动机发热等现象，严重时亦产生扫膛，后果同前，电动机轴承寿命将会缩短。

③ 轴承松动。由于轴承外圈与端盖内圆装配不紧等造成轴承松动。这会造成电动机轴承发热与发出"吱哇吱哇"的怪声，严重时导致电动机扫膛，甚至无法运行。一般电动机的轴承不允许松动。

【技能考核评价】

三相异步电动机拆装的考核评价见表8.14。

表8.14　三相异步电动机拆装的考核

考核内容	配分	评 分 标 准	扣分	得分
记录铭牌、测量中心高	10	① 铭牌信息记录准确、全面(6分)； ② 测量方法适当，测量值准确(2分)； ③ 会进行数据比较和验证(2分)		
电动机的拆卸	40	① 拆卸工序是否合理(5分)； ② 拆卸工艺是否合理(30分)； ③ 会进行数据比较和验证(5分)		
电动机的装配	40	① 装配工序是否合理(5分)； ② 装配工艺是否合理(25分)； ③ 装配质量检查(10分)		
安全文明训练	10	违反1次，扣5分		
定额时间	45 min	每超过5 min，扣5分		
开始时间		结束时间		总评分

任务 3　三相异步电动机定子绕组的绕制训练

【任务引入】

在工农业生产中，电动机的故障主要体现在绕组，包括绕组绝缘不良、断路等，而这些情况都需对电动机的绕组进行重新绕制。本任务通过对三相异步电动机定子绕组重绕工艺的学习，使学生学会正确使用电动机绕组嵌线工具，并能根据接线圆图进行绕组的嵌线和接线。

【目的与要求】

1．知识目标

① 了解三相异步电动机绕组的结构形式。

② 掌握三相异步电动机定子绕组的平面展开图及接线圆图。

③ 掌握三相异步电动机定子绕组的重绕工艺。

2．技能目标

能对小型三相异步电动机定子绕组进行重绕。

【知识链接】

定子三相绕组是三相异步电动机的最重要部分，又是最容易发生故障的部分，而异步电动机修理的大部分工作是对绕组的修理。在实际工程中，三相异步电动机绕组有链式绕组、同心式绕组及交叉链式绕组等形式。

1) 链式绕组

链式绕组是由相同节距的线圈组成的，其结构特点是构成绕组的线圈一环套一环，形如长链。链式绕组的一组线圈示意图如图 8.13 所示。

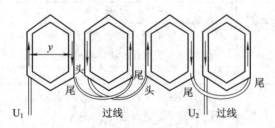

图 8.13　链式绕组的一组线圈示意图

国产适用机型：JO2-21-4 型、JO2-22-4 型、Y-90-4 型、Y2-90-4 型、Y802-4 型、Y2-802-4 型等。

图 8.14 所示为 Y2-90L-4 型 24 槽 4 极三相异步电动机 U 相链式绕组展开图。从图 8.14 中可以看出，U 相绕组是把该相极相组反接串联成一路，这种方式通常称为"单进火"连接。对于电流较大的电动机有时为了分担电流，可以采用"双进火""多进火"连接。若改成"双进火"，则如图 8.15 所示。

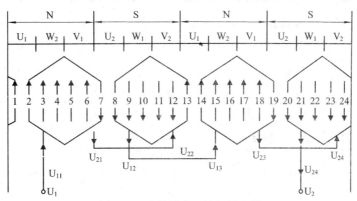

图 8.14　"单进火"绕组展开图

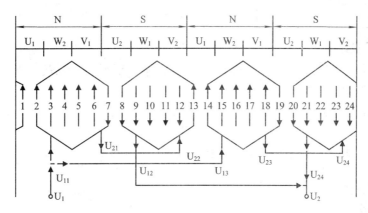

图 8.15　"双进火"绕组展开图

　　在实践中，不仅仅是用绕组平面展开图来表达电动机定子绕组分布规律，其实更多场合是用平面接线圆图来直观表达绕组分布及接线规律。如果图 8.13 用接线圆图表达，则如图 8.16 所示。在接线圆图中，小圆及数字表明定子铁芯的槽及其槽序，空心小圆代表一个或一组线圈的首端，实心小圆代表一个或一组线圈的末端。

　　Y90S-4 型 24 槽 4 极三相异步电动机链式绕组接线圆图如图 8.17 所示。

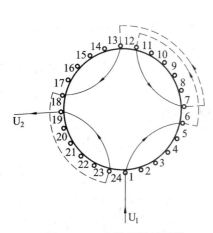

图 8.16　U 相绕组接线圆图

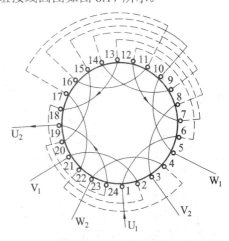

图 8.17　Y90S-4 型 24 槽 4 极三相异步电机链式绕组接线圆图

绕组嵌线顺序：嵌线有先后之分，先嵌的位置称为外挡，后嵌覆盖上去的位置称为里挡，每嵌好一槽，向后退空一槽，再嵌一槽，以此类推。24 槽 4 极链式绕组嵌线顺序如表 8.15 所示。

表 8.15　24 槽 4 极链式绕组嵌线顺序表

次序		1	2	3	4	5	6	7	8	9	10	11	12
槽别	外挡	1	23	21		19		17		15		13	
	里挡				2		24		22		20		18
次序		13	14	15	16	17	18	19	20	21	22	23	24
槽别	外挡	11		9		7		5		3			
	里挡		16		14		12		10		8	6	4

2) 同心式绕组

同心式绕组是由几个几何尺寸和节距不等的线圈连成同心形状的线圈组构成的。同心式绕组的一组线圈示意图如图 8.18 所示。

国产适用机型：JO2-21-4 型、JO2-22-4 型、Y-90-4 型、Y2-90-4 型、Y2-802-4 型、Y2-802-4 型等。

24 槽 4 极三相异步电动机同心式绕组接线圆图如图 8.19 所示。

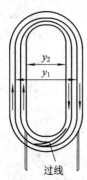

图 8.18　同心式绕组的一组线圈示意图

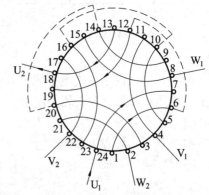

图 8.19　24 槽 4 极三相异步电动机同心式绕组接线圆图

绕组嵌线顺序：每嵌好二槽，向后退空二槽，再嵌二槽，以此类推。24 槽 4 极同心式绕组嵌线顺序如表 8.16 所示。

表 8.16　24 槽 4 极同心式绕组嵌线顺序表

次序		1	2	3	4	5	6	7	8	9	10	11	12
槽别	外挡	1	24	21		20		17		16		13	
	里挡				2		3		22		23		18
次序		13	14	15	16	17	18	19	20	21	22	23	24
槽别	外挡	12		9		8		5		4			
	里挡		19		14		15		10		11	6	7

3) 交叉链式绕组

交叉链式绕组实质上是同心式绕组和链式绕组的一个综合，如图 8.20 所示。

国产适用机型：JO2-21-4 型、JO2-22-4 型、Y132S-4 型、Y2-90-4 型、Y2-802-4 型、Y2-802-4 型等。

36 槽 4 极三相异步电动机交叉链式绕组接线圆图如图 8.21 所示。

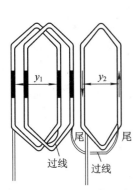

图 8.20　交叉链式绕组示意图

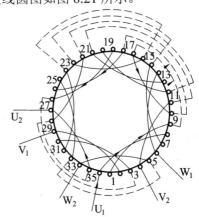

图 8.21　36 槽 4 极三相异步电动机交叉链式绕组接线圆图

绕组嵌线顺序：嵌好双圈的二槽后，向后退空一槽嵌单圈，嵌好单圈的一槽后，向后退空二槽嵌双圈，以此类推。

4) 同名端(或称为同极性端)的判别

三相异步电动机大重绕后，要完成三角形或星形接法，必须先确定出三相绕组的同名端。首先应该用万用表测量出三相互绕组中每相绕组的两个线端，然后再判断。具体方法可有如下三种：直流法、交流法和剩磁法。

(1) 直流法。

直流法的具体步骤为：先用万用表电阻挡分别找出三相绕组的各相两个线头；给各相绕组假设编号为 U_1、U_2、V_1、V_2 和 W_1、W_2 的接线，如图 8.22 所示，观察万用表指针摆动情况。合上开关瞬间若指针正偏，则电池正极的线头与万用表负极(黑表棒)所接的线头同为首端或尾端；若指针反偏，则电池正极的线头与万用表正极(红表棒)所接的线头同为首端或尾端；再将电池和开关接另一相的两个线头，进行测试，就可正确判别各相的首尾端。

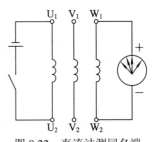

图 8.22　直流法测同名端

(2) 交流法。

给各相绕组假设编号为 U_1、U_2、V_1、V_2 和 W_1、W_2 接线，如图 8.23 所示，接通电源。若灯灭，则两个绕组相连接的线头同为首端或尾端；若灯亮，则不是同为首端或尾端。

(3) 剩磁法。

假设异步电动机存在剩磁。给各相绕组假设编号为 U_1、U_2、V_1、V_2 和 W_1、W_2 接线，如图 8.24 所示，并转动电动机转子，若万用表指针不动，则证明首尾端假设编号是正确的；若万用表指针摆动则说明其中一相首尾端假设编号不对，应逐相对调重测，直至正确为止。

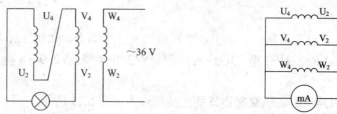

图 8.23　交流法测同名端　　　　　　　　图 8.24　剩磁法测同名端

注意：若万用表指针不动，还得证明电动机存在剩磁，具体方法是改变接线，使却线号接反，转动转子后若指针仍不动，则说明没有剩磁，若指针摆动则表明有剩磁。

【技能训练】

1．技能训练器材

① 三相异步电动机(型号为 Y90S-4，1.1 kW)，一台/组。

② 电工工具，一套/组。

③ 绝缘电阻表、钳形电流表、万用表及转速表等，各一块/组。

④ 嵌线工具、手摇绕线机，一套/组。

⑤ $\phi 0.71 \ \text{mm}^2$ 的高强聚酯漆包线，若干/组。

⑥ 带综合保护功能的交流电源实训台，一台/组。

⑦ 绝缘材料，一套/组。

⑧ 皮老虎，一个/组。

⑨ 线模、槽楔，一套/组。

2．技能训练步骤

训练提示：在嵌线时，线圈要轻拿轻放，不要接触尖锐的硬物，以免损伤线圈的匝绝缘。

1) 准备工作

训练步骤 1：识别嵌线工具。

训练要求：嵌线的常用工具如图 8.25 所示。清点训练台面上摆放的工具，识别每一种工具。

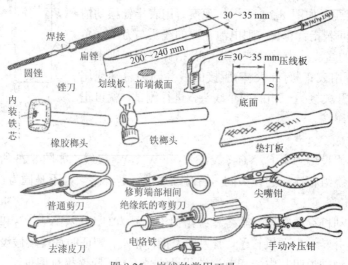

图 8.25　嵌线的常用工具

训练步骤 2：记录原始数据。

训练要求：记录铭牌上的有关信息；记录各引出线的引出位置，在槽口处标出记号后，按顺时针方向编出各槽顺序号，然后将各引出线所在槽画在一张纸上；记录绕组形式、节距、线圈尺寸、各连接线所对应的槽。填写三相异步电动机检修重绕记录卡，如表 8.17 所示。

表 8.17 三相异步电动机检修重绕记录卡

1. 铭牌数据

    编号_____ 型号_____ 额定功率_____ 额定转速_____

    额定电压_____ 额定电流_____ 额定频率_____ 接法_____

    转子电压_____ 转子电流_____ 功率因数_____ 绝缘等级_____

2. 试验数据

    空载：平均电压_____ 平均电流_____ 输入功率_____

    负载：平均电压_____ 平均电流_____ 输入功率_____

    定子每相电阻_____ 转子每相电阻_____ 室温_____

3. 铁芯数据

    定子外径_____ 定子内径_____ 定子有效长度_____

    转子外径_____ 空气隙_____ 定转子槽数_____

    通风槽数_____ 通风槽宽_____ 定子轭高_____

4. 定子绕组

    导线规格_____ 每槽线数_____ 线圈匝数_____ 并绕根数_____

    每极相槽数_____ 节距_____ 绕组形式_____ 并联支路数_____

5. 绝缘材料

    槽绝缘_____ 绕组绝缘_____ 外覆绝缘_____

6. 槽形和线圈尺寸(绘图标明尺寸)

7. 修理重绕摘要

    修理者：   修理日期：

注意：电动机的原始数据内容随机种不同有所差别，凡重要项目的数据均应逐一查明记录，否则拆除旧绕组后就无法查测。记录各项数据时，必须特别注意电动机的极数、绕组形式、绕组并绕根数、绕组并联支路数、绕组节距、导线直径、线圈周长，以及兼顾绕组线圈的连接方式，这些数据必须在拆线前或拆线时查明。

训练步骤 3：拆除旧绕组。

训练要求：将要拆除的绕组所在槽的槽楔去除，用钢铲切下要拆除绕组的一端，用钢丝钳夹住导线并将其拉出槽。测量线径，数清各线圈匝数，绘制线圈外形图，并标注尺寸。完成表 8.17 的填写。

训练步骤 4：清理定子槽。

训练要求：在清理过程中，不准用锯条、凿子在槽内乱拉乱划，以免槽内出现毛刺，影响嵌线质量；要用专用工具轻轻剥去绝缘物，再用皮老虎或压缩空气吹去槽内部灰尘杂质，直到定子槽内部全部干净为止。

训练步骤 5：绕制线圈。

训练要求：绕制线圈所用的线模如图 8.26 所示，导线在线模槽里尽量紧密排列平整，不要交叉相叠；绕制过程中要随时注意导线质量，若有绝缘层破损或隐伤、断线，则必须进行修复、焊接。

训练步骤 6：放置槽绝缘纸。

训练要求：绝缘纸两端各伸出铁芯槽 5～10 mm，反折也是 5～10 mm，使伸出槽外部分为双层，以增加强度。槽绝缘的宽度以放到槽口下转角为宜，如图 8.27 所示。

图 8.26　绕制线圈所用的线模

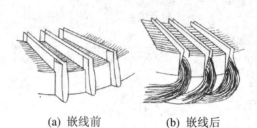

(a) 嵌线前　　　　(b) 嵌线后

图 8.27　槽绝缘示意图

2) 绕组嵌线

嵌线前，最好先画出绕组展开图和接线图，作为参考。嵌线是比较细致的工作，一定要按工艺要求进行，稍不注意就会擦伤线圈导线绝缘与槽绝缘，造成匝间短路与接地故障，同时要考究工艺技术。

训练步骤：理线嵌线。

训练要求：首先要理好线圈；然后用手将导线的一边疏散开，再用手指将导线捻成一个扁片，从定子槽的左端轻轻地顺入槽绝缘纸中，顺势将导线轻轻地从槽口左端拉入槽内；若一次拉入有困难，则可将留在槽外的导线理好放平，用划线板把导线一根一根划入槽内。

训练步骤 2：压线封槽口。

训练要求：嵌完线圈，若槽内导线太满，则可用压线板顺定子槽来回地压几次，将导线压紧，以便能将竹楔顺利打入槽口，但一定要注意不可猛敲。

训练步骤 3：相间绝缘处理及端部整形。

训练要求：在线圈端部，每个极相组端部之间必须加垫青壳纸，把两相绕组完全隔开；为了不影响通风和使转子容易装入定子内腔，也必须对绕组端部进行整形，形成外大里小的喇叭口形状。

训练步骤 4：绕组接线。

训练要求：接线时，由于线圈起始端头比较多，所以一定要注意区分哪是线圈首端，哪是线圈尾端，哪把是起把，哪把是落把。

训练步骤 5：绕组同名端的判别。

训练要求：分别用三种方法差别同名端。

注意：电源电压的大小要适当，注意用电安全。

3) 装配后的工序

(1) 机械检查。

相关要求：检查机械部分的装配质量，包括所有紧固螺钉是否拧紧；用手盘动转轴，转子是否灵活、无扫膛、无松动，轴承是否有杂声。

(2) 电气性能检查。

相关要求：用绝缘电阻表检查电动机三相绕组之间及三相绕组对地之间的绝缘情况，其阻值不得小于 0.5 MΩ；按铭牌要求接好电源线，在机壳上接好保护接地线。

(3) 空载试运行。

相关要求：电动机通电空载试运行，测量空载相电流及空载转速，看是否符合允许值；检查电动机温升是否正常及运转中有无异响。

【技能考核评价】

三相异步电动机定子绕组重绕的考核评价见表 8.18。

表 8.18　三相异步电动机定子绕组重绕的考核

考核内容	配分	评 分 标 准	扣分	得分
填写检修重绕记录卡	10	① 记录铭牌信息(2 分)； ② 记录绕组等信息，包括绕组形式、节距、线圈尺寸及匝数等(8 分)		
拆除旧绕组	20	① 训练方法是否得当(5 分)； ② 测量线圈尺寸、匝数、并绕根数(15 分)		
嵌线前工艺	15	① 定子槽清理情况，铁芯有无损伤(5 分)； ② 线圈绕制情况，是否紧密，有无损伤(5 分)； ③ 槽绝缘纸放置情况，位置是否适当(5 分)		
嵌线工艺	35	① 理线嵌线、压线封槽口、相间绝缘处理、端部整形、接线训练方法是否得当(25 分)； ② 起把、落把过程是否合适(10 分)		
装配后工序	10	① 机械检查(2 分)； ② 电气性能检查(3 分)； ③ 空载试运行(5 分)		
安全文明操作	10	违反 1 次，扣 5 分		
定额时间	240 min	每超过 5 min，扣 5 分		
开始时间		结束时间	总评分	

任务 4　　控制变压器的大修工艺

【任务引入】

小型控制变压器的故障主要是铁芯故障和绕组故障，此外还有装配和绝缘不良等故障，绕组损坏是小型控制变压器的常见故障。本任务通过对小型变压器绕制工艺的学习，使学生具有小型变压器大修的能力。能正确判别变压器的同极性端，并能根据判别结果进行绕组间的连接。能使所绕变压器安全、可靠地投入运行。

【目的与要求】

1．知识目标

① 了解小型变压器的结构。

② 掌握小型变压器的绕制工艺。

③ 掌握变压器同极性端的判别方法。

2．技能目标

① 能手工对小型变压器进行绕制。

② 能对小型变压器绕组进行同极性端的判别。

【知识链接】

控制变压器是一种小型干式变压器，用于控制电路、指示电路及局部照明灯的电源。

1．变压器的组成

变压器的组成由铁芯和绕组两个基本部分组成。

① 骨架。骨架一般都由塑料压制而成，也可以用胶合板及胶木化纤维板制作。普通简易式骨架如图 8.28(a)所示，一般由绝缘纸卷制而成；积木式骨架如图 8.28(b)所示，一般由绝缘板拼制而成。

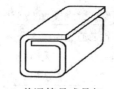

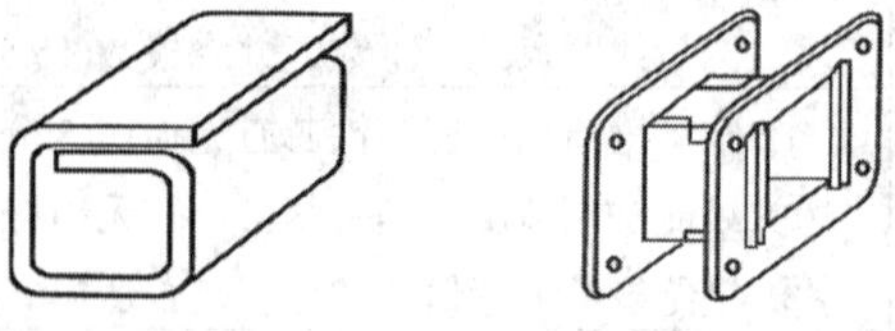

(a) 普通简易式骨架　　　　　(b) 积木式骨架

图 8.28　骨架

② 绕组。小功率电源变压器的绕组一般都采用漆包线绕制，因为它有良好的绝缘，占用体积较小，价格也便宜。对于低压大电流的线圈，有时也采用纱包粗铜线绕制。

为了使变压器有足够的绝缘强度，绕组各层间均垫有薄的绝缘材料，如电容器纸、黄蜡绸等。在某些需要高绝缘的场合还可使用聚酯薄膜和聚四氟乙烯薄膜等。

线圈绕制的顺序通常是初级线圈绕在线包的里面，然后再绕制次级线圈。为了避免干扰电压经变压器窜入无线电设备，在变压器的初、次级间还加有静电屏蔽层，以消除初、次级绕组间的分布电容引入的干扰电压。

为了便于散热，绕组和窗口之间应留有一定空隙，一般为 1～3 mm，但也不能过大，以免使变压器的损耗增大。绕组的引出线，一般采用多股绝缘软线。对于粗导线绕制的绕组，可使用线圈本身的导线作为引出线，外面再加绝缘套管。

③ 铁芯。铁芯装入绕组后，必须将铁芯夹紧并予以固定，常用的方法有夹板条夹紧螺钉固定。对于数瓦的小功率变压器，则可使用夹子固定。

④ 浸漆与烘烤。变压器装配完毕，经过初步检测后，便可进行浸漆与烘烤。浸漆的主要作用是提高绕组的绝缘性能和机械性能，提高变压器所能承受的工作温度。

2. 变压器大修工艺流程

1) 绕组检修

① 检查相间隔板和围屏(宜解体一相)，围屏应清洁无破损，绑扎紧固完整，分接引线出口处封闭良好，围屏无变形、发热和树枝状放电。如发现异常应打开其他两相围屏进行检查，相间隔板应完整并固定牢固。

② 检查绕组表面应无油垢和变形，整个绕组无倾斜和位移，导线辐向无明显凸出现象，匝绝缘无破损。

③ 检查绕组各部垫块有无松动，垫块应排列整齐，辐向间距相等，支撑牢固有适当压紧力。

④ 检查绕组绝缘有无破损，油道有无被绝缘纸、油垢或杂物堵塞现象，必要时可用软毛刷(或用绸布、泡沫塑料)轻轻擦拭；绕组线匝表面、导线如有破损裸露应进行包裹处理。

⑤ 用手指按压绕组表面检查其绝缘状态，给予定级判断，是否可用。

2) 引线与绝缘支架检修

① 检查引线及应力锥的绝缘包扎有无变形、变脆、破损，引线有无断股、扭曲，引线与引线接头处焊接情况是否良好，有无过热现象等。

② 检查绕组的引线长度、绝缘包扎的厚度、引线接头的焊接(或连接)、引线对各部位的绝缘距离、引线的固定情况等。

③ 检查绝缘支架有无松动和损坏、位移，检查引线在绝缘支架内的固定情况，固定螺栓应有防松措施，固定引线的夹件内侧应垫以附加绝缘，以防卡伤引线绝缘。

④ 检查引线与各部位之间的绝缘距离是否符合规定要求，大电流引线(铜排或铝排)与箱壁间距一股不应小于 100 mm，以防漏磁发热，铜(铝)排表面应包扎绝缘，以防异物形成短路或接地。

3) 铁芯检修

① 检查铁芯外表是否平整，有无片间短路、变色、放电烧伤痕迹，绝缘漆膜有无脱落，上铁轭的顶部和下铁轭的底部有无油垢、杂物。

② 检查铁芯上下夹件、方铁、绕组连接片的紧固程度和绝缘状况，绝缘连接片有无爬电烧伤和放电痕迹。为便于监测运行中铁芯的绝缘状况，可在大修时在变压器箱盖上加装一小套管，将铁芯接地线(片)引出接地。

③ 检查压钉、绝缘垫圈的接触情况，用专用扳手逐个紧固上下夹件、压钉等各部位紧固螺栓。

④ 用专用扳手紧固上下铁芯的穿心螺栓，检查与测量绝缘情况。

⑤ 检查铁芯接地片的连接及绝缘状况，铁芯只允许有一点接地，接地片外露部分应包扎绝缘。

⑥ 检查铁芯的拉板和钢带应紧固，并有足够的机械强度，还应与铁芯绝缘。

4) 整体组装

① 整体组装前应做好下列准备工作。

• 准备套管及所有附件；

• 各器身进行清理，确认器身上无异物；

·各处接地片已全部恢复接地；

·工器具、材料准备已就绪。

② 整体组装注意事项：

·变压器引线的根部不得受拉、扭及弯曲；

·器身检查、试验结束后，即可按顺序进行整体组装。

3. 变压器同名端

1) 变压器同名端的概念

变压器一次侧、二次侧绕组中产生的感应交变电动势是没有固定极性的。这里所说的变压器线圈的极性是指一次侧、二次侧两线圈的相对极性，即当一次侧线圈的某一端在某个瞬间电位为正时，二次侧线圈也一定在同一瞬间有一个电位为正的对应端，这两个对应端称为变压器的同极性端，又称为变压器的同名端，通常用"*"来表示。

2) 变压器同名端的判别方法

当变压器只有一个一次侧绕组和一个二次侧绕组时，它的极性对变压器的运行没有任何影响。但是，当变压器有两个或两个以上的一次侧绕组和几个二次侧绕组时，使用中就必须注意它们的正确连接，不然轻则不能正常使用，重则烧毁变压器或用电设备。

不管绕组是串联还是并联，都必须分清绕组的同极性端。变压器同极性端的判别方法有观察法、直流法、交流法三种。

① 观察法。在可以辨清绕组绕向时，使用观察法判别变压器的同极性端。观察变压器一次侧、二次侧绕组的实际绕向，应用楞次定律、安培定则来判别。例如，变压器一次侧、二次侧绕组的实际绕向如图 8.29 所示。在合上电源开关的一瞬间，一次侧绕组电流 I_1 产生主磁通 Φ_1，在一次侧绕组中产生自感电动势 E_1，在二次侧绕组中产生互感电动势 E_2 和感应电流 I_2，用楞次定律可以确定 E_1、E_2 和 I_2 的实际方向，同时可以确定产 U_1、U_2 的实际方向。这样可以判别出一次侧绕组 A 端与二次侧绕组 a 端电位都为正，即 A、a 是同极性端；一次侧绕组 X 端与二次侧绕组 x 端电位都为负，即 X、x 是同极性端。

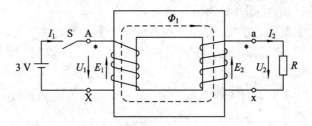

图 8.29 使用观察法判别变压器的同极性端

② 直流法。在无法辨清绕组绕向时，可以用直流法来判别变压器的同极性端。用 15 V 或 3 V 的直流电源，按图 8.30 所示连接，直流电源接入高压绕组，直流毫伏表接入低压绕组。在合上开关的一瞬间，若毫伏表表针向正方向摆动，则接直流电源正极的端子与接直流毫伏表正极的端子是同极性端。

③ 交流法。将高压绕组一端用导线与低压绕组一端相连接，同时将高压绕组及低压绕组的另一端接交流电压表，如图 8.31 所示。在高压绕组两端接入低压交流电源，测量 U_1 和 U_2 值，若 $U_1 > U_2$，则 A、a 为同极性端；若 $U_1 < U_2$，则 A、a 为异极性端。

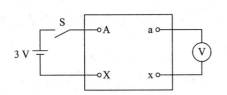

图 8.30　使用直流法判别变压器的同极性端

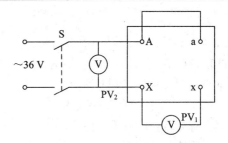

图 8.31　使用交流法判别变压器的同极性端

【技能训练】

1．技能训练器材

① BK-50 型变压器，一个/组。

② 手摇绕线机，一个/组。

③ ZC-7 型绝缘电阻表、MF-47 型万用表，各一块/组。

④ 电工工具，一套/组。

2．技能训练步骤

训练提示：木芯和骨架做好后，送教师检验，合格后方可开始绕制绕组。

因实训需要反复使用，也为保证变压器线圈重绕质量，在绕线时一定要注意，不要损坏电磁漆包线的绝缘。

训练步骤 1：制作木芯。

训练要求：用木块按比铁芯中心柱截面($a \times b$)略大的尺寸($a' \times b'$)制成。木芯的各边必须互相垂直，用细砂纸磨光表面并略微磨去边角的锐棱。

训练步骤 2：制作骨架。

训练要求：根据木芯外形尺寸，用绝缘纸折出骨架外形，如图 8.32 所示；沿图 8.32 中所示的虚线，用裁纸刀划出浅沟，沿沟痕把弹性纸折成方形；第 5 面与第 1 面重叠，用胶水粘合。

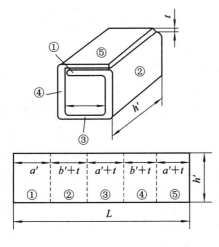

图 8.32　制作骨架

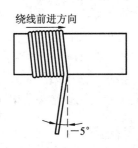

图 8.33　绕线过程中的拉线方法

训练步骤 3：绕线。

训练要求：导线要求绕得紧密、整齐，不允许有叠线现象；绕线时，将导线稍微拉向绕线前进的相反方向约 5°，如图 8.33 所示，拉线的手顺绕线前进方向而移动，拉力大小应根据导线粗细而定，以使导线排列整齐。

训练步骤 4：制作屏蔽层。

训练要求：屏蔽层用厚度约为 0.1 mm 的铜箔，其宽度比骨架长度稍短 1～3 mm，长度比一次侧绕组的周长短 5 mm 左右，夹在一、二次侧绕组的绝缘垫层间，绝对不能碰到导线或自行短路，铜箔上焊接一根多股软线作为引出接地线。

训练步骤 5：制作引出线。

训练要求：引出线利用原线绞合后引出，一次侧绕组引出线放在左侧，二次侧绕组引出线放在右侧。

训练步骤 6：绝缘处理。

训练要求：将线包放在烘箱内加热到 70～80 ℃，预热 3～5 h 取出，立即浸入 1260 漆等绝缘清漆中约 0.5 h，取出后在通风处滴干，然后在 80 ℃烘箱内烘 8 h 左右即可。

训练步骤 7：铁芯装配。

训练要求：镶片应从线包两边一片一片地交叉对镶，如图 8.34 所示，镶到中部时则要两片两片地对镶。镶片时要用旋具撬开夹缝才能插入，插入后，用木锤轻轻敲击至紧固。

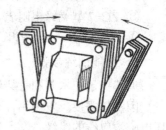

图 8.34　交叉镶片法

训练步骤 8：检测。

训练要求：用绝缘电阻表测量各绕组间和它们对铁芯的绝缘电阻，其绝缘电阻值应不小于 90 MΩ；当一次侧电压加到额定值时，二次侧各绕组的空载电压允许误差为 ±5%，中心抽头电压误差为 ±2%；当一次侧输入额定电压时，其空载电流为 5%～8%额定电流值。

训练步骤 9：测量变压器绕组的绝缘电阻。

训练要求：用绝缘电阻表测量高、低压绕组之间及两个绕组对壳体的绝缘电阻，测量时保持绝缘电阻表手柄以 120 r/min 匀速转动，待表针稳定后读取测量值；依据测量值判定绕组绝缘情况。

训练步骤 10：判别同极性端。

(1) 直流法判别同极性端。

训练要求：按照如图 8.30 所示电路接线；瞬间接通电源，观察毫伏表表针摆动的方向，依据现象给出同极性端结论。

(2) 交流法判别同极性端。

训练要求：按照如图 8.31 所示电路接线；接通电源，读取两个电压表的实际测量值并进行比较，依据比较结果给出同极性端结论。

【技能考核评价】

控制变压器的大修工艺考核评价见表 8.19。

表 8.19 控制变压器的大修工艺考核

考核内容	配分	评 分 标 准	扣分	得分
绕组质量	20	① 二次侧电压误差 ±3%，每超过 1% 扣 10 分； ② 中心抽头电压误差 ±1%，每超过 0.5% 扣 10 分； ③ 绕组间短路，扣 15 分； ④ 绕组接地(碰铁芯)，扣 10 分		
外形	10	① 线包不紧实，扣 5 分； ② 镶片不整齐，有空隙，扣 3~8 分； ③ 引出线端未做电压值标记，扣 5 分； ④ 焊片与青壳纸铆接不牢，每处扣 3 分		
引出线	10	① 有虚焊或假焊，每处扣 5 分； ② 引出线未套绝缘套管，每处扣 5 分		
测量变压器绕组的直流电阻	10	① 记录变压器绕组直流电阻的测量值 (4 分)； ② 判定变压器绕组通断情况(6 分)		
测量变压器绕组的绝缘电阻	10	① 记录变压器绕组绝缘电阻的测量值 (4 分)； ② 判定变压器绕组绝缘情况(6 分)		
直流法判别同极性端	15	① 测量时，电路接线是否正确(5 分)； ② 能否准确描述测量中出现的现象 (5 分)； ③ 能否给出正确的结论(5 分)		
交流法判别同极性端	15	① 测量时，电路接线是否正确(5 分)； ② 能否准确描述测量中出现的现象 (5 分)； ③ 能否给出正确的结论(5 分)		
安全文明操作	10	违反 1 次，扣 5 分		
定额时间	120 min	每超过 5 min，扣 5 分		
开始时间		结束时间	总评分	

项目九

自动控制技能训练

国家职业标准技能内容与要求：

　　高级工能够根据设备资料，排除 B2010A 龙门刨床、小容量晶闸管直流调速等控制系统及装置的电气故障。

　　本项目通过单结晶体管触发电路、锯齿波同步移相触发电路、单闭环晶闸管直流调速系统、双闭环晶闸管直流调速系统、步进电机、变频调速等课题的学习，使学生掌握小容量直流调速系统的相关知识与技能。

任务 1　单结晶体管触发电路

【任务引入】

　　晶闸管的控制电路中，触发晶闸管导通的脉冲是电路正常工作的必备条件。本任务通过对单结晶体管触发电路的学习，要求学生掌握单结晶体管触发电路的调试步骤和方法。

【目的与要求】

　　1. 知识目标

　　① 熟悉单结晶体管触发电路的工作原理及电路中各元件的作用。

　　② 掌握单结晶体管触发电路的调试步骤和方法。

　　2. 技能目标

　　熟悉与掌握单结晶体管触发电路及其主要点的波形测量与分析。

【知识链接】

　　单结晶体管触发电路是利用单结晶体管的负阻特性，使它在特定的电压下导通，从而产生触发信号。

　　单结晶体管触发电路比较简单，温度性能比较好，有一定的抗干扰能力，脉冲前沿陡，输出功率较小，脉冲宽度较窄，只能手动调节 RP，无法加入其他信号，移相范围≤180°，一般为 150°。此电路可以用在单相可控整流要求不高的场合，能触发 50 A 以下的晶闸管。

　　电路原理分析如下：

利用单结晶体管(又称双基极二极管)的负阻特性和 RC 的充放电特性,可组成频率可调的自激振荡电路,如图 9.1 所示。图中 V_6 为单结晶体管,其常用的型号有 BT33 和 BT35 两种,由 V_5 和 C_1 组成 RC 充电回路,由 C_1、V_6、脉冲变压器组成电容放电回路,调节 RP_1 即可改变 C_1 充电回路中的等效电阻。

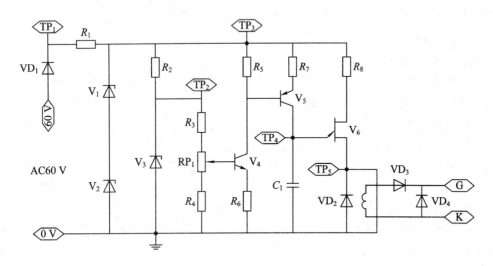

图 9.1　单结晶体管触发电路原理图

由同步变压器副边输出 60 V 的交流同步电压,经 VD_1 半波整流,再由稳压管 V_1、V_2 进行削波,从而得到梯形波电压,其过零点与电源电压的过零点同步,梯形波通过 R_7 及 V_5 向电容 C_1 充电,当充电电压达到单结晶体管的峰值电压 U_P 时,单结晶体管 V_6 导通,电容通过脉冲变压器原边放电,脉冲变压器副边输出脉冲。同时由于放电时间常数很小,C_1 两端的电压很快下降到单结晶体管的谷点电压 U_V,使 V_6 关断,C_1 再次充电,周而复始,在电容 C_1 两端呈现锯齿波形,在脉冲变压器副边输出尖脉冲。在一个梯形波周期内,V_6 可能导通、关断多次,但对晶闸管的触发只有第一个输出脉冲起作用。电容 C_1 的充电时间常数由等效电阻等决定,调节 RP_1 改变 C_1 的充电时间,控制第一个尖脉冲的出现时刻,实现脉冲的移相控制。单结晶体管触发电路的各点波形如图 9.2 所示。

电位器 RP_1 已装在面板上,同步信号已在内部接好,所有的测试信号都在面板上引出。

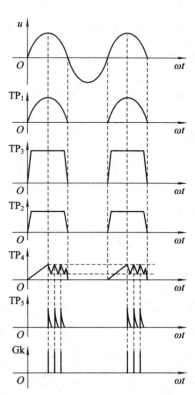

图 9.2　单结晶体管触发电路各点的电压波形

$(\alpha=90°)$

【技能训练】

1．技能训练器材

① 工具：万用表、尖嘴钳、偏口钳、螺丝刀、剥线钳、试电笔。

② 器材：PDC01A 电源控制屏、PWD-11(或 PDC-11)晶闸管主电路、PWD-14 单相晶闸管触发电路、双踪示波器、纸、笔、绘图工具、绝缘鞋、工作服。

2．技能训练步骤

训练步骤 1：单结晶体管触发电路波形的观测。

训练要求：用两根导线将 PDC01A 电源控制屏"主电路电源输出"的 220 V 交流电压接到 PWD-14 的"外接 220 V"端，按下"启动"按钮，打开 PWD-14 电源开关，这时挂件中所有的触发电路都开始工作，用双踪示波器观察单结晶体管触发电路经半波整流后"1"点的波形，经稳压管削波得到"3"点的波形，调节移相电位器 RP_1，观察"4"点锯齿波的周期变化及"5"点的触发脉冲波形；最后用导线将"G""K"连接到 PWD-11(或 PDC-11)上任一个晶闸管上，观测输出的"G、K"触发脉冲波形是否能在 30°～170° 范围内移相。

训练步骤 2：单结晶体管触发电路各点波形的记录。

训练要求：当 $\alpha = 30°$、60°、90°、120° 时，将单结晶体管触发电路的各观测点波形描绘下来，并与图 9.2 中各波形进行比较。

注意：

① 为保证人身安全，杜绝触电事故发生，接线与拆线必须在断电的情况下进行。

② 为保证实训设备的可靠运行，接线完成后必须进行检查，待接线正确之后方可进行实训。

【技能考核评价】

单结晶体管触发电路考核表见表 9.1。

表 9.1　单结晶体管触发电路考核表

考核内容	配分	评 分 标 准	扣分	得分
分析单结晶体管触发电路的工作原理及电路中各元件的作用	50	① 分析单结晶体管触发电路的工作原理(25 分)； ② 分析单结晶体管触发电路中各元件的作用(25 分)		
单结晶体管触发电路的调试步骤和方法	30	① 电路的调试步骤(20 分)； ② 电路的调试方法(10 分)		
观测和记录	20	① 电路波形的观测(5 分)； ② 电路各点波形的记录(15 分)		
安全、文明操作	10	违反 1 次，扣 5 分		
定额时间	20 min	每超过 5 min，扣 10 分		
开始时间		结束时间		总评分

任务2　锯齿波同步移相触发电路

【任务引入】

晶闸管整流电路输出电压的大小随触发脉冲触发的时刻不同而不同，触发脉冲的形成与移相控制是晶闸管直流系统的基本环节。本任务通过对锯齿波同步移相触发电路的学习，要求学生掌握锯齿波同步移相触发电路实现锯齿波形成和同步移相的方法。

【目的与要求】

1．知识目标

① 熟悉锯齿波同步移相触发电路的工作原理及电路中各元件的作用。

② 掌握锯齿波同步移相触发电路的调试步骤和方法。

2．技能目标

熟悉与掌握锯齿波同步移相触发电路及其主要点的波形测量与分析。

【知识链接】

锯齿波同步移相触发电路分为同步电压、锯齿波形成和脉冲移相、脉冲形成与放大、强触发和双窄脉冲形成等环节。

电路原理分析如下：

锯齿波同步移相触发电路Ⅰ、Ⅱ由同步检测、锯齿波形成、移相控制、脉冲形成、脉冲放大等环节组成，其原理图如图9.3所示。

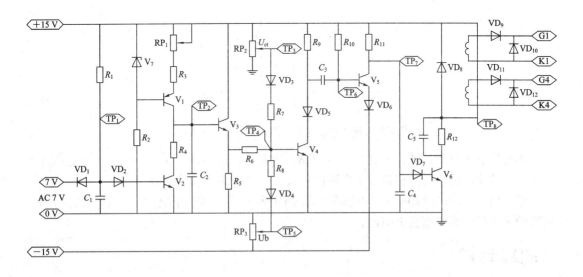

图9.3　锯齿波同步移相触发电路Ⅰ原理图

　　锯齿波同步移相触发电路由 V_2、VD_1、VD_2、C_1 等元件组成同步检测环节，其作用是利用同步电压 U_T 来控制锯齿波产生的时刻及锯齿波的宽度。锯齿波的形成电路由图 9.3 中的恒流源(V_7, R_2, RP_1, R_3, V_1)及电容 C_2 和开关管 V_2 所组成。由 V_7、R_2 组成的稳压电路对 V_1 管设置了一个固定基极电压，则 V_1 发射极电压也恒定。从而形成恒定电流对 C_2 充电。当 V_2 截止时，恒流源对 C_2 充电形成锯齿波；当 V_2 导通时，电容 C_2 通过 R_4、V_2 放电。调节电位器 RP_1 可以调节恒流源的电流大小，从而改变了锯齿波的斜率。控制电压 U_{ct}、偏移电压 U_b 和锯齿波电压在 V_4 基极综合叠加，从而构成移相控制环节，RP_2、RP_3 分别调节控制电压 U_{ct} 和偏移电压 U_b 的大小。V_5、V_6 构成脉冲形成放大环节，C_5 为强触发电容，改善脉冲的前沿，由脉冲变压器输出触发脉冲，电路的各点电压波形如图 9.4 所示。

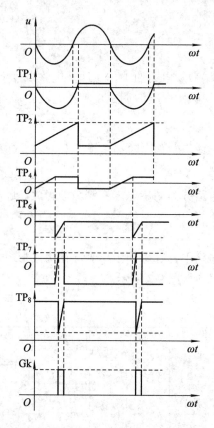

图 9.4　锯齿波同步移相触发电路 Ⅰ 各点电压波形($\alpha = 90°$)

　　本装置有两路锯齿波同步移相触发电路：Ⅰ 和 Ⅱ，在电路上完全一样，只是锯齿波触发电路 Ⅱ 输出的触发脉冲相位与 Ⅰ 恰好互差 180°，供单相整流实训用。

　　电位器 RP_1、RP_2、RP_3 均已安装在挂箱的面板上，同步变压器副边已在挂箱内部接好，所有的测试信号都在面板上引出。

【技能训练】

1. 技能训练器材

① 工具：万用表、尖嘴钳、偏口钳、螺丝刀、剥线钳、试电笔。

② 器材：PDC01A 电源控制屏、PWD-11(或 PDC-11)晶闸管主电路、PWD-14 单相晶闸管触发电路、双踪示波器、纸、笔、绘图工具、绝缘鞋、工作服。

2．技能训练步骤

训练步骤 1：观察锯齿波同步触发电路各观察孔的电压波形。

训练要求：用两根导线将 PDC01A 电源控制屏"主电路电源输出"的 220 V 交流电压接到 PWD-14 的"外接 220 V"端，按下"启动"按钮，打开 PWD-14 电源开关，这时挂件中所有的触发电路都开始工作，用双踪示波器观察锯齿波同步触发电路各观察孔的电压波形。

同时观察同步电压和"1"点的电压波形，了解"1"点波形形成的原因。观察"1""2"点的电压波形，了解锯齿波宽度和"1"点电压波形的关系。调节电位器 RP_1，观测"2"点锯齿波斜率的变化。观察"4""6""7""8"点的电压波形和输出电压的波形，记下各波形的幅值与宽度，并比较"4"点电压 U_4 和"8"点电压 U_8 的对应关系。

训练步骤 2：调节触发脉冲的移相范围。

训练要求：将控制电压 U_{ct} 调至零(将电位器 RP_2 顺时针旋到底)，用示波器观察同步电压信号和"8"点 U_8 的波形，调节偏移电压 U_b(即调 RP_3 电位器)，使 $\alpha = 170°$，其波形如图 9.5 所示。

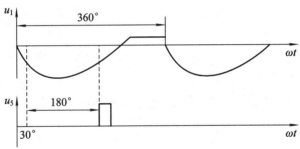

图 9.5　锯齿波同步移相触发电路

调节 U_{ct}(即电位器 RP_2)，使 $\alpha = 60°$，观察并记录各观测孔及输出"G、K"脉冲电压的波形("G""K"端接 PWD-11 或 PDC-11 上任一晶闸管)，标出其幅值与宽度，并记录在表 9.2 中(可在示波器上直接读出，读数时应将示波器的"V/DIV"和"t/DIV"微调旋钮旋到校准位置)。

表 9.2　脉冲幅值与宽度

	U_1	U_2	U_4	U_6	U_7	U_8
幅值/V						
宽度/ms						

【技能考核评价】

锯齿波同步移相触发电路考核表见表 9.3。

9

表 9.3　锯齿波同步移相触发电路考核表

考核内容	配分	评 分 标 准	扣分	得分
分析锯齿波同步移相触发电路的工作原理及电路中各元件的作用	50	① 分析锯齿波同步移相触发电路的工作原理(25 分); ② 分析锯齿波同步移相触发电路中各元件的作用(25 分)		
锯齿波同步移相触发电路的调试步骤和方法	30	① 电路的调试步骤(20 分); ② 电路的调试方法(10 分)		
观测和记录	20	① 电路波形的观测(5 分); ② 电路各点波形的记录(15 分)		
安全、文明操作	10	违反 1 次,扣 5 分		
定额时间	20 min	每超过 5 min,扣 10 分		
开始时间		结束时间	总评分	

任务 3　电压单闭环不可逆直流调速系统

【任务引入】

直流电动机晶闸管调速系统中,为了使电动机的转速受负载变化的影响较小,从而得到较高的静特性,引入电压负反馈环节。本任务通过对电压单闭环不可逆直流调速系统的学习,要求学生掌握电压单闭环不可逆直流调速系统调试的方法。

【目的与要求】

1. 知识目标

① 了解电压单闭环不可逆直流调速系统的原理、组成及各主要单元的原理。

② 掌握晶闸管直流调速系统的一般调试过程、调试步骤、方法及参数的整定。

2. 技能目标

提高对系统分析及故障分析处理的能力。

【知识链接】

1. 移相控制电压

一般可确定移相控制电压的最大允许值 $U_{ctmax} = 0.9U_g$,即 U_g 的允许调节范围为 $0 \sim U_{ctmax}$。如果把给定输出限幅定为 U_{ctmax},则"三相全控整流"输出范围就被限定,不会工作到极限值状态,从而保证六个晶闸管可靠工作。

2. 电路原理分析

电压单闭环系统的原理图如图 9.6 所示。在电压单闭环中,将反映电压变化的电压隔离器输出电压信号作为反馈信号加到"电压调节器"(用调节器Ⅱ作为电压调节器)的输入端,与"给定"的电压相比较,经放大后,得到移相控制电压 U_{ct},控制整流桥的"触发电路"，改变"三相全控整流"的电压输出，从而构成了电压负反馈闭环系统。电机的最高转速也由电压调节器的输出限幅所决定。调节器若采用 P(比例)调节，对阶跃输入有稳态误差，要消除该误差需将调节器换成 PI(比例积分)调节。当"给定"恒定时，闭环系统对电枢电压变化起到了抑制作用，当电机负载或电源电压波动时，电机的电枢电压能稳定在一定的范围内变化。

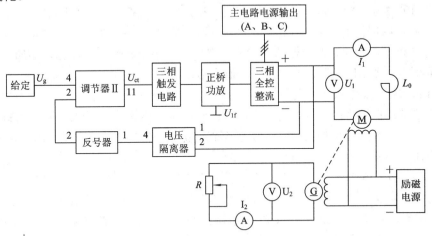

图 9.6　电压单闭环系统原理图(L_d=200 mH, R=2250 Ω)

【技能训练】

1．技能训练器材

① 工具：万用表、尖嘴钳、偏口钳、螺丝刀、剥线钳、试电笔。

② 器材：PDC01A 电源控制屏、PWD-11(或 PDC-11)晶闸管主电路、PDC-12 三相晶闸管触发电路、PDC-14 电机调速控制电路Ⅰ、PDC-15 电机调速控制电路Ⅱ、PWD-17 可调电阻器、DD03-3 电机导轨、光码盘测速系统及数显转速表、DJ13-1 直流发电机、DJ15 直流并励电动机、双踪示波器、纸、笔、绘图工具、绝缘鞋、工作服。

2．技能训练步骤

训练步骤 1：移相控制电压 U_{ct} 调节范围的确定。

训练要求：直接将 PDC-14 "给定"电压 U_g 接入 PDC-12 移相控制电压 U_{ct} 的输入端，"三相全控整流"输出接电阻负载 R，用示波器观察 U_d 的波形。当正给定电压 U_g 由零调大时，U_d 将随给定电压的增大而增大，当 U_g 超过某一数值 $U_{g'}$ 时，U_d 的波形会出现缺相的现象，这时 U_d 反而随 U_g 的增大而减小。一般可确定移相控制电压的最大允许值 $U_{ctmax}=0.9U_{g'}$，即 U_g 的允许调节范围为 0～U_{ctmax}。如果把给定输出限幅定为 U_{ctmax} 的话，则"三相全控整流"的输出范围就被限定，不会工作到极限值状态，从而保证六个晶闸管可靠工作。记录 $U_{g'}$ 于表 9.4 中。

表 9.4　U_{ct} 调节范围

$U_{g'}$ /V	
$U_{ctmax}=0.9U_{g'}$ /V	

将给定退到零，再按停止按钮切断电源。

训练步骤 2：电压调节器的调节。

训练要求：将 PDC-14 中"调节器Ⅱ"所有输入端接地，再将 RP_1 电位器顺时针旋到底，用导线将"9""10"短接，使"调节器Ⅱ"成为 P (比例)调节器。调节面板上的调零电位器 RP_2，用万用表的毫伏挡测量"调节器Ⅱ"的"7"端输出，使调节器的输出电压尽可能接近于零。

把"调节器Ⅱ"的"9""10"端短接线去掉，此时调节器Ⅱ成为 PI(比例积分)调节器，然后将 PDC-14 挂件上的给定输出端接到调节器Ⅱ的"4"端，当加一定的正给定时，调整负限幅电位器 RP_4，使"调节器Ⅱ"的输出电压为最小值，当调节器输入端加负给定时，调整正限幅电位器 RP_3，使之输出正限幅值为 U_{ctmax}。

训练步骤 3：反馈系数的调节。

训练要求：直接将控制屏上的励磁电压接到电压隔离器的"1""2"端，用直流电压表测量励磁电压，并调节电位器 RP_1，使得当输入电压为 220 V 时，电压隔离器输出 +6 V，这时的电压反馈系数 $\gamma = U_{fn}/U_d = 0.027$ V/V。

训练步骤 4：电压单闭环直流调速系统调节。

训练要求：按图 9.6 接线，PDC-14 上的"给定"电压 U_g 为负给定，电压反馈为正电压，将"调节器Ⅱ"接成 P 调节器或 PI 调节器。直流发电机接负载电阻 R，L_d 用 PWD-11(或 PDC-11)上的 200 mH，给定输出调到零。

直流发电机先轻载，从零开始逐渐调大"给定"电压 U_g，使电动机转速接近 $n=1200$ r/min。

由小到大调节直流发电机负载 R，测定相应的 I_d 和 n，直至电动机 $I_d = I_{ed}$，即可测出系统静态特性曲线 $n = f(I_d)$，记录于表 9.5 中。

表 9.5　静态特性记录表

$n/(r/min)$								
I_d/A								

注意：

① 在记录动态波形时，可先用双踪慢扫描示波器观察波形，以便找出系统动态特性较为理想的调节器参数，再用数字存储示波器或记忆示波器记录动态波形。

② 电机启动前，应先加上电动机的励磁，才能使电机启动。在启动前必须将移相控制电压调到零，使整流输出电压为零，这时才可以逐渐加大给定电压，不能在开环或电压闭环时突加给定，否则会引起过大的启动电流，使过流保护动作，告警，跳闸。

③ 通电实训时，可先用电阻作为整流桥的负载，待确定电路能正常工作后，再换成电动机作为负载。

④ 在连接反馈信号时，给定信号的极性必须与反馈信号的极性相反，确保为负反馈，否则会造成失控。

⑤ 直流电动机的电枢电流不要超过额定值使用，转速也不要超过 1.2 倍的额定值，以免影响电机的使用寿命或发生意外。

【技能考核评价】

电压单闭环不可逆直流调速系统考核表见表 9.6。

表 9.6　电压单闭环不可逆直流调速系统考核表

考核内容	配分	评 分 标 准	扣分	得分
分析电压单闭环不可逆直流调速系统的工作原理及系统中各元件的作用	40	① 分析电压单闭环不可逆直流调速系统的工作原理(20 分); ② 分析电压单闭环不可逆直流调速系统中各元件的作用(20 分)		
电压单闭环不可逆直流调速系统的调试步骤和方法	30	① 电路的调试步骤(20 分); ② 电路的调试方法(10 分)		
观测和记录	20	① 电路波形的观测(5 分); ② 电路各点波形的记录(15 分)		
安全、文明操作	10	违反 1 次,扣 5 分		
定额时间	20 min	每超过 5 min,扣 10 分		
开始时间		结束时间		总评分

任务 4　转速、电流双闭环不可逆直流调速系统

【任务引入】

　　由于加工和运行的要求,许多生产机械使电动机经常处于启动、制动、反转的过渡过程中,因此启动和制动过程的时间在很大程度上决定了生产机械的生产效率。转速、电流双闭环直流调速系统是由转速和电流两个调节器进行综合调节,可获得良好的静、动态性能(两个调节器均采用 PI 调节器)。本任务通过对转速、电流双闭环不可逆直流调速系统的学习,要求学生掌握转速、电流双闭环不可逆直流调速系统的调试步骤和方法。

【目的与要求】

1.知识目标

① 了解闭环不可逆直流调速系统的原理、组成及各主要单元部件的原理。

② 掌握转速、电流双闭环不可逆直流调速系统的调试步骤、方法及参数整定。

2.技能目标

提高对系统分析及故障分析处理的能力。

【知识链接】

　　许多生产机械,由于加工和运行的要求,使电动机经常处于启动、制动、反转的过渡过程中,因此启动和制动过程的时间在很大程度上决定了生产机械的生产效率。为缩短这一部分时间,仅采用 PI 调节器的转速负反馈单闭环调速系统,其性能还不很令人满意。转速、电流双闭环直流调速系统是由转速和电流两个调节器进行综合调节,可获得良好的静、动态性能(两个调节器均采用 PI 调节器),由于调整系统的主要参量为转速,故将转速环作

为主环放在外面，电流环作为副环放在里面，这样可以抑制电网电压扰动对转速的影响。

启动时，加入给定电压 U_g，"调节器 I" 和 "调节器 II" 即以饱和限幅值输出，使电动机以限定的最大启动电流加速启动，直到电机转速达到给定转速(即 $U_g = U_{fn}$)，并在出现超调后，"调节器 I" 和 "调节器 II" 退出饱和，最后稳定在略低于给定转速值下运行。

系统工作时，要先给电动机加励磁，改变给定电压 U_g 的大小即可方便地改变电动机的转速。"调节器 I""调节器 II" 均设有限幅环节，"调节器 I" 的输出作为 "调节器 II" 的给定，利用 "调节器 I" 的输出限幅可达到限制启动电流的目的。"调节器 II" 的输出作为 "触发电路" 的控制电压 U_{ct}，利用 "调节器 II" 的输出限幅可达到限制 α_{max} 的目的。转速、电流双闭环直流调速系统原理框图如图 9.7 所示。

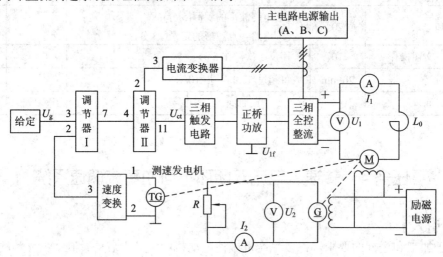

图 9.7　转速、电流双闭环直流调速系统原理框图

【技能训练】

1. 技能训练器材

① 工具：万用表、尖嘴钳、偏口钳、螺丝刀、剥线钳、试电笔。

② 器材：PDC01A 电源控制屏、PWD-11(或 PDC-11)晶闸管主电路、PDC-12 三相晶闸管触发电路、PDC-14 电机调速控制电路 I、PWD-17 可调电阻器、DD03-3 电机导轨、光码盘测速系统及数显转速表、DJ13-1 直流发电机、DJ15 直流并励电动机、双踪示波器、纸、笔、绘图工具、绝缘鞋、工作服。

2. 技能训练步骤

训练步骤 1：移相控制电压 U_{ct} 调节范围的确定。

训练要求：直接将 PDC-14 "给定" 电压 U_g 接入 PDC-12 移相控制电压 U_{ct} 的输入端，"三相全控整流" 输出接电阻负载 R，用示波器观察 U_d 波形。当正给定电压 U_g 由零调大时，U_d 将随给定电压增大而增大，当 U_g 超过某一数值 $U_{g'}$ 时，U_d 的波形会出现缺相的现象，这时 U_d 反而随 U_g 的增大而减小。一般可确定移相控制电压的最大允许值 $U_{ctmax} = 0.9U_{g'}$，即 U_g 的允许调节范围为 $0 \sim U_{ctmax}$。如果把给定输出限幅定为 U_{ctmax} 的话，则 "三相全控整流" 的输出范围就被限定，不会工作到极限值状态，从而保证六个晶闸管可靠工作。记录 $U_{g'}$ 于表 9.7 中。

表 9.7　移相控制电压范围

$U_{g'}$ /V	
$U_{ctmax} = 0.9\,U_{g'}$ /V	

将给定退到零，再按停止按钮切断电源。

训练步骤 2：调节器的调零。

训练要求：将 PDC-14 中"调节器 I"所有输入端接地，再将 RP_1 电位器顺时针旋到底，用导线将"5""6"短接，使"调节器 I"成为 P(比例)调节器。调节面板上调零电位器 RP_2，用万用表毫伏挡测量"调节器 I""7"端的输出，使调节器的输出电压尽可能接近于零。

将 PDC-14 中"调节器 II"所有输入端接地，再将 RP_1 电位器顺时针旋到底，用导线将"9""10"短接，使"调节器 II"成为 P(比例)调节器。调节面板上的调零电位器 RP_2，用万用表的毫伏挡测量调节器 II"11"端的输出，使调节器的输出电压尽可能接近于零。

训练步骤 3：调节器正、负限幅值的调整。

训练要求：把"调节器 I"的"5""6"端短接线去掉，此时调节器 I 成为 PI(比例积分)调节器，然后将 PDC-14 挂件上的给定输出端接到调节器 I 的"3"端，当加一定的正给定时，调整负限幅电位器 RP_4，使"调节器 I"的输出负限幅值为 –6 V，当调节器输入端加负给定时，调整正限幅电位器 RP_3，使之输出电压为最小值。

把"调节器 II"的"9""10"端短接线去掉，此时调节器 II 成为 PI(比例积分)调节器，然后将 PDC-14 挂件上的给定输出端接到调节器 II 的"4"端，当加一定的正给定时，调整负限幅电位器 RP_4，使之输出电压为最小值，当调节器输入端加负给定时，调整正限幅电位器 RP_3，使"调节器 II"的输出正限幅值为 U_{ctmax}。

训练步骤 4：电流反馈系数的整定。

训练要求：直接将"给定"电压 U_g 接入 PDC-12 移相控制电压 U_{ct} 的输入端，整流桥输出接电阻负载 R(将两个 900 Ω 并联)，负载电阻放在最大值，输出给定调到零。

按下启动按钮，从零增加给定，使输出电压升高，当 $U_d = 220$ V 时，减小负载的阻值，调节"电流变换器"上的电流反馈电位器 RP_1，使得负载电流 $I_d = 0.65$ A 时，"3"端 I_f 的电流反馈电压 $U_{fi} = 3$ V，这时的电流反馈系数 $\beta = U_{fi}/I_d = 4.615$ V/A。

训练步骤 5：转速反馈系数的整定。

训练要求：直接将"给定"电压 U_g 接 PDC-12 上的移相控制电压 U_{ct} 的输入端，"三相全控整流"电路接直流电动机负载，L_d 用 PWD-11(或 PDC-11)上的 200 mH，输出给定调到零。

按下启动按钮，接通励磁电源，从零逐渐增加给定，使电机提速到 $n = 1500$ r/min 时，调节"速度变换"上转速反馈电位器 RP_1，使得在该转速时反馈电压 $U_{fn} = -6$ V，这时的转速反馈系数 $\alpha = U_{fn}/n = 0.004$ V/(r/min)。

训练步骤 6：系统静特性测试。

训练要求：

① 按图 9.7 接线，PDC-14 挂件上的"给定"电压 U_g 输出为正给定，转速反馈电压为负电压，直流发电机接负载电阻 R，L_d 用 PWD-11(或 PDC-11)上的 200 mH，负载电阻放

在最大值处，给定的输出调到零。将调节器Ⅰ、调节器Ⅱ都接成P(比例)调节器后，接入系统，形成双闭环不可逆系统，按下启动按钮，接通励磁电源，增加给定，观察系统能否正常运行，确认整个系统的接线正确无误后，将"调节器Ⅰ""调节器Ⅱ"均恢复成PI(比例积分)调节器，构成实训系统。

② 机械特性 $n = f(I_d)$ 的测定。

发电机先空载，从零开始逐渐调大给定电压 U_g，使电动机转速接近 $n = 1200$ r/min，然后接入发电机负载电阻 R，逐渐改变负载电阻，直至 $I_d = I_{ed}$，即可测出系统静态特性曲线 $n = f(I_d)$，并记录于表9.8中。

表9.8 机 械 特 性

n/(r/min)							
I_d/A							

③ 闭环控制系统 $n = f(U_g)$ 的测定。

调节 U_g 及 R，使 $I_d = I_{ed}$、$n = 1200$ r/min，逐渐降低 U_g，记录 U_g 和 n，即可测出闭环控制特性 $n = f(U_g)$。记录入表9.9中。

表9.9 闭环控制系统 $n = f(U_g)$

n/(r/min)							
U_g/V							

【技能考核评价】

转速、电流双闭环不可逆直流调速系统考核表评价见表9.10。

表9.10 转速、电流双闭环不可逆直流调速系统考核表

考核内容	配分	评 分 标 准	扣分	得分
分析转速、电流双闭环不可逆直流调速系统的工作原理及系统中各元件的作用	40	① 分析转速、电流双闭环不可逆直流调速系统的工作原理(20分)； ② 分析转速、电流双闭环不可逆直流调速系统中各元件的作用(20分)		
转速、电流双闭环不可逆直流调速系统的调试步骤和方法	30	① 电路的调试步骤(20分)； ② 电路的调试方法(10分)		
观测和记录	20	① 电路波形的观测(5分)； ② 电路各点波形的记录(15分)		
安全、文明操作	10	违反1次，扣5分		
定额时间	20 min	每超过5 min，扣10分		
开始时间		结束时间		总评分

任务5 带电流截止负反馈的转速单闭环直流调速系统

【任务引入】

许多生产机械由于加工和运行的要求，使电动机可能经常处于过载的状态中，使电机的电枢电流增加。为了防止在启动和运行过程中出现过大的电流冲击，系统引入了电流截止负反馈。本任务通过对带电流截止负反馈的转速单闭环实现直流调速的学习，要求学生掌握带电流截止负反馈的转速单闭环实现直流调速的方法。

【目的与要求】

1. 知识目标

① 了解单闭环直流调速系统的原理、组成及各主要单元部件的原理。

② 掌握单闭环直流调速系统的调试方法及电流截止负反馈的整定。

2. 技能目标

加深理解转速负反馈在系统中的作用，能对一些常见故障进行分析与处理。

【知识链接】

转速单闭环直流调速系统是将反映转速变化的电压信号作为反馈信号，经"速度变换"后接到"调器Ⅱ"的输入端，与"给定"的电压相比较，经放大后，得到移相控制电压 U_{ct}，用作控制整流桥的"触发电路"，触发脉冲经功率放大后加到晶闸管的门极和阴极之间，以改变"三相全控整流"的输出电压，这就构成了速度负反馈闭环系统。电机的转速随给定电压变化，电机最高转速由"调节器Ⅱ"的输出限幅所决定。在本系统中"调节器Ⅱ"可采用 PI(比例积分)调节器或者 P(比例)调节器，当采用 P(比例)调节器时属于有静差调速系统，增加"调节器Ⅱ"的比例放大系数即可提高系统的静特性硬度。为了防止在启动和运行过程中出现过大的电流冲击，系统引入了电流截止负反馈。由电流变换器 FBC 输出与电流成正比的电压信号(FBC 的"3"端)，当电枢电流超过一定值时，将"调节器Ⅱ"的"5"端稳压管击穿，将电流反馈信号送入"调节器Ⅱ"进行综合调节，以限制电流不超过其允许的最大值。

限流作用只需在启动和堵转时起作用，正常运行时应让电流自由地随着负载增减。如果采用某种方法，当电流大到一定程度时才接入电流负反馈以限制电流，而电流正常时仅有转速负反馈起作用控制转速。这种方法叫做电流截止负反馈，简称截流反馈。带电流截止负反馈的转速单闭环直流调速系统原理框图如图 9.8 所示。

【技能训练】

1. 技能训练器材

① 工具：万用表、尖嘴钳、偏口钳、螺丝刀、剥线钳、试电笔。

② 器材：PDC01A 电源控制屏、PWD-11(或 PDC-11)晶闸管主电路、PDC-12 三相晶闸管触发电路、PDC-14 电机调速控制电路Ⅰ、PWD-17 可调电阻器、DD03-3 电机导轨、光码盘测速系统及数显转速表、DJ13-1 直流发电机、DJ15 直流并励电动机、双踪示波器、纸、笔、绘图工具、绝缘鞋、工作服。

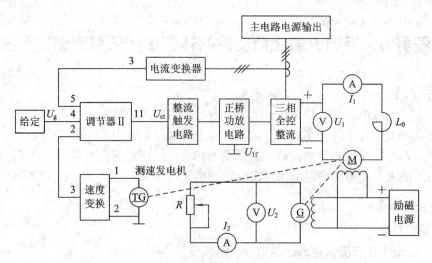

图 9.8　带电流截止负反馈的转速单闭环直流调速系统

2. 技能训练步骤

训练步骤 1：移相控制电压 U_{ct} 调节范围的确定。

训练要求：直接将 PDC-14 "给定" 电压 U_g 接入 PDC-12 移相控制电压 U_{ct} 的输入端，"三相全控整流" 输出接电阻负载 R，用示波器观察 U_d 的波形。当正给定电压 U_g 由零调大时，U_d 将随给定电压的增大而增大，当 U_g 超过某一数值 $U_{g'}$ 时，U_d 的波形会出现缺相的现象，这时 U_d 反而随 U_g 的增大而减小。一般可确定移相控制电压的最大允许值 U_{ctmax} = $0.9U_{g'}$，即 U_g 的允许调节范围为 $0 \sim U_{ctmax}$。如果把给定输出限幅定为 U_{ctmax} 的话，则 "三相全控整流" 输出范围就被限定，不会工作到极限值状态，从而保证六个晶闸管可靠工作。记录 $U_{g'}$ 于表 9.11 中。

表 9.11　移相控制电压 U_{ct}

$U_{g'}$ /V	
$U_{ctmax} = 0.9U_{g'}$ /V	

将给定退到零，再按停止按钮切断电源。

训练步骤 2：调节器 II 的调整。

训练要求：

① 调零。将 PDC-14 中 "调节器 II" 所有输入端接地，再将 RP$_1$ 电位器逆时针旋到底，用导线将 "9" "10" 短接，使 "调节器 II" 成为 P(比例)调节器。调节面板上的调零电位器 RP$_2$，用万用表的毫伏挡测量调节器 II "11" 端的输出，使调节器的输出电压尽可能接近于零。

② 正、负限幅值的调整。把 "9" "10" 端短接线去掉，此时调节器 II 成为 PI(比例积分)调节器，然后将 PDC01A 电源控制屏的给定输出端接到调节器 II 的 "4" 端，当加一定的正给定时，调整负限幅电位器 RP$_4$，使之输出电压的绝对值为最小值，当调节器输入端加负给定时，调整正限幅电位器 RP$_3$，使 "调节器 II" 的输出正限幅为 U_{ctmax}。

训练步骤 3：转速反馈系数的整定。

训练要求：直接将"给定"电压 U_g 接 PDC-14 的"移相控制电压 U_{ct}"的输入端，"三相全控整流"电路接直流电动机负载，L_d 用 PWD-11(或 PDC-11)上的 200 mH，输出给定调到零。

打开励磁电源开关，按下启动按钮，从零逐渐增加给定，使电机提速到 $n = 1500$ r/min，调节"速度变换"上转速反馈电位器 RP_1，使得在该转速时反馈电压 $U_{fn} = +6$ V，这时的转速反馈系数 $\alpha = U_{fn}/n = 0.004$ V/(r/min)。

训练步骤 4：转速负反馈单闭环直流调速系统调试及闭环静特性的测定。

训练要求：按图 9.8 接线(电流变换器的电流反馈输出端"3"不要接)，在本实训中，PDC-14 的"给定"电压 U_g 为负给定，转速反馈电压为正值，将"调节器Ⅱ"接成 P(比例)调节器或 PI(比例积分)调节器。直流发电机接负载电阻 $R(R$ 接 2250 Ω：将两个 900 Ω 并联之后与两个 900 Ω 串联)，L_d 用 PWD-11(或 PDC-11)上 200 mH，给定输出调到零。

直流发电机先轻载，从零开始逐渐调大"给定"电压 U_g，使电动机的转速接近 $n = 1200$ r/min。

由小到大调节直流发电机负载 R，测出电动机的电枢电流 I_d 和电机的转速 n，直至 $I_d = I_{ed}$，即可测出系统静态特性曲线 $n = f(I_d)$。

表 9.12　系统静态特性参数

n/(r/min)							
I_d/A							

训练步骤 5：电流截止负反馈环节的整定。

训练要求：把电流变换器的电流反馈输出端"3"接到"调节器Ⅱ"的输入端"5"，从零开始逐渐调大"给定"电压 U_g，使电动机的转速接近 $n = 1200$ r/min；由小到大调节直流发电机负载 R，使主回路电流升至额定值 $1.1I_N$。调整电流反馈单元(FBC)中的电流反馈电位器 RP_1，使电流反馈电压"U_{If}"逐渐升高直至将"调节器Ⅱ"的输入端"5"连接的稳压管击穿，此时电动机的转速会明显降低，说明电流截止负反馈环节已经起作用。I_N 即为截止电流。停机后可突加给定启动电动机。

训练步骤 6：动态波形的观察。

训练要求：先调节好给定电压 U_g，使电动机在某一转速下运行，断开给定电压 U_g 的开关 S_2。然后突然合上 S_2，即突加给定启动电动机，用慢扫描示波器观察并记录系统加入电流截止负反馈后的电流 I_d 和转速 n 的动态波形曲线。

测定挖土机特性。具有电流截止负反馈环节的转速负反馈单闭环直流调速系统的静特性是挖土机特性，其测定方法如下：逐渐增加给定 U_g，使电动机转速接近 $n = 1200$ r/min，由小到大调节直流发电机负载 R，使主回路电流升至额定值 I_N，记录额定工作点的数据。然后继续改变负载 R 使电流超过截止电流，转速下降到接近于零为止。在表 9.13 中记录几组转速和电流的数据，可画出挖土机特性。

表 9.13　动态波形参数

n/(r/min)							
I_d/A							

【技能考核评价】

带电流截止负反馈的转速单闭环直流调速系统考核表见表 9.14。

表 9.14 带电流截止负反馈的转速单闭环直流调速系统考核表

考核内容	配分	评 分 标 准	扣分	得分
分析带电流截止负反馈的转速单闭环直流调速系统的工作原理及系统中各元件的作用	40	① 分析带电流截止负反馈的转速单闭环直流调速系统的工作原理(20 分); ② 分析转速、电流双闭环不可逆直流调速系统中各元件的作用(20 分)		
带电流截止负反馈的转速单闭环直流调速系统的调试步骤和方法	30	① 电路的调试步骤(20 分); ② 电路的调试方法(10 分)		
观测和记录	20	① 电路波形的观测(5 分); ② 电路各点波形的记录(15 分)		
安全、文明操作	10	违反 1 次,扣 5 分		
定额时间	20 min	每超过 5 min,扣 10 分		
开始时间		结束时间	总评分	

任务 6　步进电动机的控制

【任务引入】

随着设备更新换代和现代加工业对设备的需求,步进电动机已广泛用于各种数控机床、绘图机、自动化仪表、计算机外设、数模变换等数字控制系统中作为元件。本任务通过对步进电动机的学习,要求学生掌握步进电动机的使用方法。

【目的与要求】

1. 知识目标

① 了解步进电动机的驱动电源和电机工作情况。

② 掌握步进电动机基本特性的测定方法。

2. 技能目标

掌握步进电动机基本特性的测定方法。

【知识链接】

步进电动机又称脉冲电机,是数字控制系统中的一种重要的执行元件,它是将电脉冲信号变换成转角或转速的执行电动机,其角位移量与输入电脉冲数成正比;其转速与电脉冲的频率成正比。在负载能力范围内,这些关系将不受电源电压、负载、环境、温度等因素的影响,还可在很宽的范围内实现调速,快速启动、制动和反转。随着数字技术和电子计算机的发展,步进电机的控制更趋于简便、灵活和智能化。现已广泛用于各种数控机床,绘图机,自动化仪表,计算机外设,数、模变换等数字控制系统中。

1) 使用说明

(1) 开启电源开关，面板上的三位数字频率计将显示"000"；由六位 LED 数码管组成的步进电机运行状态显示器自动进入"9999→8888→7777→6666→5555→4444→3333→2222→1111→0000"动态自检过程，而后停止在系统的初态"⊣.3"。

(2) 控制键盘功能说明。

设置键：手动单步运行方式和连续运行各方式的选择。

拍数键：单三拍、双三拍、三相六拍等运行方式的选择。

相数键：电机相数(三相、四相、五相)的选择。

转向键：电机正、反转的选择。

数位键：预置步数的数据位设置。

数据键：预置步数位的数据设置。

执行键：执行当前运行状态。

复位键：由于意外原因导致系统死机时可按此键，经动态自检过程后返回系统初态。

(3) 控制系统试运行。

暂不接步进电机绕组，开启电源进入系统初态后，即可进入试运行训练。

单步训练运行：每按一次"执行键"，完成一拍的运行，若连续按执行键，状态显示器的末位将依次循环显示"B→C→A→B…"；由五只 LED 发光二极管组成的绕组通电状态指示器的 B、C、A 将依次循环点亮，以示电脉冲的分配规律。

连续运行：按设置键，状态显示器显示"⊣3000"，称此状态为连续运行的初态。此时，可分别训练"拍数""转向"和"相数"三个键，以确定步进电机当前所需的运行方式。最后按"执行"键，即可实现连续运行。

预置数运行：设定"拍数""转向"和"相数"后，可进行预置数设定。

步进电机转速的调节与电脉冲频率显示。调节面板上的"速度调节"电位器旋钮，即可改变电脉冲的频率，从而改变步进电机的转速。同时，由频率计显示输入序列脉冲的频率。

脉冲波形观测：在面板上设有序列脉冲和步进电机三相绕组驱动电源的脉冲波形观测点，分别将各观测点接到示波器的输入端，即可观测到相应的脉冲波形。

2) 基本实训电路的外部接线

图 9.9 所示为步进电机实训接线图。

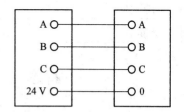

图 9.9　步进电机实训接线图

【技能训练】

1. 技能训练器材

① 工具：万用表、尖嘴钳、偏口钳、螺丝刀、剥线钳、试电笔。

② 器材：PDC01A 电源控制屏、PWD-11(或 PDC-11)晶闸管主电路、PDC-12 三相晶闸管触发电路、PDC-14 电机调速控制电路Ⅰ、PWD-17 可调电阻器、DD03-3 电机导轨、HK54 步进电机控制箱、BSZ-1 步进电机、双踪示波器、纸、笔、绘图工具、绝缘鞋、工作服。

2. 技能训练步骤

训练步骤 1：单步运行状态。

训练要求：接通电源，将控制系统设置为单步运行状态，或复位后，按执行键，步进电机走一步距角，绕组相应的发光管发亮，再不断按执行键，步进电机转子也不断地做步进运动。改变电机转向，电机做反向步进运动。

训练步骤 2：角位移和脉冲数的关系。

训练要求：控制系统接通电源，设置好预置步数，按执行键，电机运转，观察并记录电机偏转角度，再重设置另一置数值，按执行键，观察并记录电机偏转角度于表 9.15，并利用公式计算电机偏转角度与实际值是否一致。

表 9.15　电机偏转角度　　　　　　　　步数=　　步

序　号	实际电机偏转角度	理论电机偏转角度

训练步骤 3：转子振荡状态的观察。

训练要求：步进电机空载连续运转后，调节并降低脉冲频率，直至步进电机声音异常或出现电机转子来回偏摆即为步进电机的振荡状态。

【技能考核评价】

步进电动机训练考核表见表 9.16。

表 9.16　步进电动机训练考核表

考核内容	配分	评 分 标 准	扣分	得分
分析步进电动机的工作原理	40	① 分析电机偏转角度的工作原理(20 分)； ② 阐述步进电动机的使用说明(20 分)		
步进电动机的调试步骤和方法	30	① 步进电动机的调试步骤(20 分)； ② 步进电动机的调试方法(10 分)		
观测和记录	20	① 电机偏转角度的观测(5 分)； ② 电机偏转角度的记录(15 分)		
安全、文明操作	10	违反 1 次，扣 5 分		
定额时间	20 min	每超过 5 min，扣 10 分		
开始时间		结束时间	总评分	

任务 7　变频器功能参数设置与训练

【任务引入】

现代工农业生产和日常生活中，变频控制技术已得到越来越广泛的应用。本任务通过使用三菱变频器面板实现参数的设置，使学生掌握变频控制的基本原理和参数设置方法，为变频器与 PLC 的综合应用控制技术打下良好基础。

【目的与要求】

1. 知识目标

① 使用三菱变频器面板实现参数的设置。

② 了解并掌握三菱变频器面板控制方式与参数的设置。

2．技能目标

掌握三菱变频器面板控制方式与参数设置的方法。

【知识链接】

变频器是利用电力半导体器件的通断作用将工频电源变换为另一频率的电能控制装置，能实现对交流异步电机的软启动、变频调速、提高运转精度、改变功率因素、过流/过压/过载保护等功能。三菱变频器面板图如图 9.10 所示，面板功能表如表 9.17 所示，常用参数设置见表 9.18。

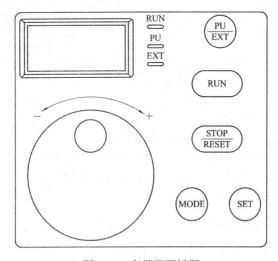

图 9.10　变频器面板图

表 9.17　变频器面板功能表

显示/按钮	功　能	备　注
RUN显示	运行时点亮/闪灭	点亮：正在运行中； 慢闪灭(1.4 s/次)：反转运行中； 快闪灭(0.2 s/次)：非运行中
PU显示	PU训练模式时点亮	计算机连接运行模式时，为慢闪亮
监示用3位LED	表示频率，参数序号等	
EXT显示	外部训练模式时点亮	计算机连接运行模式时，为慢闪亮
设定用按钮	变更频率设定、参数的设定值	不能取下
PU/EXT键	切换PU/外部训练模式	PU：PU训练模式； EXT：外部训练模式； 使用外部训练模式(用另外连接的频率设定旋钮和启动信号运行)时，请按下此键，使EXT显示为点亮状态
RUN键	运行指令正转	反转用(Pr.17)设定
STOP/RESET键	进行运行的停止、报警的复位	
SET键	确定各设定	
MODE 键	切换各设定	

表 9.18　参数设置表

参数	名称	表示	设定范围	单位	出厂设定值
0	转矩提升	P0	0～15%	0.1%	6%，5%，4%
1	上限频率	P1	0～120 Hz	0.1 Hz	50 Hz
2	下限频率	P2	0～120 Hz	0.1 Hz	0 Hz
3	基波频率	P3	0～120 Hz	0.1 Hz	50 Hz
4	3 速设定(高速)	P4	0～120 Hz	0.1 Hz	50 Hz
5	3 速设定(中速)	P5	0～120 Hz	0.1 Hz	30 Hz
6	3 速设定(低速)	P6	0～120 Hz	0.1 Hz	10 Hz
7	加速时间	P7	0～999 s	0.1 s	5 s
8	减速时间	P8	0～999 s	0.1 s	5 s
9	电子过电流保护	P9	0～50 A	0.1 A	额定输出电流
30	扩展功能显示选择	P30	0，1	1	0
79	训练模式选择	P79	0～4，7，8	1	0

设定频率运行(例：在 50 Hz 状态下运行)。训练步骤如下：

(1) 接通电源，显示监示显示画面。

(2) 按 ⬚ 键设定 PU 训练模式。

(3) 旋转设定用旋钮，直至监示用 3 位 LED 显示框显示出希望设定的频率，约 5 s 闪灭。

(4) 在数值闪灭期间按 ⬚ 键设定频率数。此时若不按 ⬚ 键，闪烁 5 s 后，显示回到 0.0。还需重复"训练 3"，重新设定频率。

(5) 约闪烁 3 s 后，显示回到 0.0 状态，按 ⬚ 键运行。

(6) 变更设定时，请进行上述的(3)、(4)的训练(从上次的设定频率开始)。

(7) 按 ⬚ 键，停止运行。

【技能训练】

1. 技能训练器材

① 工具：万用表、尖嘴钳、偏口钳、螺丝刀、剥线钳、试电笔。

② 器材：PDC01A 电源控制屏、三菱可编程控制器 FX1N-40MR、三菱通用变频器 FR-D700、纸、笔、绘图工具、绝缘鞋、工作服。

2. 技能训练步骤

训练步骤：把 Pr.7 的设定值从"5 s"改为"10 s"。

训练要求：

① 接通电源，显示监示显示画面。

② 按 ⬚ 键选中 PU 训练模式，此时 PU 指示灯亮。

③ 按 (MODE) 键进入参数设置模式。

④ 拨动设定用按钮，选择参数号码，直至监示用三位 LED 显示 P7。

⑤ 按 SET 键读出现在设定的值(出厂时默认设定值为 5)。

⑥ 拨动设定用按钮，把当前值增加到 10。

⑦ 按 SET 键完成设定值。

【技能考核评价】

变频器功能参数设置与训练考核表见表 9.19。

表 9.19　变频器功能参数设置与训练考核表

考核内容	配分	评 分 标 准	扣分	得分
变频器功能参数设置	40	变频器功能参数设置，缺 1 项或错 1 项，扣 2 分		
变频器功能参数训练	50	使用变频器参数设定的训练键盘不熟练，扣 10 分； 调试时，没有严格按照被控制设备要求进行而达不到要求，每缺 1 项功能，扣 5 分		
安全、文明操作	10	违反 1 次，扣 5 分		
定额时间	20min	每超过 5 min，扣 10 分		
开始时间		结束时间	总评分	

项目十

可编程序控制器的应用

国家职业标准技能内容与要求：
　　高级工能够结合生产应用可编程序控制器改造较简单的继电器控制系统，编制逻辑运算程序，绘出相应的电路图并应用于生产。

　　可编程序控制器应用是当前电气维修人员应掌握的知识和技能，本项目主要介绍可编程序控制器的基础实训内容，其中包括基本指令编程练习、电动机正/反转联锁控制、电动机的 Y-△ 启动控制等任务。

任务 1　基本指令编程练习

【任务引入】

　　可编程序控制器在现代生产中的应用广泛，它与传统的继电控制技术相比有很多的优越性。可编程序控制器(PLC)的编程软件的应用是使用 PLC 的基础。本任务通过对基本指令编程的学习，要求学生熟悉和掌握 MELSOFT 系列 GX-Developer 编程软件的使用并掌握基本逻辑指令和 FX2 型 PLC 的 I/O 接线。

【目的与要求】

　　1. 知识目标

　　① 了解 MELSOFT 系列 GX-Developer 编程软件。

　　② 学习并掌握基本逻辑指令。

　　③ 了解电动机点动和连续运行正转控制方法。

　　2. 技能目标

　　能熟练地完成基本逻辑指令编程及 FX$_2$ 型 PLC 的 I/O 接线。

【知识链接】

　　MELSOFT 系列 GX-Developer 编程软件、基本逻辑指令及电动机点动和连续运行正转控制原理。

　　1) MELSOFT 系列 GX-Developer 编程软件

　　三菱 GX-Developer 编程软件是应用于三菱系列 PLC 的中文编程软件，可在 Windows 9x

及以上训练系统运行。GX-Developer 的功能十分强大，集成了项目管理、程序键入、编译链接、模拟仿真和程序调试等功能，可通过线路符号、列表语言及 SFC 符号来创建 PLC 程序、建立注释数据及设置寄存器数据。创建 PLC 程序并将其存储为文件格式，再打印出来。该程序可在串行系统中与 PLC 进行通信、文件传送、训练监控以及各种测试功能并可脱离 PLC 进行仿真调试。

2) 基本逻辑指令

掌握基本逻辑指令是应用可编程序控制器的入门和基础，必须熟练掌握。基本逻辑指令中 LD、LDI、AND、ANI、OR、ORI、OUT、ORB、ANB MPS、MRD、MPP、MC、MCR 指令会经常应用。本任务中用到的指令是 LD(Load)逻辑取指令，适用于梯形图中与左母线相连的第一个常开触头，表示一个逻辑行的开始；LDI(Load Inverse)逻辑取反指令，适用于在梯形图中与左母线相连的第一个常闭触头；OUT 线圈驱动指令，适用于在梯形图中线圈的取用。

3) 电动机点动和连续运行正转控制

点动正转控制线路是用按钮、接触器来控制电动机运转的最简单的正转控制线路。按下按钮，电动机就得电启动；松开按钮，电动机就失电停止。

电动机单向连续运行的启动/停止控制是最基本、最常用的控制。按下启动按钮，电动机就得电启动；按下停止按钮，电动机就失电停止。

为观察电动机的运行状况，分别用绿色指示灯 HL_1 和红色指示灯 HL_2 表示电动机启动和停止状态。

【技能训练】

1. 技能训练器材

① 测电笔、螺钉旋具、尖嘴钳、斜口钳、剥线钳、电工刀等。

② MF-47 型万用表。

③ 控制板一块(600 mm × 500 mm × 20 mm)；导线规格：动力电路采用 BVR 2.5 mm² 塑铜线(黑色)，控制电路采用 BVR 1 mm² 塑铜线(红色)，按钮控制电路采用 BVR 1 mm² 塑铜线(红色)，接地线采用 BVR 塑铜线(黄绿双色，截面至少 1.5 mm²)；紧固体及编码套管等，其数量视需要而定。

2. 技能训练步骤

1) GX-Developer编程软件的安装及使用

运行安装盘中的"SETUP"，按照逐级提示即可完成 GX-Developer 的安装。安装结束后，将在桌面上建立一个和"GX-Developer"相对应的图标，同时在桌面的"开始-程序"中建立一个"MELSOFT 应用程序-GX-Developer"选项。若需增加模拟仿真功能，在上述安装结束后，再运行安装盘中的 LLT 文件夹下的"STEUP"，按照逐级提示即可完成模拟仿真功能的安装。

训练提示：计算机的 RS232C 端口及 PLC 之间必须用指定的缆线及转换器可靠连接；PLC 必须在 STOP 模式下才能执行程序传送。

训练题目：GX-Developer 编程软件的使用。

训练方法：具体训练方法如下。

第 1 步：双击桌面上的"GX-Developer"图标，即可启动 GX-Developer，其界面如图 10.1 所示。GX-Developer 的界面由项目标题栏、下拉菜单、快捷工具栏、编辑窗口、管理窗口等部分组成。在调试模式下，可打开远程运行窗口、数据监视窗口等。

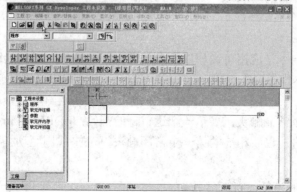

图 10.1　打开的 GX-Developer 窗口

第 2 步：创建新工程。选择[工程]→[创建新工程]菜单项，或者按[Ctrl]+[N]键，在出现的创建新工程对话框中选择 PLC 系列和 PLC 类型，如选择 FXCPU 系列和 FX2N(C)、类型 PLC 后，单击[确定]，如图 10.2 所示。

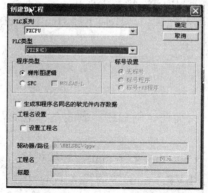

图 10.2　创建新工程对话框

第 3 步：编程训练。如图 10.3 所示，将编辑好的程序输入。

图 10.3　输入程序

第 4 步：梯形图的转换及保存训练。编辑好的程序先通过执行菜单[变换]→[变换]命令或按 F4 键变换后，才能保存，如图 10.4 所示。在变换过程中将显示梯形图变换信息。如果在没有完成变换的情况下关闭梯形图窗口，则新创建的梯形图将不被保存。

第 5 步：程序的写入。PLC 在 STOP 模式下，执行菜单[在线]→[PLC 写入]命令，将计算机中的程序发送到 PLC 中，如图 10.5 所示。在出现的 PLC 写入对话框中，选择[参数+程序]，再按[执行]，即完成将程序写入 PLC 的训练。

图 10.4　变换训练　　　　　　　　　图 10.5　在线训练

第 6 步：程序的调试。运行的结果与设计的要求不一致时，需要修改程序。先执行菜单[在线]→[远程训练]命令，将 PLC 设为 STOP 模式，再执行菜单[编辑]→[写入模式]命令，直到程序正确。

2) 基本逻辑指令

训练题目：点动、连续运行控制逻辑指令编写与下载。

训练方法：具体训练方法如下。

第 1 步：根据点动、连续运行控制的控制要求，编写梯形图程序，如图 10.6 所示。梯形图程序所对应的指令语句见表 10.1。

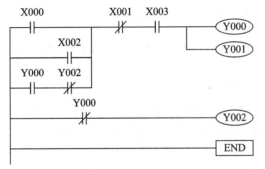

图 10.6　点动、连续运行控制梯形图

表 10.1 点动、连续运行控制的指令语句

指令程序	指令程序	指令程序	指令程序
0 LD X000	3 ANI X002	6 AND X003	9 LDI Y000
1 OR X002	4 ORB	7 OUT Y000	10 OUT Y002
2 LD Y000	5 ANI X001	8 OUT Y001	11 END

第 2 步：在断电状态下，连接好 PC/PPI 电缆。

第 3 步：打开 PLC 的前盖，将运行模式选择开关拨到 STOP 位置，此时 PLC 处于停止状态，可以进行程序编写。

第 4 步：在作为编程器的 PC 上，运行 MELSOFT 系列 GX-Developer 编程软件。

第 5 步：用菜单命令[工程]→[创建新工程]生成一个新项目；或者用菜单命令[工程]→[打开工程]打开一个已有的项目；或者用菜单命令[工程]→[另存工程为]修改项目的名称。

第 6 步：用菜单命令[工程]→[改变 PLC 类型]重新设置 PLC 的型号。

第 7 步：用菜单命令[在线]→[传输设置]设置通信参数。

第 8 步：输入点动、连续运行控制程序。

3) 电动机点动和连续运行正转控制

训练题目：系统接线及通电调试。

训练方法：具体训练方法如下。

第 1 步：输入/输出元件的地址分配。

根据控制要求，在电动机点动、连续运行控制中，有 4 个输入控制元件：启动按钮 SB_1、停止按钮 SB_2、点动按钮 SB_3 和热继电器 FR。有 3 个输出元件：接触器线圈 KM、绿色指示灯 HL_1 和红色指示灯 HL_2。编程元件的地址分配见表 10.2。

表 10.2 点动、连续运行控制输入/输出元件的地址分配

输　入			输　出		
输入继电器	电路元件	作　用	输出继电器	电路元件	作　用
X000	SB_1	启动按钮	Y000	KM	电动机接触器
X001	SB_2	停止按钮	Y001	HL1	
X002	SB_3	点动按钮	Y002	HL2	
X003	FR	过载保护			

第 2 步：绘制输入/输出接线图并接线。

本项目用三菱 FX-16MR 型可编程序控制器实现点动、连续运行控制的输入/输出接线，如图 10.7 所示。

第 3 步：用菜单命令[在线]→[PLC 写入]下载程序文件到 PLC。

第 4 步：将 PLC 运行模式的选择开关拨到 RUN 位置，使 PLC 进入运行方式。

第 5 步：观察 PLC 中 Y002 的 LED 状态，此时应是点亮，表明电动机处于停止状态。

第 6 步：按下点动按钮 SB_3，观察电动机是否启动。如果启动，说明点动启动程序正确。

第 7 步：松开点动按钮 SB_3，观察电动机是否能够停止。如果停止，则说明点动停止

程序正确。

第 8 步：按下启动按钮 SB_1，如果系统能够重新启动运行，并能在按下停止按钮 SB_2 后停车，则程序调试结束。

第 9 步：如果出现故障，学生应独立检修。电路检修完毕并且梯形图修改完毕后应重新调试，直至系统能够正常工作。

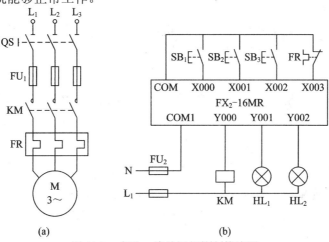

图 10.7　点动、连续运行控制接线图

【技能考核评价】

点动、连续运行控制的考核表见表 10.3。

表 10.3　点动、连续运行控制考核表

考核内容	配分	评 分 标 准	扣分	得分
PLC 联机	40	① 系统的启动与退出及创建新工程(15 分)； ② 编程训练及文件的保存和关闭(15 分)； ③ 梯形图的转换及训练(10 分)		
程序输入及 I/O 接线	30	① 基本指令输入(10 分)； ② PLC 选型(10 分)； ③ 输入口接线(5 分)； ④ 输出口接线(5 分)		
程序下载与调试	20	① 程序下载(5 分)； ② 调试方法(15 分)；		
安全、文明操作	10	违反 1 次，扣 5 分		
定额时间	20 min	每超过 5 min，扣 10 分		
开始时间		结束时间	总评分	

任务 2　电动机正/反转联锁控制

【任务引入】

掌握梯形图编程的规则、应用 PLC 技术实现对三相异步电动机的控制编程是一项应掌握的技能。本任务通过对电动机正/反转联锁控制的学习，要求学生进一步掌握 PLC 的应用。

【目的与要求】

1. 知识目标

① 掌握梯形图编程的规则。

② 应用 PLC 技术实现对三相异步电动机进行正/反转联锁控制编程。

③ 掌握三相异步电动机进行正/反转联锁控制的方法。

2. 技能目标

能熟练地完成电动机正/反转联锁控制指令编程及 FX_2 型 PLC 的 I/O 接线。

【知识链接】

1) 掌握梯形图的编程规则

梯形图按自上而下、从左到右的顺序排列，每一行起于左母线，终于右母线，继电器线圈与右母线直接连接，在右母线与线圈之间不能连接其他元素。

在一个梯形图中，同一编号的线圈如果使用两次或两次以上称为双线圈输出。一般情况下，这种情况只能出现一次，因为双线圈输出容易引起错误。

输入继电器、输出继电器、辅助继电器、定时器、计数器触头可多次使用，不受限制。

输入继电器的线圈是由输入点上的外部输入信号控制驱动的，所以梯形图中输入继电器的触头用于表示对应点的输入信号。

为了便于识别触头的组合和对输出线圈的控制路径，不包含触头的分支应放在垂直方向，不可放在水平位置。

2) 三相异步电动机进行正/反转联锁控制编程

根据梯形图的编程规则编出三相异步电动机进行正/反转联锁控制，注意触点的联锁。

3) 三相异步电动机进行正/反转联锁控制

三相异步电动机进行正/反转联锁控制要求实现正反停控制，具有防止相间短路的措施和过载保护环节。

为观察电动机的运行状况，分别用接触器线圈 KM_1 和 KM_2 表示电动机正转和反转状态。

【技能训练】

1. 技能训练器材

① 控制板一块($600\ mm \times 500\ mm \times 20\ mm$)。

② 导线规格：动力电路采用 BVR $2.5\ mm^2$ 塑铜线(黑色)，控制电路采用 BVR $1\ mm^2$ 塑铜线(红色)，按钮控制电路采用 BVR $1\ mm^2$ 塑铜线(红色)，接地线采用 BVR 塑铜线(黄绿双色，截面至少 $1.5\ mm^2$)。

③ 紧固体及编码套管等，其数量视需要而定。

2. 技能训练步骤

1) 程序的编制及输入

训练提示：注意触点的联锁。

训练题目三：相异步电动机的正/反转联锁控制编程。

训练方法：具体训练方法如下。

第1步：输入/输出元件的地址分配。

在电动机正/反转连锁控制中，有4个输入控制元件：停止按钮 SB_1、正转按钮 SB_2、反转按钮 SB_3 和热继电器 FR。有2个输出元件：接触器线圈 KM_1、KM_2。编程元件的地址分配见表10.4。

表10.4　电动机正/反转连锁控制输入/输出元件的地址分配

输　入			输　出		
输入继电器	电路元件	作　用	输出继电器	电路元件	作　用
X000	FR	过载保护	Y000	KM_1	正转接触器
X001	SB_1	停止按钮	Y001	KM_2	反转接触器
X002	SB_2	正转按钮			
X003	SB_3	反转按钮			

第2步：参考梯形图程序。

根据电动机正/反转连锁控制的控制要求编写梯形图程序，如图10.8所示。类似于继电接触器控制，图中利用 PLC 输入继电器 X002 和 X003 的常闭触头，以及输出继电器 Y000 和 Y001 的常闭触头，实现双重互锁，以防止正、反转换接时的相间短路。梯形图程序所对应的指令语句见表10.5。

表10.5　电动机控制的指令语句

指令程序	指令程序
0　LD X002	8　OR Y001
1　OR Y000	9　ANI X001
2　ANI X001	10　ANI X002
3　ANI X003	11　ANI X000
4　ANI X000	12　ANI Y000
5　ANI Y001	13　OUT Y001
6　OUT Y00	14　END
7　LD X003	

图10.8　电动机正/反转连锁控制程序梯形图

第3步：在断电状态下，连接好 PC/PPI 电缆。

第4步：打开 PLC 的前盖，将运行模式的选择开关拨到 STOP 位置，此时 PLC 处于停止状态，可以进行程序编写。

第5步：用菜单命令[工程]→[创建新工程]生成一个新项目；或用菜单命令[工程]→[打开工程]打开一个已有项目；或用菜单命令[工程]→[另存工程为]修改项目名称。

第6步：用菜单命令[工程]→[改变 PLC 类型]重新设置 PLC 的型号。

第7步：输入电动机正/反转连锁控制程序。

2) 输入/输出接线

训练提示：注意热继电器连接输入常开点。

训练题目：三相异步电动机的正/反转联锁控制输入/输出接线。

训练方法：具体训练方法如下。

第1步：画出 PLC 接线图，如图 10.9 所示。

第2步：连接控制电路输入端。

第3步：连接控制电路输出端。

第4步：连接主电路。

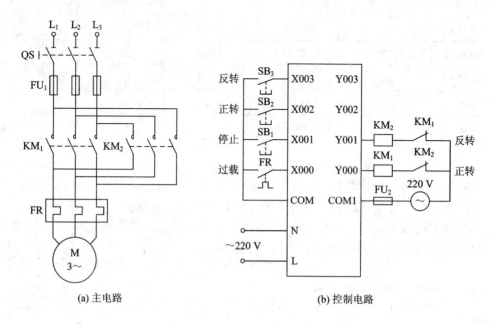

图 10.9　正/反转联锁控制输入/输出接线

3) 系统调试

训练提示：注意调试顺序。

训练题目：三相异步电动机的正/反转联锁控制系统调试。

训练方法：具体训练方法如下。

第1步：用菜单命令[在线]→[PLC 写入]下载程序文件到 PLC。

第2步：将 PLC 运行模式的选择开关拨到 RUN 位置，使 PLC 进入运行方式。

第3步：按下正转按钮 SB_2，观察是否正转启动。如果启动，则说明正转启动程序正确。

第4步：按下停止按钮 SB_1，观察是否能够停车。如果停车，则说明正转停止程序正确。

第5步：按下反转按钮 SB_3，观察是否反转启动。如果启动，则说明反转启动程序正确。

第6步：按下停止按钮 SB_1，观察是否能够停车。如果停车，则说明反转停止程序正确。

第7步：在正转或反转时，按下热继电器 FR，观察电动机是否能够停车。如果停车，则说明过载保护程序正确。

【技能考核评价】

三相异步电动机正/反转联锁控制考核表见表 10.6。

表 10.6　三相异步电动机的正/反转联锁控制考核表

考核内容	配分	评 分 标 准	扣分	得分
程序输入	40	① 程序的编制(15 分)； ② 程序的输入与转换(15 分)； ③ 程序的下载与保存(10 分)		
输入/输出接线	30	① 连接控制电路输入端(10 分)； ② 连接控制电路输出端(10 分)； ③ 连接控制电路电源端(5 分)； ④ 连接主电路(5 分)		
系统调试	20	① 通电调试准备(5 分)； ② 通电调试顺序及故障检查(15 分)		
安全、文明操作	10	违反 1 次，扣 5 分		
定额时间	20min	每超过 5 min，扣 10 分		
开始时间		结束时间		总评分	

任务 3　电动机的 Y-△ 启动控制

【任务引入】

　　继电控制电路的接线方式复杂，更改控制方式的工序复杂，而 PLC 的控制方式通过更改程序即可变更线路功能，因此使用维护方便。本任务通过对电动机的 Y-△ 启动控制程序编程的学习，要求学生熟悉和掌握 PLC 技术实现对三相异步电动机的 Y-△ 启动控制的使用及 FX$_2$ 型 PLC 的 I/O 接线。

【目的与要求】

1. 知识目标

① 掌握 PLC 定时器(T)(OUT/RST)指令

② 应用 PLC 技术实现对三相异步电动机的 Y-△ 启动控制编程。

③ 熟悉 PLC 的使用，提高 PLC 的应用能力。

2. 技能目标

能熟练地完成三相异步电动机的 Y-△ 启动控制指令编程及 FX2 型 PLC 的 I/O 接线。

【知识链接】

　　1) PLC定时器(T)(OUT/RST)指令

　　定时器 T0～T199(200 点)的单位时间为 100 ms，设定值为 1～32767，对应的延时时间为(1～32767) × 0.01 s = 0.1～328.67 s。

　　定时器 T200～T245(46 点)的单位时间为 10 ms，设定值为 1～32767，对应的延时时间为(1～32767) × 0.01 s = 0.01～327.67 s。

　　继电器线圈 OUT(输出)：驱动定时器线圈指令，其元件为 T，所占程序步为 3 步。

RST(复位)：输出触头复位和当前数据清零指令，其元件为 T、C，所占程序步为 2 步。

2) 三相异步电动机 Y-△启动控制编程

根据梯形图的编程规则编出三相异步电动机 Y-△启动控制编程，注意 Y-△转换时间。

3) 三相异步电动机进行正/反转联锁控制

以 Y 形连接启动，设计经 8 s 延时后，改为△形连接运行；具有防止相间短路的措施；有过载保护环节。

【技能训练】

1．技能训练器材

① 控制板一块(600 mm × 500 mm × 20 mm)。

② 导线规格：动力电路采用 BVR 2.5 mm² 塑铜线(黑色)，控制电路采用 BVR 1 mm² 塑铜线(红色)，按钮控制电路采用 BVR 1 mm² 塑铜线(红色)，接地线采用 BVR 塑铜线(黄绿双色，截面至少 1.5 mm²)。

③ 紧固体及编码套管等，其数量视需要而定。

2．技能训练步骤

1) 程序的编制及输入

训练提示：注意 Y-△转换时间。

训练题目：三相异步电动机的 Y-△转换控制编程。

训练方法：具体训练方法如下。

第 1 步：输入/输出元件的地址分配。

根据控制要求，在电动机的 Y-△启动控制中，有 3 个输入控制元件：启动按钮 SB_2、停止按钮 SB_1 和热继电器 FR。有 3 个输出元件：电源接触器线圈 KM_1、Y 形连接启动接触器线圈 KM_3 和△形连接启动接触器线圈 KM_2。编程元件的地址分配见表 10.7。

表 10.7　电动机的 Y-△启动控制输入/输出元件的地址分配

输　入			输　出		
输入继电器	电路元件	作　用	输出继电器	电路元件	作　用
X000	SB_2	启动按钮	Y000	KM_1	电源接触器
X001	SB_1	停止按钮	Y001	KM_3	Y 形连接启动接触器
X002	FR	过载保护	Y002	KM_2	△形连接启动接触器

第 2 步：　考梯形图程序。

根据电动机的 Y-△启动控制要求，编写梯形图程序，如图 10.10 所示。

第 3 步：在断电状态下，连接好 PC/PPI 电缆。

第 4 步：打开 PLC 的前盖，将运行模式的选择开关拨到 STOP 位置，此时 PLC 处于停止状态，可以进行程序编写。

第 5 步：用菜单命令[工程]→[创建新工程]生成一个新项目；或者用菜单命令[工程]→[打开工程]打开→个已有的项目；或者用菜单命令[工程]→[另存工程为]修改项目的名称。

第6步：用菜单命令[工程]→[改变 PLC 类型]重新设置 PLC 的型号。

第7步：输入电动机 Y-△ 启动控制程序。

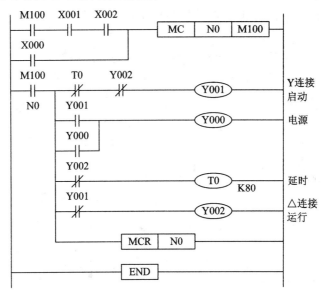

图 10.10　梯形图程序

2) 输入/输出接线

训练提示：注意 KM_1、KM_2 硬件的连接点。

训练题目：三相异步电动机的 Y-△ 转换控制输入/输出接线。

训练方法：具体训练方法如下。

第1步：画出 PLC 接线图，如图 10.11 所示。

第2步：连接控制电路输入端。

第3步：连接控制电路输出端。

第4步：连接主电路。

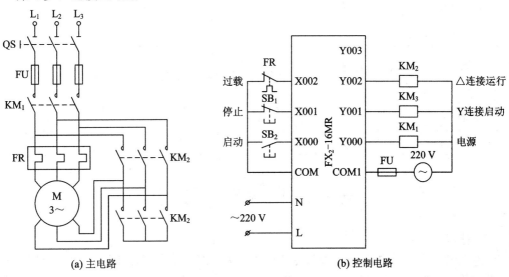

图 10.11　三相异步电动机的 Y/△ 转换控制

3) 系统调试

训练提示：注意调试过程 Y-△ 转换时间。

训练题目：三相异步电动机的 Y-△ 转换控制系统调试。

训练方法：具体训练方法如下。

第 1 步：用菜单命令[在线]→[PLC 写入]下载程序文件到 PLC。

第 2 步：将 PLC 运行模式的选择开关拨到 RUN 位置，使 PLC 进入运行方式。

第 3 步：按下启动按钮 SB₂，观察电动机是否能够低速启动运行。如果能启动，则说明 Y 启动程序正确。

第 4 步：低速启动运行 8 s 后，观察电动机是否能转为高速运行。如果能转为高速运行，则说明电动机的 Y-△ 启动程序正确。

第 5 步：按下热继电器 FR，观察电动机是否能够停车。如果能停车，则说明过载保护程序正确。

第 6 步：按下停止按钮 SB₁，观察电动机是否能够停车。如果能停车，则说明停止程序正确。

第 7 步：如果出现故障，学生应独立检修。电路检修完毕并且梯形图修改完毕后应重新调试，直至系统能够正常工作。

【技能考核评价】

三相异步电动机 Y-△ 启动控制考核表见表 10.8。

表 10.8　三相异步电动机 Y-△ 启动控制考核表

考核内容	配分	评 分 标 准	扣分	得分
程序输入	40	① 程序的编制(15 分)； ② 程序的输入与转换(15 分)； ③ 程序的下载与保存(10 分)		
输入/输出接线	30	① 连接控制电路输入端(10 分)； ② 连接控制电路输出端(10 分)； ③ 连接控制电路电源端(5 分)； ④ 连接主电路(5 分)		
系统调试	20	① 通电调试准备(5 分)； ② 通电调试顺序及故障检查(15 分)		
安全、文明操作	10	违反 1 次，扣 5 分		
定额时间	20 min	每超过 5 min，扣 10 分		
开始时间		结束时间	总评分	

任务 4　传 送 带 的 控 制

【任务引入】

在生产中，传送带的应用是最常见的。本任务通过对传送带控制程序编程的学习，要求学生熟悉和掌握 PLC 技术实现对多台三相异步电动机的顺序控制及 FX₂ 型 PLC 的 I/O 接线。

【目的与要求】

1．知识目标

① 学会使用 PLC 脉冲输出(PLS/PLF)、空操作(NOP)、程序结束(END)指令。

② 应用 PLC 技术实现对多台三相异步电动机的顺序控制编程。

③ 进一步熟悉 PLC 的使用，提高 PLC 的应用能力。

2．技能目标

能熟练地完成传送带控制指令编程及 FX₂ 型 PLC 的 I/O 接线。

【知识链接】

1) PLC相关指令

NOP：空操作指令，用于程序的修改。该指令无其他组件，所占程序步数为1。

PLF：下降沿触发指令，在输入信号下降沿产生脉冲输出。

PLS：上升沿微分输出指令。

END：程序结束指令，主要进行输入/输出处理，使程序回到第"0"步。

2) 三相异步电动机传送带控制编程

根据梯形图的编程规则编出三相异步电动机传送带控制编程。注意顺序启动，逆序停止实现方法。

3) 传送带控制

传送带控制示意图如图 10.12 所示。启动/停止由一个按钮控制；按下按钮，A 启动，10 s 后 B 启动，再过 10 s 后 C 启动；松开按钮，C 停止，10 s 后 B 停止，再过 10 s 后 A 停止。

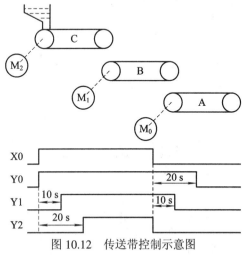

图 10.12　传送带控制示意图

【技能训练】

1．技能训练器材

① 控制板一块(600 mm × 500 mm × 20 mm)。

② 导线规格：动力电路采用 BVR 2.5 mm² 塑铜线(黑色)，控制电路采用 BVR 1 mm² 塑铜线(红色)，按钮控制电路采用 BVR 1 mm² 塑铜线(红色)，接地线采用 BVR 塑铜线(黄绿

双色，截面至少 1.5 mm^2)。

③ 紧固体及编码套管等，其数量视需要而定。

2．技能训练步骤

1) *程序的编制及输入*

训练提示：注意顺序启动，逆序停止实现方法。

训练题目：三相异步电动机传送带控制编程。

训练方法：具体训练方法如下。

第 1 步：画出传送带控制示意图，如图 10.12 所示。

第 2 步：输入/输出元件的地址分配。

根据控制要求，在传送带控制中，有 4 个输入控制元件：启动/停止转换开关 SA、热继电器 FR$_1$、FR$_2$ 和 FR$_3$；有 3 个输出元件：接触器线圈 KM$_0$、KM$_1$ 和 KM$_2$。编程元件的地址分配见表 10.9。

表 10.9　传送带控制输入/输出元件的地址分配

输入			输出		
输入继电器	电路元件	作　用	输出继电器	电路元件	作　用
X000	SA	启动/停止转换开关	Y000	KM$_0$	接触器
X001	FR$_1$	过载保护	Y001	KM$_1$	接触器
X002	FR$_2$	过载保护	Y002	KM$_2$	接触器
X003	FR$_3$	过载保护			

第 3 步：参考梯形图程序。

根据传送带控制要求，编写梯形图程序，如图 10.13 所示。

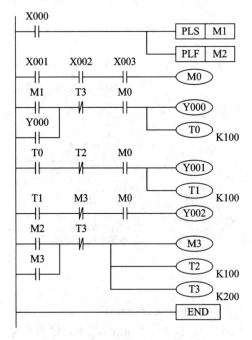

图 10.13　传送带控制梯形图程序

第4步：在断电状态下，连接好 PC/PPI 电缆。打开 PLC 的前盖，将运行模式的选择开关拨到 STOP 位置，此时 PLC 处于停止状态，可以进行程序编写。

第5步：用菜单命令[工程]—[创建新工程]生成一个新项目；或者用菜单命令[工程]→[打开工程]打开一个已有的项目；或者用菜单命令[工程]→[另存工程为]修改项目的名称。

第6步：用菜单命令[工程]—[改变 PLC 类型]重新设置 PLC 的型号。

第7步：输入电动机传送带控制程序。

2) 输入/输出接线

训练提示：注意主回路 KM_0、KM_1、KM_2 的连接方式。

训练题目：电动机传送带控制输入/输出接线。

训练方法：具体训练方法如下。

第1步：画出 PLC 接线图，如图 10.14 所示。

第2步：连接控制电路输入端。

第3步：连接控制电路输出端。

第4步：连接主电路。

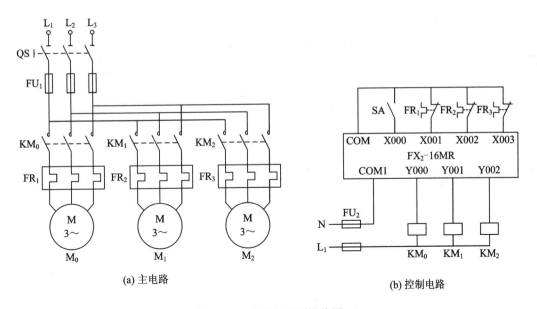

(a) 主电路　　　　　　　　　　　　　　　(b) 控制电路

图 10.14　传送带控制接线图

3) 系统调试

训练提示：注意观察调试过程中顺序启动，逆序停止现象。

训练题目：三相异步电动机的传送带控制系统调试。

训练方法：具体训练方法如下。

第1步：用菜单命令[在线]→[PLC 写入]下载程序文件到 PLC。将 PLC 运行模式的选择开关拨到 RUN 位置，使 PLC 进入运行方式。

第2步：接通开关 SA，观察 M_0 是否启动运行。如果能启动，说明传送带 A 启动程序正确。

第 3 步：10 s 后，观察 M_1 是否自行启动运行。如果能启动，说明传送带 B 启动程序正确。

第 4 步：再 10 s 后，观察 M_2 是否自行启动运行。如果能启动，说明传送带 C 启动程序正确，则顺序启动正确。

第 5 步：断开开关 SA，观察 M_2 是否停止运行。如果能停止，说明传送带 C 停止程序正确。

第 6 步：10 s 后，观察 M_1 是否自行停止运行。如果能停止，说明传送带 B 停止程序正确。

第 7 步：再 10 s 后，观察 M_0 是否自行停止运行。如果能停止，说明传送带 A 停止程序正确，则逆序停止正确。

第 8 步：在运行过程中，分别动作 FR_1、FR_2、FR_3，看它们能否起到过载保护。

第 9 步：如果出现故障，学生应该独立检修。电路检修完毕并且梯形图修改完毕后应重新调试，直至系统能够正常工作。

【技能考核评价】

传送带控制的考核表见表 10.10。

表 10.10　传送带控制考核表

考核内容	配分	评分标准	扣分	得分
程序输入	40	① 程序的编制(15 分)； ② 程序的输入与转换(15 分)； ③ 程序的下载与保存(10 分)		
输入/输出接线	30	① 连接控制电路输入端(10 分)； ② 连接控制电路输出端(10 分)； ③ 连接控制电路电源端(5 分)； ④ 连接主电路(5 分)		
系统调试	20	① 通电调试准备(5 分)； ② 通电调试顺序及故障检查(15 分)		
安全、文明操作	10	违反 1 次，扣 5 分		
定额时间	20 min	每超过 5 min，扣 10 分		
开始时间		结束时间		总评分

任务5　自动运料小车的运行控制

【任务引入】

自动装卸料系统是一种典型的控制方式，本任务通过对自动运料小车运行控制程序编程的学习，要求学生熟悉和掌握 PLC 技术中的步进指令实现对自动运料小车运行控制及 FX_2 型 PLC 的 I/O 接线。

【目的与要求】

1．知识目标

① 学会使用 PLC 步进指令实现顺序控制。

② 掌握装料小车运行控制系统的设计和安装调试方法。

③ 能对出现的故障根据设计要求独立检修，直至系统正常工作。

2．技能目标

能熟练地完成自动运料小车运行控制指令编程及 FX$_2$ 型 PLC 的 I/O 接线。

【知识链接】

1）PLC相关指令

步进指令只有两条：STL 和 RET。

STL 是步进开始指令，在逻辑指令中占 1 个程序步。STL 接点接通后，与此相连的电路就可执行。当 STL 接点断开时，与此相连的电路停止执行。STL 步进指令仅对状态器有效。

RET 是步进结束指令，其后无训练对象，在逻辑指令中占 1 个程序步。RET 指令使新的状态置位，前一状态自动复位。

2）自动运料小车运行控制程序编程

根据梯形图的编程规则编出自动运料小车运行控制程序。注意步进指令特点和使用方法。

3）自动运料小车运行过程

小车由电动机驱动，电动机正转时小车前进，反转后退。初始时，小车停于左端，左限位开关 SQ$_1$ 压合；按下开始按钮，小车开始装料。5 s 后装料结束，小车前进至右端，压合右限位开关 SQ$_2$，小车开始卸料；5 s 后卸料结束，小车后退至左端，压合 SQ$_1$，再次开始装料，如此循环。在工作中若按下预停按钮，则小车完成一次循环后停于初始位置。具有短路保护和过载保护等必要的保护措施。

【技能训练】

1．技能训练器材

① 控制板一块(600 mm × 500 mm × 20 mm)。

② 导线规格：动力电路采用 BVR 2.5 mm^2 塑铜线(黑色)，控制电路采用 BVR 1 mm^2 塑铜线(红色)，按钮控制电路采用 BVR 1 mm^2 塑铜线(红色)，接地线采用 BVR 塑铜线(黄绿双色，截面至少 1.5 mm^2)。

③ 紧固体及编码套管等，其数量视需要而定。

2．技能训练步骤

1）程序的编制及输入

训练提示：注意状态转换与时间的配合方法。

训练题目：自动运料小车运行控制程序。

训练方法：具体训练方法如下。

第1步：画出自动运料小车运行控制系统示意图，如图10.15所示。

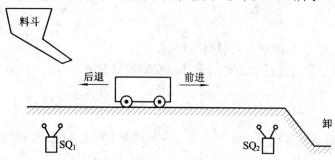

图10.15　自动运料小车控制示意图

第2步：输入/输出元件的地址分配。

根据控制要求，在自动运料小车运行控制中，有6个输入控制元件，有4个输出元件。系统输入/输出元件的地址分配见表10.11。

表10.11　自动运料小车运行控制输入/输出元件的地址分配

输入			输出		
输入继电器	电路元件	作　用	输出继电器	电路元件	作　用
X000	SB_1	启动按钮	Y000	KM_1	装料
X001	SA	预停按钮	Y001	KM_2	小车前进
X002	SB_2	点退按钮	Y002	KM_3	小车后退
X003	SQ_1	左限位	Y003	KM_4	卸料
X004	SQ_2	右限位			
X005	FR	过载保护			

第3步：参考梯形图程序。

根据自动运料小车运行控制的控制要求编写梯形图程序，如图10.16所示。

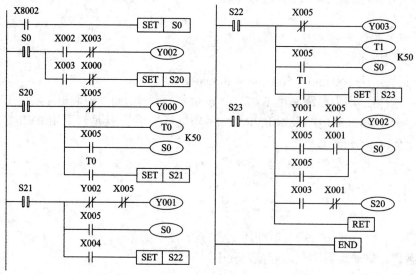

图10.16　自动运料小车运行控制梯形图程序

第 4 步：在断电状态下，连接好 PC/PPI 电缆。打开 PLC 的前盖，将运行模式的选择开关拨到 STOP 位置，此时 PLC 处于停止状态，可以进行程序编写。

第 5 步：用菜单命令[工程]→[创建新工程]生成一个新项目；或者用菜单命令[工程]→[打开工程]打开一个已有的项目；或者用菜单命令[工程]→[另存工程为]修改项目的名称。

第 6 步：用菜单命令[工程]→[改变 PLC 类型]重新设置 PLC 的型号。

第 7 步：输入自动运料小车运行控制程序。

2) 输入/输出接线

训练提示：注意控制电路输出端电源的连接方法。

训练题目：自动运料小车运行控制输入/输出接线。

训练方法：具体训练方法如下。

第 1 步：画出 PLC 接线图，如图 10.17 所示。

第 2 步：连接控制电路输入端。

第 3 步：连接控制电路输出端。

第 4 步：连接控制电路输出端电源。

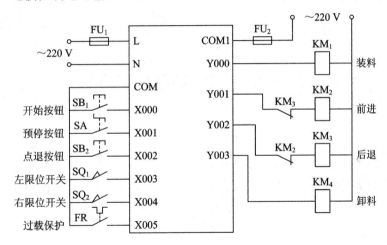

图 10.17　自动运料小车运行控制输入/输出接线图

3) 系统调试

训练提示：注意观察调试过程中行程开关的转换与时间配合。

训练题目：自动运料小车运行控制系统调试。

训练方法：具体训练方法如下。

第 1 步：用菜单命令[在线]→[PLC 写入]下载程序文件到 PLC。

第 2 步：将 PLC 运行模式的选择开关拨到 RUN 位置，使 PLC 进入运行方式。

第 3 步：根据控制要求，逐步调试，直到使程序运行结果与控制要求一致。

第 4 步：如果出现故障，学生应该独立检修。电路检修完毕并且梯形图修改完毕后应重新调试，直至系统能够正常工作。

【技能考核评价】

自动运料小车运行控制程序的考核表见表 10.12。

表 10.12　自动运料小车运行控制程序考核表

考核内容	配分	评 分 标 准	扣分	得分
程序输入	40	① 程序的编制(15 分)； ② 程序的输入与转换(15 分)； ③ 程序的下载与保存(10 分)		
输入/输出接线	30	① 连接控制电路输入端(10 分)； ② 连接控制电路输出端(10 分)； ③ 连接控制电路电源端(5 分)； ④ 连接主电路(5 分)		
系统调试	20	① 通电调试准备(5 分)； ② 通电调试顺序及故障检查(15 分)		
安全、文明操作	10	违反 1 次，扣 5 分		
定额时间	20 min	每超过 5 min，扣 10 分		
开始时间		结束时间	总评分	

任务 6　交通信号灯的控制

【任务引入】

交通信号灯在我们日常生活中经常遇到，它是如何正常工作的？本任务通过对交通信号灯控制程序编程的学习，要求学生熟悉和掌握 PLC 技术中的计数器(C)(OUT/RST)指令，实现对交通信号灯控制及 FX$_2$ 型 PLC 的 I/O 接线。

【目的与要求】

1．知识目标

① 掌握 PLC 计数器(C)(OUT/RST)指令。

② 应用 PLC 技术实现对交通信号灯的控制程序编程。

③ 熟悉 PLC 的使用，提高 PLC 的应用能力。

2．技能目标

能熟练地完成交通信号灯控制指令编程及 FX$_2$ 型 PLC 的 I/O 接线。

【知识链接】

1) PLC相关指令

计数器(C)：16 位增计数器(设定值：1～32 767)有通用计数器 C0～C99(100 点)和停电保持计数器 C100～C199(100 点)两种类型。其中停电保持计数器即使停电，当前值和输出触头的状态也能保持。

OUT(输出)：驱动计数器线圈指令。其训练元件为 C，32 位训练所占程序步为 5 步，16 位训练所占程序步为 3 步。

RST(复位)：输出触头复位和当前数据清零指令。其元件为 C，所占程序步为 2 步。

2) 交通信号灯控制程序编程

根据梯形图的编程规则和信号灯控制的具体要求编出交通信号灯控制程序。注意计数器(C)(OUT/RST)指令的特点和使用方法。

3) 交通信号灯控制要求

十字路口交通信号灯的动作受开关总体控制，按下启动按钮，信号灯系统开始工作，并周而复始地循环运行。按下停止按钮，所有信号灯都熄灭。

【技能训练】

1．技能训练器材

① 控制板一块(600 mm × 500 mm × 20 mm)。

② 导线规格：动力电路采用 BVR 2.5 mm² 塑铜线(黑色)，控制电路采用 BVR 1 mm² 塑铜线(红色)，按钮控制电路采用 BVR 1 mm² 塑铜线(红色)，接地线采用 BVR 塑铜线(黄绿双色，截面至少 1.5 mm²)。

③ 紧固体及编码套管等，其数量视需要而定。

2．技能训练步骤

1) 程序的编制及输入

训练提示：注意东西和南北方向三种信号灯时间的设定。

训练题目：交通信号灯控制程序。

训练方法：具体训练方法如下。

第 1 步：画出十字路口交通信号灯控制系统示意图，如图 10.18 所示。

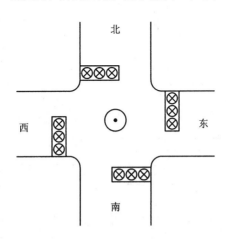

图 10.18　十字路口交通信号灯控制系统图

第 2 步：信号灯控制的具体要求见表 10.13。

表 10.13　十字路口交通信号灯的控制要求

东西	信号	绿灯亮	绿灯闪烁	黄灯亮	红灯亮		
	时间	25 s	3 s	3 s	30 s		
南北	信号	红灯亮			绿灯亮	绿灯闪烁	黄灯亮
	时间	30 s			25 s	3 s	3 s

第 3 步：输入/输出元件的地址分配。

根据控制要求，在十字路口交通信号灯控制中，有 2 个输入控制元件：启动按钮 SB_1 和停止按钮 SB_2；有 6 个输出元件：东西红、黄、绿信号灯和南北红、黄、绿信号灯。交通信号灯控制输入/输出元件的地址分配见表 10.14。

表 10.14　交通信号灯控制输入/输出元件的地址分配

输　　入			输　　出		
输入继电器	电路元件	作　用	输出继电器	电路元件	作　用
X000	SB_1	启动按钮	Y000	HL_1	东西绿灯
X001	SB_2	停止按钮	Y001	HL_2	东西黄灯
			Y002	HL_3	东西红灯
			Y004	HL_4	南北绿灯
			Y005	HL_5	南北黄灯
			Y006	HL_6	南北红灯

第 4 步：根据控制要求，画出十字路口交通信号灯控制的时序图，如图 10.19 所示。

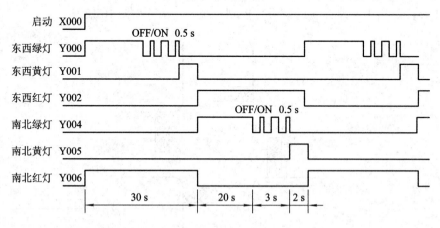

图 10.19　十字路口交通信号灯控制的时序图

第 5 步：参考梯形图程序，如图 10.20 所示。

第 6 步：在断电状态下，连接好 PC/PPI 电缆。打开 PLC 的前盖，将
行模式的选择开关拨到 STOP 位置，此时 PLC 处于停止状态，可以进行程序编写。

第 7 步：用菜单命令[工程]→[创建新工程]生成一个新项目；或者用菜单命令[工程]→[打开工程]打开一个已有的项目；或者用菜单命令[工程]→[另存工程为]修改项目的名称。

第 8 步：用菜单命令[工程]→[改变 PLC 类型]重新设置 PLC 的型号。

第 9 步：输入交通信号灯控制程序。

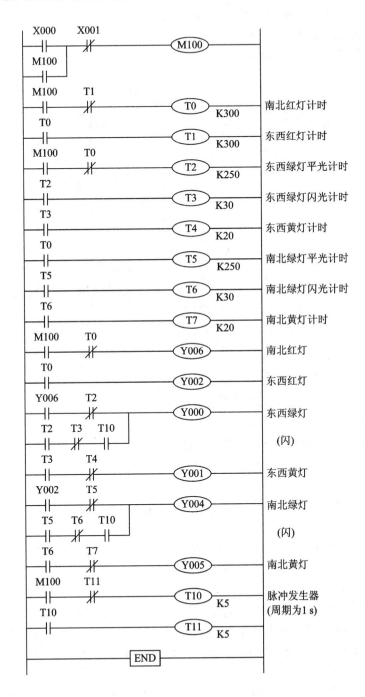

图 10.20　交通信号灯控制梯形图程序

2) 输入/输出接线

训练提示：注意控制电路输出端电源连接方法。

训练题目：交通信号灯运行控制输入/输出接线。

训练方法：具体训练方法如下。

第1步：画出 PLC 接线图，如图 10.21 所示。

第2步：连接控制电路输入端。

第3步：连接控制电路输出端。

第4步：连接主电路。

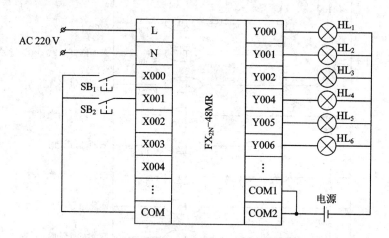

图10.21　十字路口交通信号灯控制的外部接线图

3) 系统调试

训练提示：注意观察调试过程中东西和南北方向三种信号灯时间的配合。

训练题目：交通信号灯运行控制系统调试。

训练方法：具体训练方法如下。

第1步：用菜单命令[在线]→[PLC 写入]下载程序文件到 PLC。将 PLC 运行模式的选择开关拨到 RUN 位置，使 PLC 进入运行方式。

第2步：按下启动按钮 SB$_1$，观察南北方向信号灯。此时应红灯亮，并且东西方向绿灯亮。25 s 后，如果东西方向绿灯闪烁 3 次，然后东西方向黄灯亮 2 s，则说明控制程序前半部分正确。

第3步：启动 30 s 后，东西方向应由黄灯亮转为红灯亮，南北方向信号灯应由红灯亮转为绿灯亮。25 s 后，如果南北方向绿灯闪烁 3 次，然后南北方向黄灯亮 2 s，则说明控制程序后半部分正确。

第4步：随后程序如果周期性运行，则说明整个程序运行正确。

第5步：按下停止按钮 SB$_2$，观察系统是否停止。若系统停止，则说明停止程序正确。

第6步：再次按下启动按钮 SB$_1$，如果系统能够重新启动运行，并能在按下停止按钮后停车，则程序调试结束。

第7步：如果出现故障，学生应独立检修。电路检修完毕并且梯形图修改完毕后应重新调试，直至系统能够正常工作。

【技能考核评价】

交通信号灯运行控制程序的考核评价见表 10.15。

表 10.15　交通信号灯运行控制程序考核表

考核内容	配分	评 分 标 准	扣分	得分
程序输入	40	① 程序的编制(15 分)； ② 程序的输入与转换(15 分)； ③ 程序的下载与保存(10 分)		
输入/输出接线	30	① 连接控制电路输入端(10 分)； ② 连接控制电路输出端(10 分)； ③ 连接控制电路电源端(5 分)； ④ 连接主电路(5 分)		
系统调试	20	① 通电调试准备(5 分)； ② 通电调试顺序及故障检查(15 分)		
安全、文明操作	10	违反 1 次，扣 5 分		
定额时间	20 min	每超过 5 min，扣 10 分		
开始时间		结束时间	总评分	

任务 7　T68 电气控制系统的 PLC 改造

【任务引入】

　　某企业的一台 T68 卧式镗床经多年使用，电气控制系统严重老化，需进行大修改造。为提高整个电气控制系统的工作性能，增加其扩展性，决定用三菱 PLC 对 T68 控制系统进行改造。本任务通过 T68 电气控制系统 PLC 改造的学习，要求学生熟悉和掌握继电控制系统的 PLC 改造、安装与调试方法。

【目的与要求】

1. 知识目标

① 掌握 PLC 基本指令的应用。
② 掌握 PLC 的编程规则。
③ 掌握继电控制系统的 PLC 改造方法。

2. 技能目标

① 根据给定的电气控制系统，设计梯形图及 PLC 控制 I/O 口接线图。

② 熟练完成设计线路的安装，按被控制对象的动作要求进行调试。

【知识链接】

1. 机床电气控制系统 PLC 改造的流程

(1) 分析机床电气控制系统，编制改造工艺文件。

① 查阅资料，了解机床电气控制结构；

② 了解设备现场情况；

③ 编制 PLC 改造工艺的分析；

④ 编写具体的改造工艺。

(2) 设计机床 PLC 控制电路及程序。

① 分析机床电气控制线路的特点；

② 分析机床控制线路的工作原理；

③ 确定 PLC 基本控制方案的要点；

④ 制定 PLC 改造方案的任务表；

⑤ 分配输入/输出地址；

⑥ 设计主电路原理图；

⑦ 设计 PLC 外部接线图；

⑧ 编制 PLC 程序。

(3) 安装、调试机床 PLC 控制系统。

① 选择 PLC 控制系统的电元器件、导线及附件；

② 确定电气控制元件布局和接线图；

③ 安装电气控制元件，连接 PLC 电气控制线路；

④ 调试电气控制线路。

(4) 技术总结。

① 用 PLC 改造机床电气部分对应领域现状；

② 用 PLC 改造机床电气控制系统的意义与可行性分析；

③ 用 PLC 改造机床电气控制系统解决的主要问题；

④ 用 PLC 改造机床电气控制系统的效果；

⑤ 对项目工作改进的建议(如对机床改造的设想与前景展望)；

⑥ 结束语；

⑦ 参考文献。

(5) 验收交付。

① 整理项目技术资料明细；

② 设备功能验收。

2. T68 电气控制原理图和接线图

T68 电气控制原理图如图 10.22 所示。图 10.23 所示为 T68 镗床电气系统接线图。

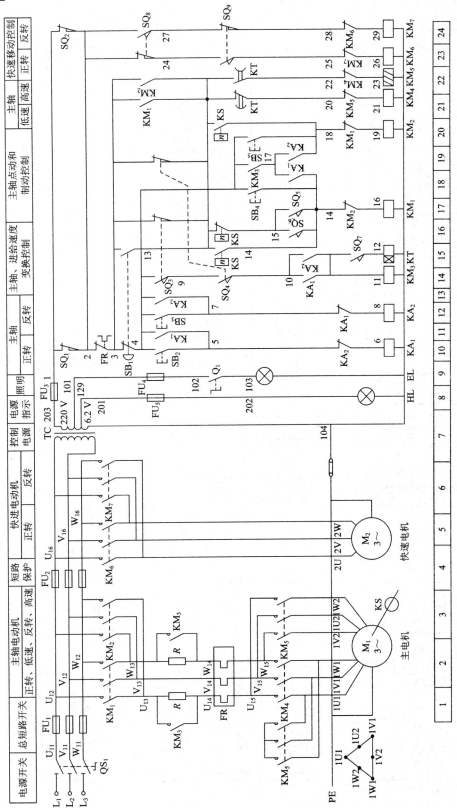

图 10.22 T68 电气控制原理图

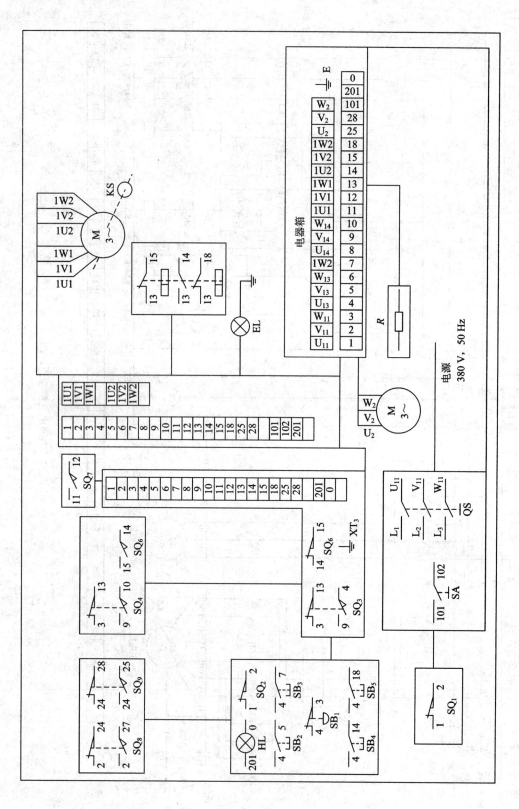

图 10.23　T68 镗床电气系统接线图

【技能训练】

1．技能训练器材

① 控制板一块(600 mm × 500 mm × 20 mm)。

② 导线规格：动力电路采用 BVR 2.5 mm^2 塑铜线(黑色)，控制电路电用 BVR 1 mm^2 塑铜线(红色)，按钮控制电路采用 BVR 1 mm^2 塑铜线(红色)，接地线采用 BVR 塑铜线(黄绿双色，截面至少 1.5 mm^2)。

③ T68 所需电气元件、PLC。

④ 紧固体及编码套管等，其数量视需要而定。

2．技能训练步骤

训练步骤 1：确定 T68 卧式镗床 PLC 控制方案。

训练要求：通过对 T68 卧式镗床控制电路的分析可知，T68 卧式镗床电气控制系统含有时间控制，用一台 PLC 改造其控制线路即可完成该机床的电气改造。

具体方案如下：

① 原镗床的工艺加工方法不变。

② 在保留主电路原有元件的基础上不改变原控制系统的电气训练方法。

③ 电气控制系统控制元件(包括按钮、行程开关、热继电器、接触器)的作用与原电气线路相同，原时间继电器执行的任务由 PLC 的定时器完成。

④ 主轴和进给启动、制动、低速、高速及变速冲动的训练方法不变。

⑤ 改造原继电器控制中的硬件接线，由 PLC 编程实现。

训练步骤 2：制定 PLC 改造方案并记录在表 10.16 中。

表 10.16　PLC 改造方案记录表

序　号	内　容	控制方案	备　注
1	主电路		
2	主轴电动机控制电路		
3	快速移动电动机控制电路		
4	指示和照明电路		
5	导线		
6	元器件		

训练步骤 3：分配 PLC 控制系统的输入/输出地址。

训练要求：T68 卧式镗床电路中输入/输出信号共有 22 个，其中输入 15 个，输出 7 个。实际使用时系统的输入都为开关控制量，同时加上 10%～15%的余量就可以了，并没有其他特殊控制模块的需要，本任务采用三菱 FX$_{2N}$-48MR 型 PLC。PLC 输入/输出(I/O)分配见表 10.17。

表 10.17　I/O 分配记录表

输入				输出			
名　称	用　途	代号	输入点编号	名　称	用　途	代号	输出点编号
按钮	主轴停止	SB_1	X000	交流接触器	控制 M_1 正转	KM_1	Y000
按钮	主轴正转	SB_2	X001	交流接触器	控制 M_1 反转	KM_2	Y001
按钮	主轴反转	SB_3	X002	交流接触器	控制 M_1 低速	KM_3	Y002
按钮	主轴正向点动	SB_4	X003	交流接触器	控制 M_1 高速	KM_4	Y003
按钮	主轴反向点动	SB_5	X004	交流接触器	控制 M_1 短接电阻器 R	KM_5	Y004
行程开关	主轴联锁保护	SQ_1	X005	交流接触器	控制 M_2 正转	KM_6	Y005
行程开关	主轴联锁保护	SQ_2	X006	交流接触器	控制 M_2 反转	KM_7	Y006
行程开关	主轴变速控制	SQ_3	X007				
行程开关	进给变速控制	SQ_4	X010				
行程开关	主轴变速控制	SQ_5	X011				
行程开关	进给变速控制	SQ_6	X012				
行程开关	高速控制	SQ_7	X013				
行程开关	反向快速进给	SQ_8	X014				
行程开关	正向快速进给	SQ_9	X015				
速度继电器	主轴制动用	KS	X017				

训练步骤 4：设计 PLC 控制系统电路图。

训练要求：

1) 主电路原理图

T68 镗床主电路电气原理图如图 10.24 所示。

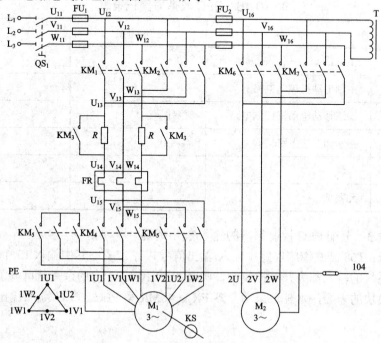

图 10.24　T68 镗床主电路电气原理图

根据 T68 的 PLC 改选方案可知，原镗床的工艺加工方法不变，在保留主电路原有元件的基础上，不改变原控制系统电气训练方法，即主电路保持不变。

① 主电动机的双速由接触器 KM_6 及 KM_7 实现定子绕组从三角形接法转接成双星形接法来实现。

② 主电动机可正反转、点动及反接制动。

③ 主电动机用于低速时，可直接启动；但用于高速时，则由控制线路先启动到低速，延时后再自动转换到高速，以减小启动电流。

④ 在主轴变速或进给变速时主电动机能缓慢转动，使齿轮易于啮合。

2）PLC 外部接线图

根据 PLC 的输入和输出分配表，设计 T68 卧式镗床控制系统 PLC 外部接线图，如图 10.25 所示。

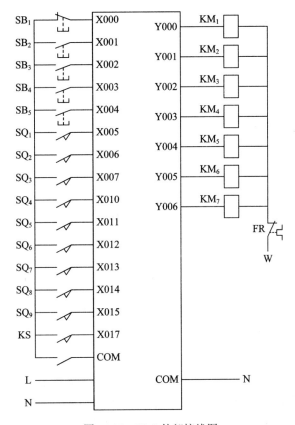

图 10.25　PLC 外部接线图

训练步骤 5：编制 PLC 控制程序。

训练要求：根据 T68 卧式镗床的工作特点及控制要求，采用三菱公司开发的三菱全系列编程软件并在计算机上设计梯形图。首先，采用化整为零的方法按被控对偶和各个控制功能，逐一设计出主电动机 M_1 的梯形图和 M_2 的梯形图；再"积零为整"，完善相互关系，设计出整体控制梯形图；然后将梯形图转化为指令语句，采用编程软件把指令输入到 PLC 中；再经反复几次的调试，修改后的参考梯形图如图 10.26 所示。

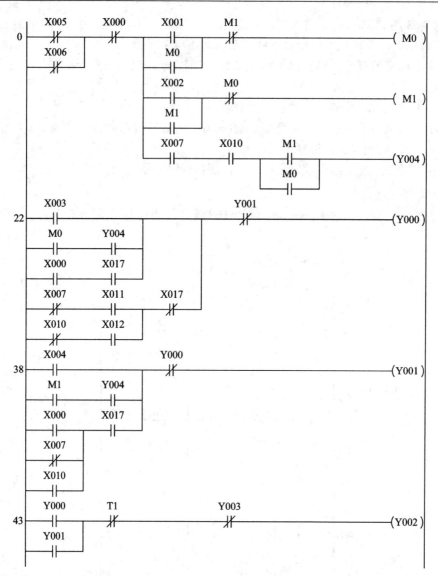

图 10.26　PLC 程序梯形图

训练步骤 6：安装接线。

训练要求：安装电气控制线路。根据板前线槽工艺连接 PLC 电气控制线路。在对 PLC 进行外部接线前，必须仔细阅读 PLC 使用说明书中对接线的要求，因为这关系到 PLC 能否正常而可靠地工作，是否会损坏 PLC 或其他电气装置和零件，是否会影响 PLC 的使用寿命。

训练步骤 7：通电调试。

训练要求：通电前的电气控制线路检查。

① 空载试车。先进行空载调试，空载调试全部完成后，要在现场再进行一次完整的检查，去掉中间检查用的临时配线和临时布置的信号，将现场做成真正使用的状态。

② 负载试车。验证系统功能是否符合控制要求。如果出现故障，应独立检修。待线路检修完毕并且梯形图修改完毕后应重新调试，直到系统能够正常工作。

【技能考核评价】

T68 控制系统 PLC 改造考核表见表 10.18。

表 10.18　T68 控制系统 PLC 改造考核表

考核内容	考核要求	评分标准	配分	扣分	得分
电路设计	根据给定的继电控制电路图，列出 PLC 控制 I/O 口(输入/输出)元器件地址分配表，设计梯形图及 PLC 控制 I/O 口(输入/输出)接线图，根据梯形图列出指令表	① 输入/输出地址遗漏或搞错，每处扣 1 分； ② 梯形图表达不正确或不规范，每处扣 2 分； ③ 接线图表达不正确或画法不规范，每处扣 2 分； ④ 指令有错，每条扣 2 分	15		
安装与接线	按 PLC 控制 I/O 口(输入/输出)接线图在模拟配线板上正确安装，元器件在配线板上布置要合理，安装要准确紧固，配线导线要紧固、美观，导线要敷入线槽，并要有端子标号，引出端要有别径压端子	① 元器件布置不整齐、不匀称、不合理，每处扣 1 分； ② 元器件安装不牢固、安装元器件时漏装木螺钉，每处扣 1 分； ③ 损坏元件，扣 5 分； ④ 电动机运行正常，如不按电路图接线，扣 1 分； ⑤ 布线不敷入线槽、不美观，主电路、控制电路每根扣 0.5 分； ⑥ 接点松动、露铜过长、反圈、压绝缘层、标记线号不清楚、遗漏或误标、引出端无别径压端子，每处扣 0.5 分； ⑦ 损伤导线绝缘或线心，每根扣 0.5 分； ⑧ 不按 PLC I/O 口(输入/输出)接线图接线，每处扣 2 分	10		
程序输入及调试	熟练训练 PLC 键盘，能正确地将所编写的程序输入 PLC，按被控设备的要求进行调试，达到设计要求	① 不会熟练训练 PLC 键盘输入指令，扣 2 分； ② 不会用删除、插入、修改等命令，每项扣 2 分； ③ 1 次试车不成功，扣 4 分；2 次试车不成功，扣 8 分；3 次试车不成功，扣 10 分	15		
安全、文明操作	违反 1 次，扣 5 分		10		
定额时间	20 min	每超过 5 min，扣 10 分			
开始时间		结束时间		总评分	

项目十一

职业培训指导

国家职业标准技能内容与要求：
　　高级工能够掌握职业指导训练的基本方法；能够指导本职业初、中级工进行实际训练。

任务1　理论培训指导

【任务引入】

理论培训指导是对高级维修电工提出的要求，其目的是考查学生是否具有较高的理论培训技能，它要求考生既要有牢固的理论知识，又要有丰富的实践经验，同时还要有一定的语言表达能力。本任务要求学生进行三相异步电动机的双重联锁正、反转控制线路的工作原理理论培训指导。

【目的与要求】

1. 知识目标

掌握理论培训指导的方法。

2. 技能目标

能正确进行专业知识的理论指导。

【知识链接】

1. 培训与指导的方法和要求

1) 讲解法

讲解法是教师根据培训与指导教学课题的要求，运用准确而系统的语言向学员讲解教程，叙述事实，说明意义、任务和内容，并说明完成这些工作的训练要领等。

2) 示范训练法

示范训练法是直观性的教学形式，是实践教学中极为重要的教学手段。

(1) 训练演示。

① 慢速演示：有时用通常速度演示不易看清演示的内容，而慢速反复演示的方法可以收到良好的效果。

② 分解演示：就是把完整的训练过程划分为几个简单的动作进行分解演示。

③ 重点演示：对关键部分要重点演示，以便于学员理解、记忆和掌握。

④ 边演示边讲解：在演示的同时，还要讲清动作的特点和要点，以及如何防止发生失误。

⑤ 正常训练的演示：演示在开始和结束时，都要以正常速度把几个不同的训练动作进行有机的衔接，形成一个完整的训练过程进行演示，以便使学员掌握完整的训练过程。

(2) 直观教具演示。

(3) 产品(实物)展示。

3) 指导训练训练法

指导训练训练法是指导学员应用专业理论知识进行反复的、多样性的实际训练方法。

4) 电化教学法

在培训与指导过程中，利用现代科学技术，如电视、录像、多媒体教学设备、模拟设备等电教器材和有教学、教育内容的幻灯片、录像带、教学课件等电教教材，向学员传授知识的方法，总称为电化教学法。

(1) 反复练习有助于形成技能、技巧。

(2) 多样化练习有利于形成复杂的技能、技巧。

(3) 创造性练习可以促进学员迅速掌握技术，并做到熟能生巧。

2．理论培训指导的方法和步骤

1) 备课

备课是指考生在考核"培训指导"前的准备工作。它是"培训指导"考核成败的关键，是一种复杂而系统的工作。一般应做的工作有以下几个方面。

(1) 钻研"培训指导"内容。

① 钻研"培训指导"内容时，要准确地把握培训大纲的科学体系，弄清"培训指导"的目的、任务和知识体系，明确考核特点和要求依据，做到胸有全局，这样可以居高临下，了解本部分内容在整体中的地位和作用，进而系统而又突出重点地进行教学。

② 钻研培训内容时必须认真钻研有关参考书，因为它是教和学的直接依据；必须熟练地掌握参考书的全部内容，如编写意图、体系和结构，特别要分清重点、难点和关键点。

③ 钻研培训大纲、参考书只是备课的最基本方面，决不能仅限于此，必须广泛猎取有关资料，丰富和扩大知识面，增强对教材的理解，充实教学内容，钻研教材要做到懂、透、化。懂，就是对教材的基本概念、原理等都清清楚楚、明明白白，能够准确而科学地说明、解释，无含糊其辞、模棱两可之处；透，即在懂的前提下，能掌握各部分的内在联系，从知识体系和整体上把握和领会教材；化，即能融会贯通，运用自如，考核时能以自己的语言流畅地表达出来。

(2) 了解培训对象。

备课除了钻研教学内容外，还要了解培训对象，对培训对象有全面而清楚的认识，做到"有的放矢"；另外，还要分析发展趋向，预见考核时出现的问题，确定对策。

(3) 研究教法。

在钻研教学内容、了解培训对象之后，还要进一步考虑怎样教好的问题；要研究如何抓住关键、突出重点、突破难点，以及选择方法、确定课型、安排课的结构等；要在确定教学内容、方法以形式的最优结合上下功夫，特别要注意掌握好讲课时的内容量，以免出现讲课时间过长或过短。

(4) 写出教案。

教案是教学及培训指导的设计方案，是备课工作中最深入、具体、落实的一步，对保证理论培训指导质量起着重要的作用；教案的内容一般包括教学目的、课程类型和结构、教学过程(包括教学环节的要求、内容、教学方法、时间分配等)、教具、课后记等；教案一般分为详案和简案，具体采用详案还是简案可根据培训指导的内容及考生的具体情况而定。

2) 讲授

学员要以自己的口头语言系统而又连贯地对培训对象进行讲授，并选择适当的教法和挂图并配合板书进行讲授。

训练要点提示：

(1) 在理解项目要求分析和练习指导的前提下，学员在考核前应进行语言、板书、姿态等方面的练习。

(2) 讲授时一般应注意以下几个方面：

① 授讲内容的科学性和思想性，考生叙述事实、引用材料、解释概念和论证原理，都应是正确、可靠的，以科学性为基础，把寓于知识中的"道理"讲出来。

② 讲授要有系统性、逻辑性，更要注意其中的重点、难点和关键点，使培训对象能透彻理解，融会贯通。

③ 讲授要有启发性，要激发培训对象的学习动机，善于设疑，引导"培训对象"积极思考，使培训对象在听讲过程中有"豁然开朗"之感。

④ 考生的语言要明白易懂，具体生动，有感染力，以表情和姿势帮助说话，善于运用语音的高低强弱和速度变化引起培训对象的注意和思维。

⑤ 结合讲授内容，适当配合板书，板书要有计划，有条理，字迹要工整、正确、清楚。

【技能训练】

1．技能训练器材

① 讲义(B5 纸)、粉笔等。

② 教具、演示工具(全套自定)1 套，培训指导的场地及设施要求准备不少于 $20 \ m^2$ 的教室或会议室。

2．技能训练步骤

训练题目 1：钻研教材。

训练方法：首先根据题目熟悉教学内容，即钻研教材，把握三相异步电动机的双重联锁正、反转控制线路的重点和难点，准备教具和挂图，写出教案。

训练题目 2：编写教案。

训练方法：教案内容如下。

课 时 计 划

授课日期：××年××月××日。

课题：三相异步电动机的双重联锁正、反转控制线路的工作原理。

教学目的和要求：

① 理解互锁的概念。

② 掌握三相异步电动机的双重联锁正、反转控制线路的工作原理。

重点和难点：

① 重点：三相异步电动机正、反转控制线路的工作原理。

② 难点：双重联锁。

教具与挂图：三相异步电动机正、反转控制线路(接触器控制线路和双重联锁)挂图(或图纸)各一张。

授课类型：讲授法。

复习旧课：三相异步电动机反转的原理。

教学步骤：

① 组织教学(1 min)。

② 复习旧课(2 min)。

③ 讲授新课(20 min)。

授课内容：三相异步电动机的双重联锁正、反转控制线路的工作原理。(略)

④ 小结(1 min)。

⑤ 布置作业(1 min)。

训练题目 3：授课。

训练方法：

① 组织教学。

② 复习旧课，引入新课。复习三相异步电动机正、反转的工作原理，改变三相电源的相序即可改变三相异步电动机旋转磁场的方向，进而使三相异步电动机反转。

③ 讲授新课，首先引入接触器控制的三相异步电动机正、反转线路，分别对主电路和控制电路进行分析，总结出优缺点；对所存在的训练不方便问题如何解决？引入三相异步电动机的双重联锁正、反转控制线路，然后分别对主电路和控制电路进行分析，并将二者进行比较。

④ 小结。

⑤ 布置作业。

【技能考核评价】

理论培训指导考核表见表 11.1。

表 11.1　理论培训指导考核表

考核内容	配分	评 分 标 准		扣分	得分
准备工作	20	教具、演示工具准备不齐全，扣 20 分			
讲课	80	① 主题不明确，扣 20 分； ② 重点不突出，扣 20 分； ③ 语言不清晰，不自然，用词不正确，每处扣 20 分			
时间分配		每超过规定时间 1 min，从本项总分中扣 10 分			
定额时间	45 min	每超过 5 min，扣 10 分			
开始时间		结束时间		总评分	

否定项：指导内容不正确或不能正确表达其内容，扣 10 分。

任务2　技能培训指导

【任务引入】

技能培训指导是对高级维修电工提出的要求，其目的是考察考生是否具有较高的技能培训能力，它要求考生既要有牢固的理论知识，又要有丰富的实践经验，同时还要有一定的语言表达能力，以便能把自己的知识和经验传授给学生。本任务通过三相异步电动机拆卸方面的培训指导，使学生掌握技能培训指导的方法和技能。

【目的与要求】

1．知识目标

掌握技能培训指导的方法和注意事项。

2．能力目标

① 能熟练进行技能培训指导。

② 能进行相关技能的训练演示。

【知识链接】

1．技能培训指导的常用方法

(1) 讲解法。讲解法是考生根据教学课题的要求，运用系统的语言向学员讲解教材内容，特别是训练要领。

(2) 示范训练法。示范训练法是技能培训指导教学中十分重要的、经常采用的方法，按其内容可分为训练的演示、直观教具的演示和产品(实物)展示等。

(3) 指导训练练习法。指导训练练习法也是技能培训指导中最基本、最常用的方法。

(4) 电化教学。电化教学是现代科学技术在技能培训指导中的运用，是教育现代化的标志之一。

2．技能培训指导的步骤

1) 备课

备课是能否提高"技能培训指导"教学质量的关键，它可以发挥考生本身的能力、水平和创造性，首先考生根据"技能培训指导"内容的要求，确定"技能培训指导"的目的；然后，在掌握"技能培训指导"内容的基础上，编写"技能培训指导"教案，编写教案时应突出重点，恰当地处理难点，注意复习已学过的知识。

2) 授课技能培训

授课是考生对"培训对象"传授技能的过程，考生在讲授时，应详细耐心地分析线路图、结构图、技术条件和故障检测方法等，特别是在进行本次课题的主要训练时，应边讲内容，边示范训练，边指出训练要领。

技能培训指导的授课分为组织教学、入门指导、巡回指导和结束指导四个环节。

(1) 组织教学是技能培训指导教学中重要的一环，任何形式的技能培训指导都必须做好组织教学工作。

(2) 入门指导分为检查复习、讲授新课、示范训练和分配任务四个部分。

(3) 巡回指导是在课题讲解与示范的基础上，在学员训练的过程中，有计划、有目的、有准备地对学员的技能进行全面的检查和指导。

(4) 结束指导是学员在技能培训结束后进行的指导，是对实习情况的总结和讲评，对学员有促进和鼓励作用。

注意事项：

(1) "技能培训指导"备课时，应注意以下几个方面：

① 根据"技能培训指导"的要求，考生对课题内容有关的材料、资料(线路图)等进行分析、研究，以理论知识为指导，层次分明，编写教案。

② 依据课题内容，选用合适的电工材料，以保证"技能培训指导"的顺利进行。

③ 考生在进行演示训练时，一定要按国家技术标准和规范，准确无误地演示。

④ 依据培训对象的素质和以往培训对象的技能培训指导情况，预测可能出现的问题，做到心中有数，确定指导要点。

(2) 进行示范训练时应注意以下几点：

① 适当放慢训练速度，如果用通常的速度演示，培训对象看不清楚演示的内容，因此，要适当放慢示范速度，才能得到良好的效果。

② 分解演示是指将训练过程分为几个步骤来演示，先做什么，后做什么，分步演示，如判断三相电动机绕组首、尾端等。

③ 重复演示是指一次演示不一定能使培训对象完全理解，在培训对象人数较多，后面的人员看不清的情况下，要作重复演示。

④ 重点演示是指对关键训练重点演示，如在判断变压器绕组同名端时，检流计或万用表是正偏还是反偏，可进行重点演示。

⑤ 边演示边讲解。只演示不讲解不能发挥演示作用，因此在演示时，讲清楚训练的意义、特点、步骤和注意事项，并指导学生观察示范过程；讲解过程中，语言一定要生动、简练、恰当。

⑥ 一定要掌握好时间，使学生获得完整的、正常的训练过程，以免出现因时间过长或过短而影响考核成绩。

⑦ 应按国家技术标准进行正确演示，目的在于指导学生如何防止和矫正不正确训练。

⑧ 尽可能采用实物演示，采用模型或教具演示可能会带来失真，与实际训练有差别。

【技能训练】

1．技能训练器材

① 万用表(自定)1 块，电工通用工具 1 套，圆珠笔 1 支，演草纸(自定)2 张。

② 三相四线交流电源(～3×380 V/220 V)1 处，绝缘鞋、工作服等 1 套，中、小型三相异步电动机(自定)1 台，安装、接线及调试的工具和仪表(配套自定)1 套，纸(B4 或自定)3 张，教具、演示工具(全套自定)1 套，培训指导的场地及设施(要求准备不少于 20 m^2 的实训场地，其配套设施要满足培训指导的要求)。

2．技能训练步骤

训练题目 1：进行三相异步电动机拆卸方面的培训指导的备课。

训练方法：

① 研究授课内容，确定授课方法，采用演示教学法。

② 准备教具、实物及拆卸工具。

③ 进行电动机的拆卸和安装练习。

④ 授课前将电动机部分零部件拆卸好，如接线盒、风扇罩及端盖螺丝等。

⑤ 写出教案，格式同理论培训教案。(略)

训练题目 2：写出三相异步电动机拆卸方面的培训指导教案。

训练方法：教案内容如下。

课 时 计 划

授课日期：××年××月××日

课题：三相异步电动机的拆装与检修。

教学目的和要求：

① 掌握三相异步电动机的内部结构和工作原理。

② 熟练掌握电机绕组拆卸、电机装配过程。

重点和难点：

① 重点：三相异步电动机拆装方法。

② 难点：三相异步电动机拆装方法。

教具与挂图：三相异步电动机及挂图。

课的类型：实物演示观察。

复习旧课：三相异步电动机的结构与工作原理。

教学步骤：

① 组织教学(1 min)。

② 复习旧课(2 min)。

③ 讲授新课(20 min)。

授课内容：三相异步电动机拆装。(略)

④ 小结(1 min)。

⑤ 布置作业(1 min)。

训练题目 3：授课。

训练方法：

① 组织教学。

② 复习旧课，引入新课。复习三相异步电动机的结构和工作原理。

③ 进行演示教学，边拆卸，边讲解，对每一步的训练要领及注意事项进行提示。讲解要领及注意事项，拆卸电动机的步骤：切断电源→拆卸皮带轮→拆卸风扇→拆卸轴后端端盖→拆卸前端盖→抽出转子→拆卸轴承→清洗轴承→重新装配→检查绝缘电阻→检查接线→通电试车。对照实物逐步拆卸；电机演示各安装过程。

④ 小结。进一步强调拆卸要领和安全注意事项。培训与指导过程中，应注重理论与实践的结合、培训与实际工作的结合，注重引导学员用理论指导自己的训练。加强安全文明训练规程的教育，培养学员良好的职业道德和工作作风。

⑤　布置作业。

⑥　清理现场。

【技能考核评价】

技能培训指导考核表见表 11.2。

表 11.2　技能培训指导考核表

考核内容	配分	评 分 标 准	扣分	得分
准备工作	20	教具、演示工具准备不齐全，扣 20 分		
讲课	80	① 主题不明确，扣 20 分； ② 重点不突出，扣 20 分； ③ 语言不清晰，不自然，用词不正确，每处扣 20 分		
安全、文明操作	10	违反 1 次，扣 5 分		
时间分配		每超过规定时间 1 min，从总分中扣 10 分		
定额时间	45 min	每超过 5 min，扣 10 分		
开始时间		结束时间	总评分	

否定项：指导内容不正确或不能正确表达其内容，扣 10 分。

附录

职业技能鉴定国家题库
维修电工高级操作技能考核试卷

(1) 本试卷依据 2009 年颁布的《维修电工》国家职业标准命制。

(2) 请根据试题考核要求，完成考试内容。

(3) 请服从考评人员指挥，保证考核安全顺利进行。

试题 1 用 PLC 改造三速交流异步电动机自动变速控制电路(见试题 1 图)，并且进行安装与调试。

考核要求：

(1) 电路设计：根据给定的继电控制电路图，列出 PLC 控制 I/O 口(输入/输出)元件地址分配表，设计梯形图及 PLC 控制 I/O 口(输入/输出)接线图，根据梯形图，列出指令表。

(2) 安装与接线：

① 按 PLC 控制 I/O 口(输入/输出)接线图在模拟配线板上正确安装，元件在配线板上布置要合理，安装要准确、紧固，配线导线要紧固、美观，导线要敷入线槽，导线要有端子标号，引出端要有别径压端子。

② 将熔断器、接触器、继电器、转换开关、PLC 装在一块配线板上，而将方式转换开关、行程开关、按钮等装在另一块配线板上。

(3) 程序输入及调试：熟练操作 PLC 键盘，能正确地将所编程序输入 PLC；按照被控设备的动作要求进行模拟调试，达到设计要求。

(4) 通电试验：正确使用电工工具及万用表，进行仔细检查，最好通电试验一次成功，并注意人身和设备安全。

(5) 满分 40 分，考试时间 120 分钟。

试题 2 检修星-三角降压启动电气线路故障。

在星-三角降压启动电气线路板上，设隐蔽故障 3 处，其中主回路 1 处，控制回路 2 处。考生向考评员询问故障现象时，考评员可以将故障现象告诉考生，考生必须单独排除故障。

考核要求：

(1) 从设故障开始，考评员不得进行提示。

(2) 根据故障现象，在电气控制线路图上分析故障可能产生的原因，确定故障发生的范围。

(3) 排除故障过程中如果扩大故障，在规定时间内可以继续排除故障。

(4) 正确使用工具和仪表。

(5) 考核注意事项：

① 满分 40 分，考试时间 30 分钟。

② 在考核过程中，要注意安全。

否定项：故障检修得分未达 20 分者，本次鉴定操作考核视为不通过。

试题 3 用同步示波器测量交流信号的周期和幅值。

考核要求：

(1) 用同步示波器测量信号发生器发出的频率为 10 千赫兹信号的周期和幅值。

(2) 满分 10 分，考核时间 20 分钟。

否定项：损坏仪器、仪表，扣 10 分。

试题 4 讲述戴维南定理。

考核要求：

(1) 准备工作：教具、演示工具准备齐全。

(2) 讲课：

① 主题明确，重点突出。

② 语言清晰、自然，用词正确。

(3) 满分 10 分，考核时间 30 分钟。

否定项：指导内容不正确或不能正确表达其内容，扣 10 分。

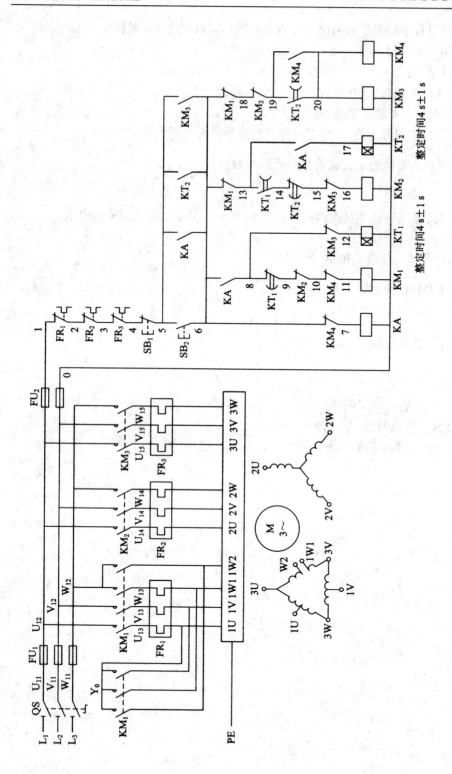

试题 1 图

参 考 文 献

[1] 唐惠龙. 电机与电气控制技术项目式教程[M]. 北京：机械工业出版社，2012.

[2] 杨柳春. 高等院校职业技能鉴定培训教程维修电工[M]. 北京：中国石化出版社，2009.

[3] 任晓敏. 电工实训[M]. 北京：北京理工大学出版社，2013.

[4] 陈梓城. 电子技术实训[M]. 北京：机械工业出版社，2011.

[5] 王忠利，余波，唐雁峰. 机床电气控制与PLC[M]. 北京：中央广播电视大学出版社，2012.

[6] 高德龙. 机床电气控制系统的安装与调试[M]. 西安：西安交通大学出版社，2013.

[7] 王建，李伟，刘伟. 维修电工(高级)国家职业资格证书取证问答[M]. 北京：机械工业出版社，2009.

[8] 宁秋平，马宏骞. 维修电工技能实训项目教程[M]. 北京：电子工业出版社，2013.

[9] 陈亚南. 维修电工技能实训项目教程(中级)[M]. 北京：机械工业出版社，2012.

[10] 许晓峰. 中级维修电工[M]. 北京：高等教育出版社，2004.

[11] 李成良. 电工职业鉴定教材[M]. 北京：中国劳动出版社，1996.